动物疫病 防控基础知识

周冬仁　韩力康　赵浩军　主编

中国农业科学技术出版社

图书在版编目（CIP）数据

动物疫病防控基础知识/周冬仁，韩力康，赵浩军主编. --北京：中国农业科学技术出版社，2024.6

ISBN 978-7-5116-6736-6

Ⅰ.①动… Ⅱ.①周… ②韩… ③赵… Ⅲ.①兽疫-防疫 Ⅳ.①S851.3

中国国家版本馆CIP数据核字（2024）第060356号

责任编辑	张国锋
责任校对	李向荣
责任印制	姜义伟　王思文

出 版 者	中国农业科学技术出版社
	北京市中关村南大街 12 号　　邮编：100081
电　话	（010）82106625（编辑室）（010）82106624（发行部）
	（010）82109709（读者服务部）
网　址	https://castp.caas.cn
经 销 者	各地新华书店
印 刷 者	北京科信印刷有限公司
开　本	170 mm×240 mm　1/16
印　张	15
字　数	300 千字
版　次	2024 年 6 月第 1 版　2024 年 6 月第 1 次印刷
定　价	58.00 元

《动物疫病防控基础知识》
编 委 会

主　编　周冬仁　韩力康　赵浩军

副主编　纪萌萌　李秀珍　李久回　张克新

　　　　马弘财　柯　红

编　委　王艳红　吴星星　梁国全　赵家兴

　　　　刘宏超　李文伟　王昊天　冯树松

　　　　龙木措　张　楠

前　言

　　动物疫病是动物传染病和动物寄生虫病的总称，是现代养殖业危害最严重的一类疾病。动物疫病不仅会造成大批的畜禽死亡，降低生产性能和产品质量，组织防控工作难度大、费用高，制约现代养殖产业可持续发展，而且有些疫病特别是人畜共患病还会威胁人类健康，引起严重的公共卫生安全问题。

　　近年来，动物疫病发生出现了一些新的特点。小反刍兽疫、非洲猪瘟等新发疫病增多；混合感染和继发感染增多；亚临床型疫病危害日益严重；鸡传染性贫血、鸡腺病毒感染、猪圆环病毒感染和猪繁殖呼吸综合征等免疫抑制性疾病增多；鸡马立克病病毒超强毒株、鸭肝炎病毒变异株、鸡传染性贫血病毒、猪圆环病毒等造成免疫失败的现象屡见不鲜；病原菌和寄生虫产生耐药性，可供选择的敏感药物越来越少，给临床诊断和防控工作带来了挑战。

　　动物疫病防控是畜牧产业安全、畜产品质量安全、生态环境安全和公共卫生安全的重要保障，关乎畜牧业健康发展、畜产品稳定供给和人民群众生命健康。正是基于上述原因，我们组织编写了这本《动物疫病防控基础知识》，从动物疫病的病原特点入手，就动物疫病的发生与流行、免疫与预防、诊断与治疗、药物与应用等方面的内容进行了通俗易懂的介绍，内容比较全面，方法确实有效，语言简洁明了。本书适合养殖场防疫员、动物疫病防治员、兽医化验员、村级动物防疫员使用，适合基层畜禽养殖场（户）、专业合作社的老板、场长、饲养管理人员等参考使用，也可作为新农村建设双带头人员的教材使用，还可供大中专院校畜牧兽医专业类学生参考使用。

　　感谢北京中惠农科文化发展有限公司为本书做的宣传推广工作！

　　由于编者水平所限，不足和纰漏在所难免，请读者在使用中不吝批评指正。

编　者

2023 年 12 月

目　录

第一章　动物疫病常见病原特点

第一节　细菌 …………………………………………………………… 1

　　一、细菌的基本形态 ……………………………………………… 1

　　二、细菌的结构 …………………………………………………… 1

　　三、细菌的生理 …………………………………………………… 3

　　四、细菌的致病作用 ……………………………………………… 7

　　五、细菌的人工培养 ……………………………………………… 8

　　六、细菌病的一般诊断程序 ……………………………………… 10

第二节　病毒 …………………………………………………………… 14

　　一、病毒的形态结构 ……………………………………………… 15

　　二、病毒的增殖 …………………………………………………… 16

　　三、病毒的干扰和血凝现象 ……………………………………… 16

　　四、病毒的致病作用 ……………………………………………… 17

　　五、病毒的培养 …………………………………………………… 19

　　六、病毒病的实验室诊断方法 …………………………………… 20

第三节　其他微生物 …………………………………………………… 21

　　一、真菌 …………………………………………………………… 21

　　二、放线菌 ………………………………………………………… 24

　　三、螺旋体 ………………………………………………………… 24

　　四、支原体 ………………………………………………………… 24

　　五、立克次氏体 …………………………………………………… 25

　　六、衣原体 ………………………………………………………… 25

第四节　寄生虫 ………………………………………………………… 25

　　一、寄生虫的形态结构 …………………………………………… 25

　　二、寄生虫的粪便检查法 ………………………………………… 30

　　三、寄生蠕虫卵的识别 …………………………………………… 32

四、寄生生活对寄生虫的影响 ·· 34

五、寄生虫的生活史 ·· 35

六、寄生虫的类型 ·· 36

七、宿主 ·· 37

第二章 动物疫病的发生与重大疫情的处置

第一节 动物疫病 ·· 40

一、感染与疫病 ·· 40

二、动物疫病的发生与危害 ·· 42

三、发生动物传染病后应采取的措施 ···································· 47

第二节 动物疫病的流行过程 ·· 48

一、流行过程的概念 ·· 48

二、动物疫病流行过程的三个基本环节 ·································· 48

三、疫源地和自然疫源地 ·· 52

四、疫病流行过程的特征 ·· 53

五、动物疫病的发展阶段 ·· 56

六、影响疫病流行过程的因素 ·· 57

七、流行病学调查的方法 ·· 58

八、流行病学的统计分析 ·· 58

第三节 动物疫病监测 ·· 59

一、动物疫病监测应遵循的基本原则 ···································· 60

二、动物疫病监测的重点任务 ·· 60

三、动物疫病监测的方法 ·· 62

第四节 动物疫病应急预案 ·· 64

一、动物疫病应急预案的概念、意义 ···································· 64

二、动物疫病应急预案的内容 ·· 65

第五节 无规定动物疫病区 ·· 65

一、无规定动物疫病区的有关概念 ······································ 65

二、无规定动物疫病区建立的目的和意义 ································ 67

三、无规定动物疫病区的建立 ·· 67

第六节 重大动物疫情处置 ·· 69

一、动物疫病的分类 ·· 69

二、重大动物疫情的应急处理原则 ······································ 71

三、动物疫情的监测、报告和公布 ······································ 73

四、隔离 ……………………………………………… 75

五、封锁 ……………………………………………… 76

六、染疫动物尸体的处置 …………………………… 79

第三章 动物疫病的免疫

第一节 免疫概述 ……………………………………… 86

一、免疫的概念 ……………………………………… 86

二、免疫的基本功能 ………………………………… 86

三、免疫的类型 ……………………………………… 87

第二节 动物免疫系统 ………………………………… 90

一、免疫器官 ………………………………………… 91

二、免疫细胞 ………………………………………… 92

三、免疫分子 ………………………………………… 94

第三节 抗原 …………………………………………… 94

一、抗原的概念 ……………………………………… 94

二、抗原的基本性质 ………………………………… 95

三、抗原的分类 ……………………………………… 96

四、抗原的处理与递呈 ……………………………… 97

第四节 免疫应答 ……………………………………… 98

一、免疫应答的基本过程 …………………………… 98

二、免疫应答的定位 ………………………………… 99

三、免疫应答的类型 ………………………………… 100

四、体液免疫 ………………………………………… 101

五、细胞免疫 ………………………………………… 106

第五节 变态反应 ……………………………………… 107

一、变态反应的概念 ………………………………… 107

二、变态反应的类型 ………………………………… 107

三、变态反应的防治 ………………………………… 112

第六节 血清学试验 …………………………………… 112

一、血清学试验的概念 ……………………………… 112

二、影响血清学试验的因素 ………………………… 113

三、血清学试验的类型 ……………………………… 113

第七节 寄生虫免疫 …………………………………… 118

一、寄生虫免疫的一般概念 ………………………… 118

二、寄生虫免疫的基本原理 ·· 119

三、寄生虫免疫的特点 ··· 120

四、影响寄生虫免疫的因素 ·· 121

五、寄生虫免疫的实际应用 ·· 122

第四章　动物疫病的预防

第一节　消毒、杀虫与灭鼠 ··· 124

一、消毒 ··· 124

二、杀虫 ··· 132

三、灭鼠 ··· 133

第二节　免疫接种 ··· 138

一、免疫接种的分类 ··· 138

二、疫苗类型、保存和运送 ·· 139

三、免疫接种的方法 ··· 143

四、疫苗接种反应及疫苗的联合使用 ······································ 146

五、强制免疫和强制免疫计划 ··· 147

六、免疫程序 ·· 150

七、影响免疫效果的因素和免疫效果的评价 ································· 151

第三节　药物预防 ··· 154

一、药物预防的概念 ··· 154

二、预防用药的选择 ··· 154

三、预防用药的方法 ··· 155

第四节　药物驱虫 ··· 157

一、驱虫前畜禽寄生虫感染状态的检查 ···································· 157

二、给药驱虫 ·· 157

三、驱虫效果评价的方法 ·· 158

第五章　动物疫病的诊断和治疗

第一节　动物传染病的诊断和治疗 ··· 159

一、动物传染病的诊断 ··· 159

二、动物传染病的治疗 ··· 165

三、三类动物疫病防治规范 ··· 168

第二节　寄生虫病的诊断与防治 ··· 169

一、动物寄生虫病的诊断 ·················· 169

二、动物寄生虫病的防治措施 ·············· 171

第六章　动物疫病防治药物的应用

第一节　抗微生物药的应用 ················ 173

一、抗生素的应用 ······················ 173

二、化学合成抗菌药的应用 ·············· 181

三、抗真菌药的应用 ···················· 186

四、抗生素的减量替代 ·················· 187

五、抗病毒中兽药的应用 ················ 190

六、畜禽常用给药途径 ·················· 200

第二节　抗寄生虫药的应用 ················ 208

一、抗蠕虫药的应用 ···················· 209

二、抗原虫药的应用 ···················· 211

三、杀虫药的应用 ······················ 214

第三节　消毒防腐药的应用 ················ 216

一、酚类 ······························ 216

二、醛类 ······························ 217

三、季铵盐类 ·························· 219

四、碱类 ······························ 220

五、卤素类 ···························· 221

六、氧化剂类 ·························· 224

七、酸类 ······························ 224

参考文献 ······························ 226

第一章 动物疫病常见病原特点

第一节 细 菌

一、细菌的基本形态

（一）球菌

外形呈球形或近似球形，根据细菌分裂的平面和菌体之间排列的方式可分为双球菌、链球菌和葡萄球菌等。

球菌种类繁多，病原性球菌常引起化脓性感染，因此又称化脓性球菌。主要涉及革兰氏阳性的葡萄球菌属、链球菌属及革兰氏阴性的奈瑟菌属。

（二）杆菌

外形呈杆状，各种杆菌大小、长短、弯度与粗细差异较大。大杆菌如炭疽杆菌长 4 ～ 10 微米，中等杆菌长 2 ～ 3 微米，小杆菌如野兔热杆菌长 0.6 ～ 1.5 微米。有的菌体较短，称球杆菌。

（三）螺形菌

根据菌体的弯曲分为两类，即弧菌和螺菌。弧菌菌体只有一个弯曲，呈弧形或逗点状，如霍乱弧菌；螺菌菌体有数个弯曲，但不超过 5 个弯曲，称为螺菌，如鼠咬热螺菌。

二、细菌的结构

（一）细菌的基本结构

细菌都具有的结构称为细菌的基本结构。由外向内依次为细胞壁、细胞膜、细胞质及核质。

1. 细胞壁

位于菌体的最外层，是一种膜状结构，坚韧有弹性，厚度随菌种而异，平均为 12 ～ 30 纳米，其成分为黏质化合物；有的种类在壁外还具有由多糖类物质组成的荚膜，起保护作用。荚膜本身还可作为细胞的营养物质，在营养缺乏时能被细胞所利用。

2. 细胞膜

又称胞质膜，位于细胞壁的内侧，紧密包绕在细胞质的外面，是一层半透性薄膜，柔软致密有弹性。主要化学成分为脂类、蛋白质及少量多糖。

3. 细胞质

又称细胞浆。为细胞膜内的胶状物质，基本成分为水、无机盐、核酸、蛋白质和脂类。细胞质是细菌新陈代谢的主要场所。

4. 核质

细菌的核质是由一条双股环状的 DNA 分子组成，无核膜、核仁，与细胞质界限不明显，DNA 分子反复回旋盘绕成超螺旋结构，控制细菌的各种遗传性状，亦称为细菌染色体。

（二）细菌的特殊结构

特殊结构是指某些细菌具有的结构，包括荚膜、鞭毛、菌毛和芽孢。

1. 荚膜

包绕在细菌细胞壁外的一层较厚的黏性物质，称荚膜。

2. 鞭毛

在许多细菌的菌体上附有细长而弯曲的丝状物称为鞭毛，它是细菌的运动器官。根据鞭毛的数目及位置可将鞭毛菌分为四类，即周毛菌、丛毛菌、双毛菌和单毛菌。

鞭毛的主要化学成分是一种弹性纤维蛋白（鞭毛蛋白）。鞭毛具有特殊的抗原性。也可根据鞭毛的数目、部位及抗原性对细菌进行鉴定和分类。

3. 菌毛

许多细菌表面有比鞭毛更纤细、更短而直的丝状物称为菌毛，其主要成分是蛋白质（菌毛蛋白），且具有抗原性。按其功能可分为普通菌毛和性菌毛。普通菌毛是细菌的黏附结构，与细菌的致病性有关。性菌毛参与 F 质粒的接合传递。

4. 芽孢

某些细菌在一定的环境条件下，胞质脱水浓缩，在菌体内部形成一个圆形小体称为芽孢。

三、细菌的生理

细菌和其他生物细胞一样，须进行新陈代谢，不断从周围环境中摄取营养物质，合成自身细胞的成分，并供给代谢所需能量，同时不断排出废物，以维持其生命活动。细菌的生长、繁殖及代谢与环境条件密切相关，条件适宜时，细菌可正常生长，条件不适宜时，细菌的生命活动将受到抑制或死亡。

（一）细菌的营养需要

细菌种类繁多，营养需要千差万别，但其基本营养要求不外水分、无机盐类、含碳化合物和含氮化合物，个别细菌还需要生长因子等特殊物质。

1. 水分

水虽不属于严格的营养物质，但细菌生长繁殖需要大量的水分。水除了是细菌的主要组成成分之一外，同时又是一种良好的溶剂，许多物质溶解于水中才能被细菌吸收，细菌的渗透、分泌和排泄以及水解和许多生化反应等作用都以水为媒介。另外，水的比热容大，利于热的吸收和散发，可有效地调节细胞与所处环境的温度。

2. 无机盐类

无机盐类可提供细菌生长所需的一些元素，根据对其需要量可分为常量元素和微量元素。一般情况下，这些元素在所供给的水、营养物质中含有，不需特殊提供。但有些细菌，如嗜盐菌对钠离子和氯离子有特殊需要。

3. 含碳化合物

细菌合成碳水化合物，进一步合成多糖、脂类、蛋白质、核酸等组成成分需要碳素营养，自养菌是以二氧化碳或碳酸盐为碳源，异养菌则以有机含碳化合物为碳源，也需要少量的二氧化碳，细菌分解代谢所产生的二氧化碳可满足其需要。有些异养菌在培养开始时，需先加一些二氧化碳以促进其生长。异养菌最常利用的碳源是糖类，其他还有有机酸、醇类、脂类以及氨基酸等。糖类以单糖（己糖），主要是葡萄糖和果糖，几乎所有异养菌均可利用；双糖中的蔗糖、乳糖、麦芽糖等某些细菌可利用；多糖中的淀粉，病原菌往往可能利用，而纤维素、果胶等只能为某些自然界的细菌所利用。细菌能利用什么种类的糖类物质或含碳物质，并产生什么样的产物，这可作为细菌鉴定的依据。

在培养细菌时，因细菌可利用氨基酸中的碳素，往往不需添加任何糖类。

4. 含氮化合物

有机的、无机的含氮化合物均可作为细菌氮源，但细菌种类不同对氮源要求有所差异。有些细菌（如固氮菌）可利用空气中分子状态的氮，而大多数细菌能利用无机的铵盐、硝酸盐以及有机的氨基酸。许多病原菌不能利用无机含氮化合物，需要供给有机含氮化合物才能生长。高分子的蛋白胨和蛋白质，细菌不能直接利用，必需经由细菌分泌的蛋白水解酶降解为肽或氨基酸后才能利用。

由于细菌种类不同，利用无机含氮化合物的能力不同，可作为细菌鉴定的依据。

5. 生长因子

除上述营养物外，有些细菌还需特殊的物质才能生长或促进其生长，这类物质称为生长因子。生长因子多为维生素或维生素类似物，主要是 B 族维生素，还有对氨基苯甲酸和谷氨酰胺等，主要作为辅酶或辅基的成分而起作用。此外，还有一些化合物为某些细菌生长所必需，如嗜血杆菌生长需要血液中的 X 因子和 V 因子。X 因子与氯化高铁血红蛋白相同，V 因子是辅酶 I（NAD）或辅酶 II（NADP）。生长因子通常由酵母浸出物、血液、腹水或血清供给。对生长因子需要的不同，也可作为细菌鉴定的依据。

（二）细菌的生长繁殖

1. 细菌生长繁殖的条件

细菌要正常的生长繁殖，必需具备符合其生理特性的一定环境条件。

（1）营养物质 根据细菌的营养需要，要满足其生长所必需的水分、无机盐、含碳化合物、含氮化合物以及生长因子等。所提供的营养物质应不含对细菌生长有害、有毒的成分。

（2）温度 不同细菌对温度有不同适应范围，各种细菌又有各自的可生长温度范围及最适温度。根据细菌对温度的适应范围，可将细菌分为三类：嗜冷菌，可生长温度范围 –5 ～ 30℃，最适温度 10 ～ 20℃；嗜温菌，可生长温度范围 10 ～ 45℃，最适温度 20 ～ 40℃；嗜热菌，可生长温度范围 25 ～ 95℃，最适温度 50 ～ 60℃。病原菌已适应动物的体温，因此均为嗜温菌。某些嗜冷菌对鱼类等变温动物有致病性。

（3）酸碱度 pH 值影响微生物的生长，每种细菌均有一个可适应的 pH 值范围及最适生长 pH 值。虽然大多数细菌在 pH 值为 6 ～ 8 可以生长，但多数病原菌的最适 pH 值为 7.2 ～ 7.6，个别偏酸，如鼻疽假单胞菌 pH 值为 6.4 ～ 6.6；或偏碱，如肠球菌 pH 值为 9.6。在细菌生长过程中，能使培养基变酸或变碱而影响其生长，所以在培养基中往往需要加入一定的缓冲剂。

（4）氧气　根据细菌对氧的要求，可将其分为需氧菌、厌氧菌及兼性厌氧菌。需氧菌行需氧呼吸，必需在有一定浓度的游离氧的条件下才能生长繁殖，其中只需低分子氧浓度（2%～10%）者特称微需氧菌。厌氧菌行厌氧呼吸，必需在无游离氧或其浓度极低的条件下才能存活。其原因是，细菌在代谢过程中产生对菌体有毒性的过氧化氢、超氧阴离子和羟自由基等，厌氧菌部分或全部缺乏降解这些产物的酶，如过氧化氢酶、过氧化物酶、超氧化物歧化酶等，因超氧阴离子或过氧化氢的毒性作用而死亡。兼性厌氧菌既可行需氧呼吸，又可行厌氧呼吸，通常在有氧条件比无氧环境生长更好。

（5）渗透压　细菌生长有一定的可生长渗透压范围和最适渗透压，大多数细菌生长最适渗透压为等渗环境，也有些细菌（如嗜盐菌）适宜高渗环境。细菌一般较其他生物细胞对渗透压的改变有较强的适应能力。

2. 细菌生长繁殖的方式和速度

（1）细菌个体的生长繁殖　细菌以无性二分裂方式进行繁殖。细菌生长到一定时间，在细胞中间逐渐形成横隔，将一个细胞分裂成两个等大的子细胞。细菌每分裂一次叫作一代。细菌在营养充足和适宜条件下，繁殖速度极快，大多数细菌每分裂一次仅需20～30分钟，少数细菌繁殖速度慢，如结核分枝杆菌需24～48小时分裂一次。

（2）细菌群体的生长繁殖　在一定的条件下，细菌的生长过程具有规律性，如以菌数的对数为纵坐标，生长时间为横坐标，绘制的曲线叫作细菌生长曲线。生长曲线可人为地分4个期。

①迟缓期。为最初培养的一段时间。是细菌适应新环境，为繁殖做准备的阶段。

②对数期。细菌分裂繁殖迅速，菌数按几何级数增长，细菌数目呈对数直线上升。此期中细菌的形态、大小、染色性典型，对抗生素敏感。

③稳定期。由于培养环境中营养物质大量消耗，代谢产物积聚，细菌生长繁殖速度下降，此时繁殖数和死亡数趋于平衡。细菌的形态和生理活动可出现变异现象。

④衰退期。细菌繁殖速度越来越慢，活菌数急剧减少，死菌数超过活菌数，但总菌数并不减少。此期细菌形态显著变化，出现畸变或衰退形，生理活动也趋于停滞。

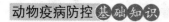

（三）细菌的新陈代谢

细菌的酶

细菌新陈代谢过程中各种生化反应，都需由酶来催化。酶是活细胞产生的功能蛋白质，具有高度的特异性。细菌的种类不同，细胞内的酶系统就不同，因而其代谢过程及代谢产物也往往不同。

细菌的呼吸类型，根据细菌呼吸对氧的需求不同，可分为三大类。

（1）专性需氧菌　必需在有氧的条件下才能生长，如结核分枝杆菌。

（2）专性厌氧菌　必需在无氧或氧浓度极低的条件下才能生长，如破伤风梭菌。

（3）兼性厌氧菌　在有氧或无氧的条件下均可生长，但在有氧条件下生长更佳。大多数细菌属此类型。

（四）细菌的新陈代谢产物

各种细菌因含有不同的酶系统，因而对营养物质的分解能力不同，代谢产物也不尽相同。

1. 分解代谢产物

（1）糖的分解产物　不同种类的细菌有不同的酶，对糖的分解能力也不同，有的不分解，有的分解产酸，有的分解产酸产气。

（2）蛋白质的分解产物　细菌种类不同，分解蛋白质、氨基酸的种类和能力也不同，因此能产生许多中间产物。硫化氢是细菌分解含硫氨基酸的产物；吲哚（靛基质）是细菌分解色氨酸的产物。

2. 合成代谢产物

（1）维生素　是某些细菌能自行合成的生长因子，除供菌体需要外，还能分泌到菌体外。

（2）抗生素　是一种重要的合成产物，它能抑制和杀死某些微生物。生产中应用的抗生素大多数由放线菌和真菌产生。

（3）细菌素　是某些细菌产生的一种具有抗菌作用的蛋白质，与抗生素的作用相似，但作用范围狭窄。

（4）毒素　细菌产生的毒素，有内毒素和外毒素两种。

（5）热原质　主要是指革兰氏阴性菌产生的一种多糖物质，将其注入人体和动物体内，可以引起发热反应。热原质耐高温，不易被高压蒸汽灭菌法破坏。

（6）酶类　细菌代谢过程中产生的酶类，有的与细菌的毒力有关，如透明质酸酶。

（7）色素　某些细菌在氧气充足，温度、pH值适宜条件下能产生色素。如铜绿假单胞菌的绿脓色素。

四、细菌的致病作用

对人类和动物具有致病性的微生物，称为病原微生物。其中一些微生物长期生活在人或动物体内，在正常情况下不致病，但在特定条件下，也能引起人类和动物的病害，称条件性病原微生物，如巴氏杆菌。

（一）致病性与毒力

1. 致病性与毒力的概念

病原微生物的致病作用取决于它的致病性和毒力。

（1）致病性　是指病原微生物引起动物机体发生疾病的能力，是微生物种的特征之一。如猪瘟病毒引起猪瘟，结核分枝杆菌则引起人和多种动物发生结核病。

（2）毒力　病原微生物致病力的强弱称为毒力。不同种类病原微生物的毒力强弱常不一致，同种病原微生物也可因型或株的不同而有毒力强弱的差异。如同一种细菌的不同菌株有强毒、弱毒与无毒菌株之分。

2. 改变毒力的方法

（1）增强毒力的方法　连续通过易感动物可增强微生物毒力。

（2）减弱毒力的方法　可通过长时间在体外连续培养传代、在高于最适生长温度条件下培养和连续通过非易感动物等方法来减弱微生物毒力。如猪丹毒弱毒苗是将强致病菌株通过豚鼠370代后获得的弱毒菌株。

（二）细菌的致病作用

细菌的致病性包括两方面，一是细菌对宿主引起疾病的特性，这是由细菌的种属特性决定的；二是细菌对宿主致病能力的大小即细菌的毒力。构成细菌毒力的物质称为毒力因子，主要有侵袭力和毒素两方面。

1. 侵袭力

侵袭力是指病原菌突破宿主皮肤、黏膜等防御屏障，进入机体定居、繁殖和扩散的能力。

侵袭力包括荚膜和黏附素等，主要涉及菌体的表面结构和释放的侵袭蛋白或酶类。

（1）黏附　黏附是指病原微生物附着在敏感细胞的表面，以利于其定殖、繁殖。在黏附的基础上，才能获得侵入的机会。细菌表面具有黏附作用的一些结构，如细菌的菌毛。

（2）侵入　是指病原菌主动侵入吞噬细胞或非吞噬细胞的过程。细菌的侵入是通过侵袭蛋白来实现的。

（3）增殖与扩散

①增殖。细菌在宿主体内的增殖速度对致病性极为重要，如果增殖较快，细菌易突破机体防御机制。反之，若增殖较慢，则易被机体清除。

②扩散。细菌之所以能在体内扩散，是因为它们能分泌一些侵袭性酶类，如透明质酸酶、胶原酶，这些酶损伤宿主组织，增加其通透性，有利于细菌在组织中扩散。

（4）干扰或逃避　病原菌黏附于细胞或组织表面后，必需克服机体局部的防御机制，细菌之所以能够干扰或逃避宿主的防御机制是因为其具有抵抗吞噬及抗体液中杀菌物质作用的表面结构——荚膜等。

2. 毒素

细菌毒素可分为外毒素和内毒素两大类。外毒素和内毒素主要区别见表1-1。

表 1-1　外毒素和内毒素的主要区别

区别要点	外毒素	内毒素
主要来源	主要由革兰氏阳性菌产生	革兰氏阴性菌多见
存在部位	由活的细菌产生并释放至菌体外	是细胞壁的结构成分，菌体崩解后被释放出来
化学成分	蛋白质	主要是类脂
毒性	强，各种细菌外毒素有选择作用，引起特殊病变	弱，各种细菌内毒素的毒性作用相似，引起发热、粒细胞增多、弥漫性血管内凝血、内毒素性休克等
耐热性	一般不耐热，60～80℃经30分钟可被破坏	耐热，160℃经2～4小时才能被破坏
抗原性	强，能刺激机体产生高效价的抗毒素经甲醛处理可脱毒成为类毒素	弱，不能刺激机体产生抗毒素

五、细菌的人工培养

提供细菌生长繁殖所需要的条件，可进行细菌的人工培养。

（一）培养基的概念

把细菌生长繁殖所需要的各种营养物质合理地配合在一起，制成的营养基质称为培养基。

（二）培养基的类型

根据培养基的物理状态、用途等，可将培养基分为多种类型。

1. 根据培养基的物理状态分类

（1）液体培养基　呈液体状态，利于细菌充分的接触和利用。

（2）固体培养基　在液体培养基中加入 2% ～ 3% 的琼脂，使其呈固体状态。常用于细菌的分离、菌落特征观察、药敏试验等。

（3）半固体培养基　在液体培养基中加入少量（通常为 0.3% ～ 0.5%）的琼脂，使其呈半固体状态。多用于细菌运动性观察。

2. 根据培养基的用途分类

（1）基础培养基　含有细菌生长繁殖所需要的最基本的营养成分，可供大多数细菌人工培养用。常用的是肉汤培养基和普通琼脂培养基。

（2）营养培养基　在基础培养基中加入葡萄糖、血液及生长因子等，用于培养营养要求较高的细菌，常用的营养培养基有鲜血琼脂培养基等。

（3）鉴别培养基　在培养基中加入某种特殊营养成分和指示剂，以便观察细菌生长后发生的变化，从而鉴别细菌，如麦康凯培养基。

（4）选择培养基　在培养基中加入某些化学物质，有利于所需细菌的生长，抑制不需要细菌的生长，从而分离出所需的菌种，如 SS 琼脂培养基。

（三）制备培养基的基本要求

制备各种培养基的基本要求是一致的，具体如下。

①制备的培养基应含有细菌生长繁殖所需的各种营养物质。

②培养基的 pH 值应在细菌生长繁殖所需的范围内。

③培养基应均质透明。

④制备培养基所用容器不应含有抑菌物质，所用容器应洁净，无洗涤剂的残留，最好不用铁制或铜制容器；所用的水应是蒸馏水或去离子水。

⑤灭菌处理。培养基及盛培养基的玻璃器皿必须彻底灭菌，避免杂菌污染。

（四）细菌在培养基中的生长情况

细菌在液体培养基中生长后，常呈现混浊、沉淀或形成菌膜等情况。

单个细菌在固体培养基上大量繁殖，形成肉眼可见的多个细菌的堆积物，称为菌落。

许多菌落融合成片，则称为菌苔。在一般情况下，一个菌落是一个细菌繁殖出来的后代，其行为特征相同，如呈红色、皱褶、光滑。细菌菌落的特征随菌种不同而各异，在细菌鉴定上有重要意义。

用穿刺接种法，将细菌接种到半固体培养基中，具有鞭毛的细菌，可以向穿刺线以外扩散生长；无鞭毛的细菌只沿着穿刺线生长。用这种方法，可以鉴别细菌有无运动性。

六、细菌病的一般诊断程序

（一）病料的采集、保存及运送

1. 病料的采集

（1）采集病料的原则

①无菌采集病料。病料的采集要求进行无菌操作，所用器械、容器及其他物品均需事先灭菌。同时在采集病料时也要防止病原菌污染环境或造成人的感染。

②适时采集病料。病料一般采集于濒死或刚刚死亡的动物，若是死亡的动物，则应在动物死亡后立即采集，夏天不迟于8小时，冬天不迟于24小时。取得病料后，应立即送检。如不能立刻检验，应立即低温保存。

③病料中病原含量多。病料必须采自含病原菌较多的病变组织或脏器，见表1-2。

④适量采集病料。采集的病料不宜过少，以免在送检过程中细菌因干燥死亡。

表1-2 常见动物疫病病料采集

病名	病料的采集	
	死前	死后
炭疽	濒死期末梢血液 炭疽痈的浮肿液或分泌物	血液、淋巴结、脾、浮肿组织，供微生物学检查

病名	病料的采集	
	死前	死后
非洲猪瘟	抗凝血，供病毒学检查	脾、扁桃体、淋巴结、肾和骨髓等组织样品，供病毒学检查
口蹄疫	牛、羊食道－咽部分泌液，水疱皮和水疱液，供病毒学检查 痊愈血清，供血清学检查	淋巴结、脊髓、肌肉等组织样品，供病毒学检查
狂犬病		患病动物的脑部组织，供动物试验和病理组织学检查
结核病	痰、尿、粪便、乳，供微生物学检查	有病变的肺和其他脏器，供微生物学检查
布鲁氏菌病	血清、乳汁，供血清学检查 流产胎儿或胎儿的胃、羊水，胎衣坏死灶，供细菌学检查	
巴氏杆菌病	血液，供微生物学检查	心、血、肝、脾、肺，供微生物学检查
钩端螺旋体病	血清，供血清学检查 血液、尿液，供微生物学检查	脾、肾、肝，供微生物学检查
家畜沙门氏菌病	急性病例采发热期血液、粪便，慢性病例采关节液、脓肿中的脓汁，流产病例采子宫分泌物和胎衣、胎儿，供细菌学检查	血液、肝、脾、肾、淋巴结、胆汁，供细菌学检查 有病变的肝、肺、脾、淋巴结，供病理组织学检查
猪瘟	扁桃体组织，供荧光抗体试验	肾、脾或淋巴结，供病毒学检查
猪繁殖与呼吸综合征	血清、腹水，进行病毒分离	肺、扁桃体、淋巴结和脾，进行病毒分离
猪圆环病毒病	抗凝血，进行病毒分离	淋巴结、脾、肺、肾，进行病毒分离
猪萎缩性鼻炎	鼻腔深部黏液，供细菌学检查	1.鼻甲骨或猪头，供病理学检查 2.鼻腔深部黏液，供细菌学检查
猪丹毒	高热期的血液，皮肤疹块边缘渗出液，慢性病例关节滑囊液，供细菌学检查	心血、肝、脾、肾、心瓣膜滋生物，供细菌学检查
猪喘气病		肺，供微生物学检查
猪传染性胃肠炎	粪便，供病毒学检查	小肠，供病毒学检查和病理组织学检查

病名	病料的采集	
	死前	死后
副结核病	粪便、直肠黏膜刮取物，供细菌学检查	有病变的肠和肠系膜淋巴结，分别供细菌学检查和病理组织学检查
小反刍兽疫	呼吸道分泌物、血液，供病毒学检查	呼吸道分泌物、血液、脾、肺、肠、肠系膜和支气管淋巴结，供病毒学检查
羊痘	丘疹组织涂片，镀银染色法染色镜检	
羊梭菌性疫病	小肠内容物，供毒素检查	肝、肾及小肠，供细菌学检查
禽流感	喉头和泄殖腔拭子，供病毒学检查	脑、气管、肺、肝、脾等，供病毒学检查
鸡新城疫	喉头和泄殖腔拭子，供病毒学检查	脑、气管、肺、肝、脾等，供病毒学检查
鸡白痢	全血，供血清学检查	
鸡马立克病	主羽的羽根，供琼脂凝胶扩散试验	肝、脾、肾、腔上囊、腰荐神经，病理组织学检查和病毒学检查
鸭瘟	血液，供血清学检查	肝、脾，供病毒学检查
兔病毒性出血病	血液，供血清学检查	肝、脾、肺，供病毒学检查

（2）采集病料的方法

①液体材料的采集方法。一般用灭菌的棉棒或吸管吸取破溃的脓汁、胸腹水放入无菌试管内，塞好胶塞送检。从静脉或心脏采血，无菌操作，然后加抗凝剂（每毫升血液加3.8%枸橼酸钠0.1毫升）。若需分离血清，则采血后一定不要加抗凝剂，放在灭菌的试管中，摆成斜面，待血液凝固析出血清后，再将血清吸出，置于另一灭菌试管中送检。

②实质脏器的采集方法。应在解剖尸体后立即采集。若剖检过程中被检器官被污染或剖开胸腹后时间过久，应先用烧红的铁片烧烙表面，或用酒精火焰灭菌后，在烧烙的深部取一块实质脏器，放在灭菌试管或平皿内。如剖检现场有细菌分离培养条件，直接以烧红的铁片烧烙脏器表面，然后用灭菌的接种环自烧烙的部位插入组织中，缓缓转动接种环，取少量组织或液体接种到适宜的培养基。

③肠道及其内容物的采集方法。肠道只需选择病变最明显的部分，将其中内容物用灭菌水轻轻冲洗后放在平皿内。粪便应采取新鲜的带有脓、血、黏液的部分，液态粪应采絮状物。有时可将胃肠两端扎好剪下，保存送检。

2. 病料的保存与运送

供细菌检验的病料，若能 1～2 天内送到实验室，可放在有冰的保温瓶中，也可放入灭菌液体石蜡或 30% 甘油盐水缓冲保存液中（甘油 300 毫升，氯化钠 4.2 克，磷酸氢二钾 3.1 克，磷酸二氢钾 1 克，0.02% 酚红 1.5 毫升，蒸馏水加至 1 000 毫升，pH 值为 7.6）。

供细菌检验的病料，最好由专人及时送检，并附有说明，内容包括：送检单位、地址、品种、性别、日龄、送检的病料种类和数量、检验目的、保存方法、死亡日期、送检日期、送检者数名，并附临床病例摘要（发病时间、死亡情况、临床表现、免疫和用药情况等）。

（二）细菌的形态检查

细菌的形态检查是细菌检验技术的重要手段之一。在细菌病的实验室诊断中，形态检查的应用有两个时机，一是将病料涂片染色镜检，它有助于对细菌的初步认识，也是决定是否进行细菌分离培养的重要依据，有时通过这一环节即可得到确切诊断。如禽霍乱和炭疽的诊断有时通过病料组织触片、染色、镜检即可确诊。二是在细菌的分离培养之后，将细菌培养物涂片染色，观察细菌的形态、排列及染色特性，这是鉴定分离细菌的基本方法之一，也是进一步进行生化鉴定、血清学鉴定的前提。

根据实际情况选择适当的染色方法，如对病料中的细菌进行检查，常选择单染色法，如亚甲蓝染色法或瑞氏染色法，而对培养物中的细菌进行染色检查时，多采用可以鉴别细菌的复染色法。

（三）细菌的分离培养

细菌的分离培养是细菌检验中最重要的环节。细菌病的临床病料或培养物中常有多种细菌混杂，其中有致病菌，也有非致病菌，从采集的病料中分离出目的病原菌是细菌病诊断的重要依据，也是对病原菌进一步鉴定的前提。不同的细菌在一定培养基中有其特定的生长现象，如在液体培养基中的均匀混浊、沉淀、形成菌环或菌膜，在固体培养基上形成的菌落和菌苔，细菌菌落的形状、大小、色泽、气味、透明度、黏稠度、边缘结构和有无溶血现象等均因细菌的种类不同而异，根据菌落的这些特征，即可初步确定细菌的种类。

将分离到的病原菌进一步纯化，可为进一步生化试验鉴定和血清学试验鉴定提供大量无杂菌的细菌。

（四）细菌的生化试验

细菌在代谢过程中，要进行多种生物化学反应，这些反应几乎都靠各种酶系统来催化，由于不同的细菌含有不同的酶，因而对营养物质的利用和分解能力不一致，代谢产物也不尽相同，据此设计的用于鉴定细菌的试验，称为细菌的生化试验。

一般只有纯培养的细菌才能进行生化试验鉴定。生化试验在细菌鉴定中极为重要，方法也很多，主要有糖分解试验、维－培试验、甲基红试验、枸橼酸盐利用试验、吲哚试验、硫化氢试验、触酶试验、氧化酶试验、脲酶试验等。

（五）动物接种试验

动物试验也是微生物学检验中常用的技术，有时为了证实所分离菌是否有致病性，可进行动物接种试验，最常用的是本动物接种和实验动物接种。

第二节　病　毒

病毒是一类体积微小、非细胞形态，必需在电子显微镜下才能观察到的微生物。

病毒具有以下基本特点。

1. 体积小

形体极其微小，一般都不能通过细菌滤器，故必须在电子显微镜下才能观察。

2. 结构简单

没有细胞构造。每一种病毒只含一种核酸，不是 DNA 就是 RNA。

3. 专营寄生性

既无产能酶系，也无蛋白质和核酸合成酶系，必需进入适应的活细胞中，依靠宿主活细胞内供给的酶系统、能量、养料及细胞器的生物功能才能增殖。某些病毒的核酸能整合于宿主细胞的核酸内，并随细胞的 DNA 复制而增殖，引起潜伏感染。

4. 抵抗力特殊

耐冷不耐热。对一般抗生素不敏感，但对干扰素敏感。

一、病毒的形态结构

（一）病毒的形态

病毒的结构形式很多。很多病毒呈立体对称结构，大致可以分为三种：二十面体立体对称结构、螺旋对称结构和复合对称结构。

1. 二十面体立体对称结构

二十面体立体对称的病毒衣壳是由 20 个等边三角形组成的立体结构，包括 12 个顶角、20 个三角面和 30 条边。病毒的顶角、三角面及边均由壳粒构成。腺病毒的结构是典型的二十面体立体对称。除痘病毒外，几乎所有脊椎动物 DNA 病毒核衣壳均为二十面体立体对称结构。部分 RNA 病毒核衣壳也呈二十面体立体对称结构。

2. 螺旋对称结构

螺旋对称的病毒衣壳沿着轴心进行螺旋排列，形成高度有序的结构。蛋白亚单体盘绕成对称的螺旋状或弹簧状衣壳，衣壳呈中空的圆筒状，核酸位于其中。许多动物病毒为螺旋对称型，且包裹一层脂质膜。动物病毒中螺旋对称的病毒均属有包膜的单股 RNA 病毒，如弹状病毒、正黏病毒和副黏病毒等。

3. 复合对称结构

呈复合对称的病毒结构复杂，既有螺旋对称又有立体对称，仅少数病毒为复合对称结构。具有复合对称结构的典型例子是有尾噬菌体，病毒由头部、尾部、附属的尾盘和尾丝等结构组成，包装有病毒核酸的头部通常呈立体对称，尾部呈螺旋对称。动物病毒呈复合对称的目前仅见于痘病毒，其病毒核心呈对称的哑铃状，在病毒核心两侧有对称的侧体结构。

（二）病毒的结构

1. 衣壳

病毒衣壳主要由蛋白质组成，衣壳内包裹着由病毒核酸和与其相结合的蛋白质等构成的病毒核心。病毒衣壳的形态是病毒分类或病毒鉴定的重要依据。衣壳由壳粒以非共价键方式结合形成，壳粒形成电镜下可见的形态亚单位。病毒的衣壳具有多种功能，包括能够保护病毒核酸，使其免受核酸酶或其他理化因素的破坏；参与病毒感染细胞的过程，决定病毒对宿主细胞的嗜性；具有抗原性，诱导宿主产生特异性免疫反应等。

2. 核酸

病毒核酸是病毒基因组的重要组成部分，每个病毒只含有一种核酸，DNA 或者 RNA，决定病毒的遗传和变异特征。病毒的衣壳与其内部的病毒基因组等结构合称为核衣壳。病毒核酸的形式多样化，如双链 DNA、单链 DNA、双链 RNA、单链 RNA（又分为正链 RNA 和负链 RNA）、分节段 RNA、线状 DNA 和 RNA、环状 DNA 等。病毒核酸的类型及形式也是病毒分类的重要依据。

3. 包膜及刺突

除了蛋白衣壳与核酸等结构外，有些病毒还具有包膜和刺突结构。病毒包膜由脂质组成，为脂质双层膜，来源于宿主细胞。包膜具有维系病毒结构、保护病毒衣壳的作用。包膜上的突起结构称为刺突，刺突由蛋白质组成。刺突具有多种生物活性，是启动病毒感染（吸附、穿入）所必需的。脂溶剂可去除包膜使病毒丧失活性。

二、病毒的增殖

病毒以复制方式进行增殖，从病毒进入细胞开始，经基因组复制到子代病毒释放的全过程，称为一个复制周期，包括进入与脱壳、病毒早期基因表达、核酸复制、晚期基因表达、装配和释放等步骤，各步的细节因病毒而异。

三、病毒的干扰和血凝现象

（一）病毒的干扰现象

两种病毒感染同一种细胞或机体时，常常发生一种病毒抑制另一种病毒复制的现象，称为干扰现象。干扰现象可在同种、异种、同株以及异株的病毒间发生，异种如流感病毒的自身干扰。异种病毒和无亲缘关系的病毒之间也可以干扰，且比较常见。

（二）干扰素

干扰素是机体活细胞受病毒感染或干扰素诱生剂的刺激后产生的一种低分子量的糖蛋白，可随血液循环到全身，被另外的细胞吸收后，细胞内可合成抗病毒蛋白质，抑制入侵病毒的增殖。

病毒是最好的干扰素诱生剂，干扰素的生物学活性作用主要如下。

1. 抗病毒

干扰素常见的一种作用就是抵抗病毒的侵袭，因为常作为一种广谱抗病毒类药物用于蛋白合成的阶段，在治疗各种病毒感染性疾病方面，有着很好的疗效，比如说疱疹性角膜炎、带状疱疹等。

2. 抑制肿瘤细胞增殖

干扰素是能抑制肿瘤细胞增殖的，尤其是在抑制细胞分裂的活性方面，效果相当的明显，比正常细胞要高 500～1 000 倍，所以干扰素可以起到很好的抗肿瘤作用。

3. 调节免疫

干扰素还具有很好的调节免疫的作用，主要表现在对患者免疫细胞活性上的影响，从而对免疫系统起到调节的作用，让患者身体的免疫力得到增强，这样能更好地预防病毒侵袭机体。

（三）病毒的血凝现象

许多病毒表面有血凝素，能与鸡、豚鼠、人等红细胞表面受体结合，从而出现红细胞凝集现象，称为病毒的血凝现象，简称病毒的血凝。这种血凝现象是非特异性的，当病毒与相应的抗病毒抗体结合后，能使红细胞的凝集现象受到抑制，成为病毒血凝抑制现象。能阻止病毒凝集红细胞的抗体称为红细胞凝集抑制抗体，其特异性很高。

四、病毒的致病作用

绝大多数病毒既不产生外毒素和内毒素，也不产生侵袭性酶类，其致病作用主要取决于病毒对宿主细胞的直接致病作用，及机体对病毒抗原引起的免疫应答所造成的免疫病理损害。

（一）病毒对细胞的直接致病作用

1. 杀细胞效应

病毒在宿主细胞内复制完毕，细胞被裂解死亡，可一次性释放出大量子代病毒，称为杀细胞感染。其主要机制如下：①阻断宿主细胞的大分子合成；②病毒感染可致溶酶体破坏；③病毒毒性蛋白的作用；④大部分病毒感染对宿主细胞均有非特异性损伤作用。在细胞培养中接种杀细胞性病毒，经过一定时间后可观察到细胞变圆、坏死，从瓶壁脱落等现象，称之为细胞病变效应。

2. 细胞膜的改变

有些病毒在感染细胞过程中，细胞膜可发生变化。

（1）细胞融合　由于病毒酶或感染细胞释放的溶酶体酶作用于细胞膜，使细胞相互融合形成多核巨细胞，这是病毒感染细胞的病理诊断依据。细胞融合后可损害细胞的生命活动和功能，最终导致细胞死亡。

（2）细胞膜表面出现新抗原　细胞受病毒感染后，其细胞膜上可出现由病毒基因编码的新抗原，如流感病毒的血凝素，因而能吸附某些脊椎动物（如鸡、豚鼠）的红细胞，此为血凝作用，此特性可作为病毒在细胞培养中增殖的指标，作为病毒的初步鉴定。

3. 细胞的转化

有些病毒的核酸可整合到宿主细胞的染色体上，导致宿主细胞的遗传特性发生改变，即细胞转化。转化作用可引起肿瘤的发生，比如单纯疱疹病毒Ⅱ型感染与宫颈癌有关；EB病毒感染与恶性淋巴瘤及鼻咽癌发生有关；乙型肝炎病毒、丙型肝炎病毒感染与原发性肝癌有关，人类嗜T细胞病毒（HTLV）Ⅰ型可引起成人T细胞白血病。

4. 包涵体的形成与染色体畸变

包涵体是细胞被某些病毒感染后在胞浆和（或）胞核内出现的用普通光学显微镜能够看到的圆形或椭圆形的斑块。其大小、数目不等，多数为嗜酸性（如狂犬病病毒的胞浆内包涵体），少数为嗜碱性（如腺病毒的核内包涵体）。有些病毒（如麻疹病毒）可以同时产生核内和胞浆内包涵体。在多数病毒感染中，包涵体是由大量病毒堆积而成的；有些包涵体是病毒增殖留下的痕迹或病毒感染所引起的细胞反应物。

检查细胞内的包涵体对诊断病毒性疾病有重要意义，不同病毒形成的包涵体有所不同。①牛痘病毒：在胞浆内可见嗜酸性包涵体，又称"顾氏小体"。②单纯疱疹病毒：在胞核内可见嗜酸性包涵体。③呼肠孤病毒：在胞浆内可见嗜酸性包涵体，围绕在细胞核外边（用电子显微镜可看出是很多病毒体呈结晶形排聚的集团）。④腺病毒：胞核内嗜碱性包涵体（电镜查看的情况同③）。⑤狂犬病病毒：胞浆内嗜酸性包涵体，又叫"内基小体"。⑥麻疹病毒：胞核内和胞浆内嗜酸性包涵体（注意：感染的细胞互相融合成"融合型细胞"，巨细胞内有多个核，核内和胞浆内都有包涵体）。⑦巨细胞病毒：胞核内和胞浆内嗜酸性包涵体，特别是细胞核内出现周围有一轮晕的大型包涵体，犹如"猫头鹰眼"状。

还有些病毒感染细胞后，使细胞染色体丢失、断裂，或者易位、错位等，称为染色体畸变。如果胎儿早期被这些病毒感染可造成胎儿畸形、死胎或者流产；如果出生后或成人被病毒感染可能导致肿瘤的发生。

（二）病毒感染的免疫损伤作用

体液免疫的损伤作用如下。

某些病毒感染细胞后（如狂犬病病毒、流感病毒等），在细胞膜上出现一些病毒基因编码的新抗原，可刺激机体产生相应的抗体（主要是 IgG 和 IgM），这些抗原与抗体结合后，可通过如下机制引起细胞损伤。

（1）病毒抗体与细胞表面的病毒抗原特异性结合，激活补体导致细胞溶解和破坏（Ⅱ型超敏反应）。

（2）病毒抗体（IgG）和细胞膜上的病毒抗原结合后，IgG 的 Fc 段与 K 细胞的 Fc 受体结合，因而触发 K 细胞杀伤、破坏病毒感染的细胞（Ⅱ型超敏反应，抗体依赖的细胞介导的细胞毒作用，即 ADCC）。

（3）血循环中的病毒抗体与相应抗原结合后形成抗原抗体复合物（中等大小），可沉积于肾小球等部位的小血管基底膜，激活补体，最后导致基底膜破坏，引起免疫复合物型肾小球肾炎（ⅲ型超敏反应）。

（4）在某些情况下，病毒感染可能以下列方式导致自身免疫病：①某些病毒本身具有和宿主细胞相同或类似的抗原成分，刺激机体产生抗体，通过交叉免疫反应造成自身组织细胞损伤；②有些病毒可以使细胞本身成分改变而成为自身抗原，引起自身免疫病；③病毒可损伤组织细胞，使自身细胞的隐蔽抗原释放，引起自身免疫病；④某些病毒感染后，使免疫系统功能紊乱，出现免疫失调症。

五、病毒的培养

（一）动物接种

这是最原始的病毒培养方法。常用的动物有小鼠、大鼠、豚鼠、兔和猴等，接种的途径有鼻内、皮下、皮内、脑内、腹腔内、静脉等。根据病毒种类不同，选择敏感动物及适宜接种部位。

（二）鸡胚接种

鸡胚对多种病毒敏感。根据病毒种类不同，可将标本接种于鸡胚的羊膜腔、尿囊腔、卵黄囊或绒毛尿囊膜上。

（三）组织培养

将离体活组织块或分散的活细胞加以培养，统称为组织培养。组织培养法有三种基本类型：器官培养、移植培养和细胞培养。细胞培养最常用于培养病毒，根据细胞的来源，染色体特性及传代次数又可分为下列类型：原代和次代细胞培养，二倍体细胞株和传代细胞系。

六、病毒病的实验室诊断方法

（一）检材的采集与送检

病毒性疾病通常采集血液、鼻咽分泌液、咯痰、粪便、脑脊液、疱疹内容物、活检组织或尸检组织等。

供分离病毒、检出核酸及抗原的标本的要求如下。

1. 尽早采取

在发病初期（急性期）采取，较易检出病毒，越迟阳性率越低。

2. 部位适宜

由感染部位采取，如呼吸道感染采取鼻咽洗漱液或咯痰；肠道感染采取粪便；脑内感染采取脑脊液；皮肤感染采取病灶组织；有病毒血症时采取血液。

3. 冷藏速送

病毒离活体后在室温下很易死亡，故采得检材应尽快送检。若距离实验室较远，应将检材放入装有冰块或干冰的容器内送检。病变组织则应保存于50%的甘油磷酸盐缓冲液中。污染检材，如鼻咽分泌液、粪便等应加入青霉素、链霉素或庆大霉素等，以免杂菌污染细胞或鸡胚，而影响病毒分离。

检测特异性抗体需要采取急性期与恢复期双份血清，第一份尽可能在发病后立即采取，第二份在发病后 2～3 周采取。血清标本 4～20℃保存，试验前血清标本以 56℃ 30 分钟处理去除非特异性物质及补体。无菌性脑炎患者也可取脑脊液检测特异性 IgM。

（二）显微镜检查

1. 用光学显微镜直接检查病毒包涵体，作为病毒感染的初步诊断

在普通光学显微镜下，胞浆或胞核内的包涵体呈现嗜酸或嗜碱性染色，大小和数量不等。包涵体检查可作为病毒感染的辅助诊断，不是特异性试验，可配合组化染色技术进行诊断。

2. 用电子显微镜直接检查高浓度病毒颗粒（≥ 10^7 颗粒／毫升）的样品，数小时即可从病毒形态上作出明确的鉴别诊断

应用免疫电镜灵敏度更高，低浓度病毒颗粒的样品也可检测，显微镜下可直接观察到染色体后具有典型形态特点的完整病毒粒子。

（三）血清学检查

病毒作为外来抗原，入侵宿主被人体免疫系统识别后，可针对病毒的某些特征抗原产生特异性抗体，抗原抗体特异性识别和结合的原理是血清学检查的基础，利用已知的抗原或抗体可检测血清中是否存在特异的抗体或抗原。常用的病毒感染血清学诊断方法有中和试验、补体结合试验、血凝抑制试验等。应用免疫学标记技术发展的酶联免疫吸附试验（ELISA）、放射免疫试验（RIA）及免疫荧光试验（IF）等方法较之前几种在临床应用更广。

（四）分子生物学检查

利用聚合酶链反应（PCR）、核酸杂交、基因芯片、病毒基因测序等直接检测病毒的遗传物质，除证实感染外，还可对病毒进行鉴定、分型、变异和耐药位点监测等拓展研究，除病毒感染外，分子生物学检查也可运用于临床肿瘤、遗传病中的致病基因的准确定位和克隆，加速了医学检验事业的发展。

（五）分离培养

从血液、尿液、骨髓组织及其他各种分泌物中分离培养出病毒是证实病毒感染的准确指标，针对不同的病毒选择不同的培养方法和培养物。细胞培养、组织培养和动物接种较为常用，但并不是所有病毒都可以培养，其应用范围较为局限，在临床运用较少。

第三节　其他微生物

一、真菌

真菌是一种具真核的、产孢的、不含叶绿素、无根茎叶的真核生物，包含霉菌、酵母菌、担子菌以及其他人类所熟知的菌菇类。已经发现了 12 万多种真菌。真菌独立于动物、植物和其他真核生物，自成一界。真菌的细胞含有甲壳素，能通过无性繁殖和有性繁殖的方式产生孢子。真菌绝大多数对人和动物有益，少数可引起人畜患病。担子菌一般不会引起人畜患病。

（一）真菌的形态结构及菌落特征

真菌比细菌大几倍至几十倍，其细胞壁缺少构成细菌细胞壁的肽聚糖，取代的是壳多糖和 β 葡聚糖。真菌有典型的核结构（DNA+RNA+ 染色体 + 核仁 + 核膜）和较多的细胞器，是真核细胞型微生物，但不含有叶绿素，因而不属于植物。

1. 酵母菌

酵母菌是一类单细胞真菌的统称。无分类学的意义，广义上凡单细胞时代时间较长，通常以出芽生殖进行无性繁殖的低等真菌。可用于发酵饲料、单细胞蛋白质饲料，以及酶制剂的生产等。

多数酵母菌呈球形、卵圆形、椭圆形，香肠状等。大小由于种类不同，差别很大，一般长 2 ～ 3 微米。酵母菌属于真核微生物，细胞结构类似于高等生物。酵母菌细胞中有细胞膜、细胞核、液泡、核糖体、内质网、线粒体等，但是没有具有分化的高尔基体。这些种类还具有荚膜、菌毛等。

酵母菌的繁殖方式为无性繁殖。芽殖是酵母菌最常见繁殖方式；裂殖是借助细胞横分裂法繁殖，与细菌类似。掷孢子是掷孢菌属等少数酵母菌产生的无性孢子，外形呈肾状。厚垣孢子是真菌的一种休眠体。只进行无性繁殖的酵母称假酵母。

有些酵母菌是以形成子囊和子囊孢子的方式进行有性繁殖的。具有有性繁殖的酵母称真酵母。

酵母菌形成的菌落多数为乳白色，大而厚。

2. 霉菌

霉菌不是一个分类学上的名词，而是一些丝状真菌的通称。即凡是在基质上长成绒毛状、棉絮状或蜘蛛网状的丝状真菌通称霉菌。有些霉菌是人和动植物的病原菌，导致饲料霉败。

霉菌由菌丝和孢子构成。菌丝由孢子萌发而成，是霉菌的主体，它由细长的丝状细胞组成。菌丝可以分为两种类型：无隔菌丝和有隔菌丝。无隔菌丝没有明显的隔膜，细胞之间连续相连，形成一个长而连续的细胞链。有隔菌丝则具有隔膜，细胞之间被隔膜分隔开来。菌丝的形态结构在霉菌的生长过程中起到了支持和传输养分的作用。

孢子指的是有繁殖作用的真菌结构。在适宜环境下，多细胞真菌的孢子长出芽管，芽管延长成丝状，称为菌丝。有的菌丝是一个多核的单细胞，有的菌丝是一连串的细胞。

霉菌的菌落较大，主要有绒毛状、絮状等。菌落最初呈浅色或白色，当孢子逐渐成熟，菌落相应的呈黄、绿等多种颜色。有的产生色素，使菌落背面也带有颜色或使培养基变色。常见的菌落有曲霉、青霉、毛霉和根霉等。

（二）真菌的培养

酵母细胞、繁殖菌丝和孢子，都可以生长发育呈新的个体。酵母菌的分离方法同细菌。霉菌的分离方法由菌丝分离法、组织分离法和孢子分离法三类。真菌在一般培养基上均能生长，如马铃薯琼脂培养基。真菌的培养温度一般在 20 ～ 28℃，pH 值一般为 5.6 ～ 5.8，适合在有氧、潮湿的环境中生长。病原性真菌在 37℃左右生长良好。

（三）真菌的致病性

致病性主要有病原性真菌感染、机会真菌感染、真菌超敏反应性疾病、真菌性中毒和肿瘤。

1. 病原性真菌感染

外源性真菌感染，可引起皮肤、皮下、全身性真菌感染。

2. 机会真菌感染

白假丝酵母菌、隐球菌、曲霉和毛酶本身就存在于动物和人体内，在宿主抵抗力低的时候致病。

3. 真菌超敏反应性疾病

临床超敏反应有一些是由真菌引起，引起荨麻疹等过敏性疾病。

4. 真菌性中毒

食用后可引起急性或慢性中毒。

5. 肿瘤

黄曲霉产生的黄曲霉毒素可引起肝、癌、肺等部位肿瘤。

（四）真菌的抵抗力

真菌对热的抵抗力不强，60℃ 1 小时后菌丝和孢子均可被杀死；对干燥、日光、紫外线和化学药品的抵抗力较强，但对 10% 甲醛溶液比较敏感，对一般抗生素和磺胺类药物不敏感。

二、放线菌

放线菌是原核生物中一类能形成分枝菌丝和分生孢子的特殊类群，呈菌丝状生长，主要以孢子繁殖，因菌落呈放射状而得名。大多数有发达的分枝菌丝。菌丝纤细，宽度近于杆状细菌，为 0.2～1.2 微米。可分为：营养菌丝，又称基内菌丝或一级菌丝，主要功能是吸收营养物质，有的可产生不同的色素，是菌种鉴定的重要依据；气生菌丝，叠生于营养菌丝上，又称二级菌丝；孢子丝，气生菌丝发育到一定阶段，其上可以分化出形成孢子的菌丝。与畜禽疾病关系较大的是分枝杆菌属和放线菌属。

（一）分枝杆菌属

分枝杆菌属为平直或微弯的杆菌，有时有分枝，革兰氏染色阳性，能抵抗 3% 盐酸酒精的脱色作用，又称为抗酸菌。对动物有致病性的主要是结核分枝杆菌、牛分枝杆菌、禽分枝杆菌和副结核分枝杆菌。

（二）放线菌属

放线菌属为革兰氏阳性菌，厌氧，生长时需要二氧化碳，不具有抗酸染色特性。菌体细胞大小不一，呈短杆状或棒状，常有分枝而形成菌丝体。病原性放线菌的代表种是牛放线菌，主要侵害牛和猪，奶牛发病率较高。

三、螺旋体

螺旋体是一类细长、柔软、弯曲呈螺旋状、运动活泼的原核细胞型微生物。在生物学位置上介于细菌与原虫之间。螺旋体在自然界中分布广泛，常见于水、土壤及腐败的有机物上，亦有存在于人体口腔或动物体内。

大部分螺旋体是非致病性的，对动物致病的主要有钩端螺旋体、兔梅毒密螺旋体和痢疾蛇形螺旋体等。

四、支原体

支原体是一类没有细胞壁，高度多形性，能通过滤菌器，可用人工培养基培养增殖的最小原核细胞型微生物，大小为 0.1～0.3 微米。由于能形成丝状与分枝形状，故称为支原体。支原体生长缓慢，固体培养基上需 3～5 天才能形成菌落。多数支原体可在鸡胚的卵黄囊或绒毛尿囊膜上生长。支原体广泛存在于人和动物体内，大多数不致病，对动物有致病性的支原体主要有猪肺炎支原体、鸡毒支原体等。

五、立克次氏体

立克次氏体为革兰氏阴性菌，吉姆萨染色呈紫色或蓝色，是一类专性寄生于真核细胞内的原核单细胞微生物。是介于细菌与病毒之间，而接近于细菌的一类原核生物，没有核仁及核膜。一般呈球状或杆状，以蚤、虱、蜱、螨等节肢动物为传播媒介传入动物体而引起斑疹、伤寒、战壕热等疾病。

六、衣原体

衣原体是一组极小的，非运动性的，专在细胞内生长的微生物。衣原体可分为4种，即肺炎衣原体、鹦鹉热衣原体、沙眼衣原体和牛衣原体。

衣原体为革兰氏阴性病原体，是一类能通过细菌滤器，在细胞内寄生，有独特发育周期的原核细胞性微生物。衣原体是一种比细菌小但比病毒大的生物，是专性细胞内寄生的、近似细菌与病毒的病原体，具有两相生活环。它没有合成高能化合物 ATP、GTP 的能力，必需由宿主细胞提供，因而为能量寄生物，多呈球状、堆状，有细胞壁，有细胞膜，属原核细胞，一般寄生在动物细胞内。致病性的衣原体有沙眼衣原体、肺炎亲衣原体、鹦鹉热亲衣原体等。

第四节　寄生虫

寄生虫是暂时或永久寄生在宿主体内或体表，并从宿主身上获取营养物质而生存的动物。受益的一方是寄生虫，受害的一方是宿主。

一、寄生虫的形态结构

（一）蠕虫的形态与结构

蠕虫是一类多细胞无脊椎动物，能通过身体的肌肉收缩而做蠕形运动。蠕虫包括线虫、吸虫、绦虫和棘头虫等。蠕虫的形态结构有下列共同特点。

1. 外部形态特征

（1）蠕虫身体呈长条状，通常由许多环节组成，每个环节上都有一对足或刺，这些足或刺可以帮助蠕虫在地下或水中移动。

（2）蠕虫的头部和尾部没有明显的区别，头部通常比身体稍宽，有时会伸出一个口器用于摄食。

（3）蠕虫的皮肤通常很细薄，并且没有硬壳保护。因此，它们需要在土壤或水中寻找遮盖物来保护自己。

（4）蠕虫的颜色通常为深棕色或黑色，但也有一些品种的颜色会比较鲜艳。

2. 内部结构特征

（1）蠕虫没有骨骼系统，但是它们有一个由环节组成的体壁。这个体壁由肌肉纤维组成，在运动时可以收缩和扩张。

（2）蠕虫消化系统通常呈直肠式或环肠式，即由口、咽、肠、肛门等器官组成。蠕虫的口器通常具有牙齿或刺，用于咬碎食物。蠕虫的肠道通常很长，可以占据整个身体的大部分，用于消化吸收。

（3）蠕虫通常没有真正的呼吸器官和血管系统。蠕虫的氧气和二氧化碳通常通过皮肤进行交换，这也是蠕虫体表湿润的原因。

（4）蠕虫的循环通常是依靠身体的收缩和扩张实现的。

（5）蠕虫通常具有简单的神经系统，由一些神经节和神经纤维组成。神经系统可以控制蠕虫的运动和感知。

（6）蠕虫通常具有两性生殖或单性生殖。两性生殖的蠕虫具有雌性和雄性生殖器官，可以进行交配产生后代。单性生殖的蠕虫可以通过自体分裂或脱落的一部分身体再生新的个体。

（二）常见蠕虫的形态结构特征

1. 线虫的形态结构特征

（1）形态　通常呈乳白、淡黄或棕红色。大小差别很大，小的不足1毫米，大的长达8毫米。多为雌雄异体。虫体一般呈线柱状或圆柱状，不分节，左右对称。假体腔内有消化、生殖和神经系统，较发达，但无呼吸和循环系统。消化系统前端为口孔，肛门开口于虫体尾端腹面。口囊和食道的大小、形状以及交合刺的数目等均有鉴别意义。

（2）结构　如杆形目虫体的食道上具有食道球及前食道球，尖尾目的食道上只有食道球，而无前食道球。蛔虫目食道简单呈圆柱状，头端有唇3个。旋尾目食道常由前端的肌部与后端的腺部构成，头端有偶数的唇（2、4、6或更多），雄虫尾部呈螺旋状旋曲。丝虫目的食道亦常由肌部和腺部两部分构成，无唇，阴户在虫体前端。圆形目的食道简单或呈瓶状，雄虫尾端具有由肋状物支撑的角质交合伞，往往有两根等长的交合刺。毛首目往往区分为前后两部，食道很长，呈串珠状，雄体只有1根交合刺。膨结目的食道简单，雄虫具有肉质交合伞，无肋状物支撑，只有1根交合刺。驼形目具有单核的食道腺，无唇。

（3）种类　在中国畜禽中已发现线虫病原350余种。其中常见的有：寄生在马属动物肠道的副蛔虫圆形线虫、尖尾线虫、胃线虫和皮下组织的副丝虫；寄生在反刍动物真胃的血矛线虫、肠道的仰口线虫、食道口线虫、毛首线虫和气管的网尾线虫；寄生在猪肠道的蛔虫、类圆形线虫、旋毛线虫、肾线虫和气管的后圆线虫；寄生在禽类肠道的禽蛔虫、异刺线虫和腺胃的华首线虫，以及寄生在犬肠道的弓首蛔虫和肾脏的膨结线虫等。

2. 绦虫的形态结构特征

绦虫头节实际上是吸附器官，又称附着器，其结构有吸盘型、吸槽型和吸叶型等。一般头节的顶端具有吻突，吻突上有的具钩。有的吸盘或吸叶表面亦具小钩，起加强固着的作用。头节的后端为纤细的颈部，功能是产生新的体节。绦虫没有消化器官，全靠体表微毛吸收宿主营养。

绦虫是一种巨大的肠道寄生虫，普通成虫的体长可以达到72英寸[①]。

绦虫的肌肉系统很发达。体表皮层密生微毛，下有薄的环肌，环肌之下有纵肌两层，外层与内层之间为皮下基质。纵肌之下为横肌。横肌与皮层之间称皮层区，两层横肌之间称髓质区。重要的生殖器官都在髓质区内。神经系统：在头节有神经节与横神经相连，组成中枢神经系，由此向后发出1对纵神经干，直到虫体最后的体节。排泄系统：在头节中有环排泄管，由此两侧发出2对背、腹排泄管，直至体的末端。每个体节的后缘各有横管与腹排泄管相联。此外，虫体组织中有许多焰细胞，各有小管通于腹排泄管。排泄系统具有平衡调节水分的功能。

绦虫多是雌雄同体，只有个别种类雌雄异体。每个体节均有发达的两性器官。雄性器官包括睾丸、输精管、阴茎、阴茎囊和贮精囊等。雌性器官包括卵巢、输卵管、受精囊、卵黄腺、阴道和子宫等。卵膜的周围梅氏腺。孕节内性器官多已退化，只有子宫充分发育并占据整个体节，内含许多虫卵。生殖孔多开口于体节的一侧或两侧，但假叶绦虫雌雄两性的生殖孔开口于体节中央的腹面。

绦虫没有消化道，体表有许多绒毛，靠绒毛吸取肠道营养以供自身需要。

3. 吸虫的形态结构特征

吸虫属于扁形动物门的吸虫纲。一般脊椎动物为它们的终宿主，无脊椎动物为它们的中间宿主。成虫外观呈叶状或长舌状，两侧对称，背腹扁平，通常具口吸盘与腹吸盘，体表有凹窝、凸起、皱褶、体棘、感觉乳突等。

---

① 1英寸为2.54厘米。

除分体科吸虫外，多为雌雄同体，扁平叶状。有口、腹吸盘。消化系统由口、咽、食管和左右分支的肠管组成，肠管终于盲端。生殖系统结构复杂，雄性生殖系统一般有两个睾丸（分体吸虫例外），输精管合并为输精总管后通入雄茎囊，输精总管的末端为雄茎，开口于腹吸盘前，有的输精管有膨大部，称贮精囊。雌性生殖系统有一个卵巢，通过输卵管连接卵膜，卵膜还与受精囊、劳氏管、子宫和卵黄管相通。子宫另一端通生殖孔，卵黄管的另一端与虫体两侧的卵黄腺相通。

（三）昆虫纲寄生虫的形态与结构

昆虫纲是动物界种类最多（75万种以上）、数量最大的一个纲，其主要特征是：成虫体分头、胸、腹三部分，头部有触角1对，胸部有足3对。

复眼1对，由许多蜂房状小眼面组成，有的昆虫还有单眼若干个。口器由上唇、上颚、舌、下颚及下唇所组成。上颚具有小齿，为咀嚼或穿刺的利器。舌有唾液管的开口。下颚及下唇有各具分节的附肢，分别称为下颚须或称触须和下唇须。

在医学昆虫中，口器主要有三种类型，即咀嚼式口器、刺吸式口器和舐吸式口器。咀嚼式口器是昆虫口器的原型，上颚粗壮，具齿，是咬、嚼的利器，如蟑螂的口器。刺吸式口器适应刺入宿主皮肤吸取体液，各组成部分均细长，如蚊的口器。舐吸式口器适于吸取液态食物，上下颚均退化，但下唇发达，其下端有特别发达的盘状唇瓣，绝大部分蝇类口器即属此型。

胸部分前胸、中胸和后胸，各胸节的腹面均有足1对，分别称前足、中足和后足。足分节，由基部向端部依次称基节、转节、股节、胫节和跗节，跗节又有1～5分节，跗节末端具爪。多数昆虫的中胸及后胸的背侧各有翅1对，分别称前翅和后翅。双翅目昆虫仅有前翅，后翅退化成棒状的平衡棒。翅具翅脉和翅室。

腹部由11节组成。第一腹节多已退化，甚至消失，最后数节变为外生殖器，故可见的节数较少。外生殖器（尾器）的形态构造因种而异，特别是雄外生殖器，是鉴定昆虫种类的重要依据。

（四）蛛形纲寄生虫形态结构特征

蛛形纲寄生虫一般分为头胸部和腹部，有的头、胸、腹愈合为一体，无触角，无翅，成虫有足4对。口器能刺穿寄主的体表和吮吸寄主的汁液。以马氏管和基节腺排泄。

蜱螨类是小型节肢动物，外形有圆形、卵圆形或长形等。小的虫体长0.1

毫米左右，大者可达 1 厘米以上。虫体基本结构可分为颚体（又称假头）与躯体两部分。颚体位于躯体前端或前部腹面，由口下板、螯肢、须肢及假头基组成。躯体呈袋状，表皮有的较柔软，有的形成不同程度骨化的背板。有些种类有眼，多数位于躯体的背面。腹面有足 4 对，通常分为 6 节，跗节末端有爪和爪间突。生殖孔位于躯体前半部，肛门位于躯体后半部。

（五）原虫的形态结构特征

原虫是单个细胞构成的最原始、最低等的单细胞动物。体型微小，长 30～300 微米，除具有细胞质、细胞核、细胞膜等一般细胞的基本结构外，还具有鞭毛、纤毛、伪足等，能完成运动、消化、排泄、生殖、感应等各种生理机能。

1. 球虫的形态结构特征

球虫一般寄生在宿主的肠道上皮细胞，只有少数例外，如有的兔球虫寄生在肝。球虫从宿主体内刚排出时均为球形至卵形的卵囊，内含圆形原生质。在外界适宜的温湿度下进行孢子生殖，形成数个子孢子，此过程称为孢子化。

2. 弓形虫的形态结构特征

弓形虫属顶端复合物亚门、孢子虫网、真球虫目，细胞内寄生性原虫。其生活史中出现 5 种形态，即滋养体（速殖子）；包囊（可长期存活于组织内），呈圆形或椭圆形、直径 10～200 微米，破裂后可释出缓殖子；裂殖体；配子体和卵囊。前 3 期为无性生殖，后 2 期为有性生殖。弓形虫生活史的完成需双宿主：在终宿主（猫与猫科动物）体内，上述 5 种形成具存；在中间宿主（包括禽类、哺乳类动物和人）体内则仅有无性生殖。无性生殖常可造成全身感染，有性生殖仅在终宿主肠黏膜上皮细胞内发育造成局部感染。卵囊由猫粪排出，发育成熟后含二个孢子囊，各含 4 个子孢子，在电镜下子孢子的结构与滋养体相似。卵囊被猫吞食后，在其肠中囊内子孢子逸出，侵入回肠末端黏膜上皮细胞进行裂体增殖，细胞破裂后裂殖子逸出，侵入附近的细胞，继续裂体增殖，部分则发育为雌雄配子体，进行配子增殖，形成卵囊，后者落入肠腔。在适宜温度（24℃）和湿度环境中，经 2～4 天发育成熟，抵抗力强，可存活 1 年以上。如被中间宿主吞入，则进入小肠后子孢子穿过肠壁，随血液或淋巴循环播散全身各组织细胞内以纵二分裂法进行增殖。在细胞内可形成多个虫体的集合体，称假包囊，囊内的个体即滋体或速殖子，为急性期病例的常见形态。宿主细胞破裂后，滋养体散出再侵犯其他组织细胞，如此反复增殖，可致宿主死亡。但更多见的情况是宿主产生免疫力，使原虫繁殖减慢，其外有囊壁形成，称包囊。囊内原虫称缓殖子。包囊在中间宿主体内可存数月、数年，甚至终生（呈显性感染状态）。

二、寄生虫的粪便检查法

（一）材料

显微镜、显微镜投影仪、天平、粪盒（或塑料袋）、粪筛、260孔/英寸尼龙筛、玻璃棒、镊子、铁丝环、茶杯（或塑料杯）、100毫升烧杯、离心管、漏斗、离心机、载片、盖片、带胶乳头的移液管、污物桶（或污物缸）、纱布、动物新鲜的粪便等。

（二）方法步骤

1. 粪便的采集、保存和寄送方法

被检粪便应该是新鲜没有被污染的，最好从直肠采取。大家畜按直肠检查的方法采集，猪、羊可将食指或中指伸入直肠，抠取粪便。采取自然排出的粪便，需采取粪堆或粪球上部未被污染的部分。粪便采好后按头编号装入清洁的容器（小广口瓶、纸盒、油纸袋、塑料袋等）内。采集的用具应避免相互交叉污染。每采一份，清洗一次。采取的粪便应尽快检查，不能立即检查急需转送寄出的，应放在冷暗处或冰箱中保存。若需寄出检查或需长期保存，可将粪浸入加温至50～60℃的5%～10%的甲醛溶液中，使粪便中的虫卵失去活力，起固定作用，又不改变形态，还可防止微生物的繁殖。

2. 粪便检查的方法

（1）沉淀检查法

①反复水洗沉淀法。取粪便5～10克置于烧杯（或塑料杯）中，加10～20倍水充分搅和，再用金属筛或2层纱布过滤于另一杯中，滤液静置30分钟后倾去上层液，再加10～20倍水与沉淀物重新搅和、静置，如此反复水洗沉淀物多次，直至上层液透明为止。最后倾去上清液，用吸管吸取沉淀物滴于载玻片上，加盖玻片镜检。

②离心机沉淀法。取粪便3克置于小杯中，加10～15倍水搅拌混合，然后将粪便用金属筛（40～60目）或纱布滤入离心管中，以2 000～2 500转/分钟的速度离心沉淀1～2分钟。取出后倾去上层液，再加水搅和离心沉淀，如此反复2～3次。最后倾去上层液，用吸管取沉淀物滴于载玻片上，加盖玻片镜检。

③尼龙网淘洗法。取粪便5～10克置于烧杯（或塑料杯）中，加10倍水搅匀，先通过40目或60目的铜筛过滤。滤过液再通过260目锦纶筛兜过滤，并

在筛兜中断续加水冲洗，直到洗出的液体清澈透明为止；然后挑取兜内粪渣抹片检查。此法适用于宽度大于60微米的虫卵。通过以上处理，粗大粪渣被铜筛扣留，纤细粪渣（直径小于40微米）和可溶性色素均被冲洗走而使虫卵集中。

（2）漂浮检查法

①漂浮液的制备。常用的漂浮液是饱和盐水溶液，其制法是将食盐加入沸水中，直至不再溶解生成沉淀为止（1 000毫升水中约加食盐400克），用四层纱布或脱脂棉滤过后，冷却备用。此外还可使用硫代硫酸钠饱和液（1 000毫升水加入1 750克硫代硫酸钠）、硝酸铵溶液（1 000毫升水加入1 500克硝酸铵）和硝酸铅溶液（1 000毫升水加入650克硝酸铅）等溶液。后两者可大大提高检出效果，甚至可用于吸虫病的诊断。但是用高相对密度溶液时易使虫卵和卵囊变形，检查必须迅速，制片时补加1滴清水即可。

②检查方法主要有两种。

饱和食盐水漂浮法：取2～5克粪便置于100～200毫升烧杯（或塑料杯）中，加入少量漂浮液搅拌混合后，继续加入10～20倍的漂浮液，然后将粪液用金属筛或纱布滤入另一杯中，除去粪渣。静置滤液，经30～40分钟，用直径0.5～1厘米的金属圈平放接触液面，提起后将黏着金属圈上的液膜抖落于载玻片上，如此多次蘸取不同部位的液面后，加盖玻片镜检。

试管浮聚法：取2克粪便于烧杯中或塑料杯中，加入10～20倍漂浮液进行搅拌混合，然后将粪液用金属筛或纱布滤入另一杯中。将滤液倒入直立的平口试管中或青霉素瓶中，直至液面接近管口为止，然后用滴管补加粪液，滴至液面凸出管口为止。静置30分钟后，用清洁盖玻片轻轻接触液面，提起后放入载玻片上镜检，或用玻片接触液面，提起后迅速翻转，加盖玻片后镜检。

（3）直接涂片检查法　这是最简单和常用的方法，但当体内寄生虫数量不多而粪便中排出的虫卵少时，有时不能检出虫卵。方法是首先在载玻片上滴1滴50%甘油水溶液（或生理盐水、普通水），取少量粪便与甘油水溶液混合后，夹去较大的或较粗的粪渣，最后使玻片上留有一层均匀的粪液，其浓度的要求是将此玻片放于报纸上，能通过粪膜模糊地辨认其下的字迹为合适。在粪膜上覆以盖玻片，置显微镜下检查。先用低倍镜检查，发现虫卵、卵囊后换取高倍镜检查。检查时应有顺序地查遍盖玻片下的所有部分。

（4）粪便肉眼检查法　该法多用于绦虫病的诊断，也可用于某些肠道寄生虫病的驱虫诊断，即用药驱虫后检查随粪便排出的虫体。

检查时，先检查粪便的表面，看是否有大型虫体和较大的绦虫节片，然后将粪便仔细捣碎，认真进行观察。检查较小虫体或节片，将粪便置于较大的容器中（如金属桶、玻璃缸），加入5～10倍水（或生理盐水），彻底搅拌后静置 10 分钟以上，然后倾去上层液，再重新加清水搅匀静置，如此反复数次，直至上层液体清亮为止。最后倾去上层清亮液，将少量沉淀物放在黑色浅盘（或衬以黑色纸或黑布的玻璃容器）中检查，必要时采用放大镜或实体显微镜检查，发现的虫体和节片用镊子、针或毛笔取出，以便进行鉴定。

三、寄生蠕虫卵的识别

（一）各种蠕虫卵的基本特征

1. 吸虫卵

多为卵圆形，卵壳数层，多数吸虫卵一端有小盖，被一个不明显的沟围绕着，有的吸虫卵还有结节、小刺、丝等突出物。卵内含有卵黄细胞所圈绕的卵细胞或发育成形的毛蚴。

2. 线虫卵

多为椭圆形或圆形。卵壳多为四层，完整的包围虫卵，但有的一端或二端有缺口，被另一个增长的卵膜封盖着。卵壳光滑，或有结节、凹陷等。卵内含未分割的胚细胞，或分割着的多数细胞，或为一个幼虫。

3. 绦虫卵

假叶目虫卵椭圆形，有卵盖，内含卵细胞及卵黄细胞。圆叶目虫卵形状不一，卵壳的厚度和构造也不同，内含一个具有三对胚钩的六钩蚴，六钩蚴被覆两层膜，内层膜紧贴六钩蚴，外层膜与内层膜有一定的距离，有的虫卵六钩蚴被包围在梨形器里，有的几个虫卵被包在卵袋中。

4. 棘头虫卵

多为椭圆形。卵壳三层，内层薄，中间层厚，多数有压痕，外层变化较大，并有蜂窝状构造。内含长圆形棘头蚴，其一端有三对胚钩。

常见家畜寄生虫卵的形态特征见图 1-1、图 1-2、图 1-3。

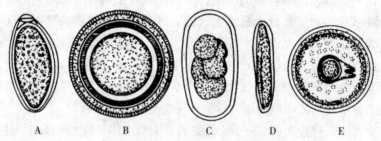

A. 尖尾线虫卵；B. 马副蛔虫卵；C. 圆线虫卵；D. 柔线虫卵；E. 裸头绦虫卵。

图 1-1　马寄生蠕虫卵

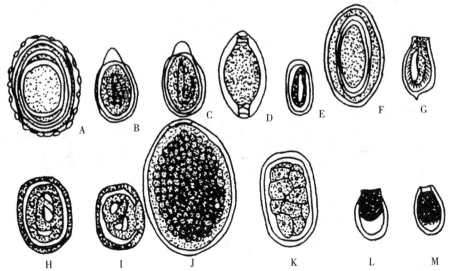

A.猪蛔虫卵；B.刚棘颚口线虫卵（新鲜虫卵）；C.刚棘颚口线虫卵（已发育的虫卵）；D.猪毛首线虫卵；

E.六翼泡首线虫卵；F.蛭形棘头虫卵；G.华支睾吸虫卵；H.野猪后圆线虫卵；I.复阴后圆线虫卵；

J.姜片吸虫卵；K.食管口线虫卵；L、M.猪球虫卵囊。

图1-2 猪常见蠕虫卵

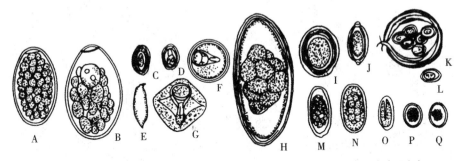

A.肝片形吸虫卵；B.前后盘吸虫卵；C.胰阔盘吸虫卵；D.歧腔吸虫卵；E.东毕吸虫卵；

F、G.莫尼茨绦虫卵；H.钝刺细颈线虫卵；I.牛弓首蛔虫卵；J.毛首线虫卵；K.曲子宫绦虫子宫周围器；

L.曲子宫绦虫卵；M.捻转血矛线虫卵；N.仰口线虫卵；O.乳突类圆线虫卵；P、Q.牛艾美耳球虫卵囊。

图1-3 牛羊蠕虫卵

（二）容易与蠕虫卵混淆的物质

1.气泡

圆形无色、大小不一，折光性强，内部无胚胎结构。

2. 花粉颗粒

无卵壳构造，表面常呈网状，内部无胚胎结构。

3. 植物细胞

有的为螺旋形，有的为小型双层环状物，有的为铺石状上皮，均有明显的细胞壁。

4. 豆类淀粉粒

形状不一。外被粗糙的植物纤维，颇似绦虫卵。可滴加卢戈氏碘液（配方为碘1克，碘化钾2克，水100毫升）染色加以区分，未消化前显蓝色，略经消化后呈红色。

5. 真菌孢子

折光性强，内部无明显的胚胎构造。

粪便中容易与蠕虫卵混淆的物质见图1-4。

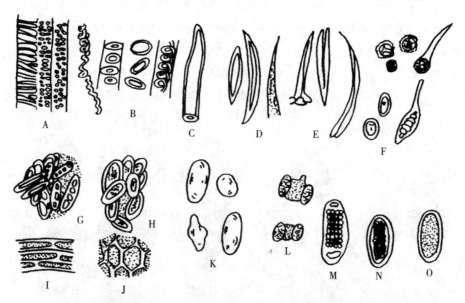

A～J.植物的细胞和孢子；K.淀粉粒；L.花粉粒；M.植物线虫的一种虫卵；

N.螨的卵（未发育）；O.螨的卵（已发育）。

图1-4 粪便中常见的物体

四、寄生生活对寄生虫的影响

从自然生活演化为寄生生活，寄生虫经历了漫长的适应宿主环境的过程。寄生生活使寄生虫对寄生环境的适应性以及寄生虫的形态结构和生理功能发

生了变化

（一）对环境适应性的改变

在演化过程中，寄生虫长期适应于寄生环境，在不同程度上丧失了独立生活的能力，对于营养和空间依赖性越大的寄生虫，其自生生活的能力就越弱；寄生生活的历史愈长，适应能力愈强，依赖性愈大。因此与共栖和互利共生相比，寄生虫更不能适应外界环境的变化，因而只能选择性地寄生于某种或某类宿主。寄生虫对宿主的这种选择性称为宿主特异性，实际是反映寄生虫对所寄生的内环境适应力增强的表现。

（二）形态结构的改变

寄生虫可因寄生环境的影响而发生形态构造变化。如跳蚤身体左右侧扁平，以便行走于皮毛之间；寄生于肠道的蠕虫多为长形，以适应窄长的肠腔。某些器官退化或消失，如寄生历史漫长的肠内绦虫，依靠其体壁吸收营养，其消化器官已退化无遗。某些器官发达，如体内寄生线虫的生殖器官极为发达，几乎占原体腔全部，如雌蛔虫的卵巢和子宫的长度为体长的 15 ～ 20 倍，以增强产卵能力；有的吸血节肢动物，其消化道长度大为增加，方便大量吸血，如软蜱饱吸一次血可耐饥数年之久。新器官的产生，如吸虫和绦虫，由于定居和附着需要，演化产生了吸盘为固着器官。

（三）生理功能的改变

肠道寄生蛔虫，其体壁和原体腔液内有对胰蛋白酶和糜蛋白酶抑制作用的物质，虫体角皮内的这些酶抑制物能保护虫体免受宿主小肠内蛋白酶的作用。许多消化道内的寄生虫能在低氧环境中以酵解的方式获取能量。雌蛔虫日产卵约 24 万个；牛带绦虫日产卵约 72 万个；日本血吸虫每个虫卵孵出毛蚴进入螺体内，经无性的蚴体增殖可产生数万条尾蚴；单细胞原虫的增殖能力更大，表明寄生虫繁殖能力较强，是保持虫种生存，对自然选择适应性的表现。

五、寄生虫的生活史

寄生虫的生活史是指寄生虫完成一代的生长、发育和繁殖的整个过程。寄生虫的种类繁多，生活史有多种多样，繁简不一，大致分为以下两种类型。

（一）直接型

完成生活史不需要中间宿主，虫卵或幼虫在外界发育到感染期后直接感染人。如人体肠道寄生的蛔虫、蛲虫、鞭虫、钩虫等。

（二）间接型

完成生活史需要中间宿主，幼虫在其体内发育到感染期后经中间宿主感染人。如丝虫、旋毛虫、血吸虫、华支睾吸虫、猪带绦虫等。

在流行病学上，常将直接型生活史的蠕虫称为土源性蠕虫，将间接型生活史的蠕虫称为生物源性蠕虫。

有些寄生虫生活史中仅有无性生殖。如阿米巴原虫、阴道毛滴虫、蓝氏贾第鞭毛虫、利什曼原虫等。有些寄生虫仅有有性生殖，如蛔虫、蛲虫、丝虫等。有些寄生虫有以上两种生殖方式才完成一代的发育，即无性生殖世代与有性生殖世代交替进行，称为世代交替，如疟原虫、弓形虫以及吸虫类。有的寄生虫生活史整个过程都营寄生生活，如猪带绦虫、疟原虫。有的只有某些发育阶段营寄生生活，如钩虫。有的寄生虫只需一个宿主，如蛔虫，蛲虫；有的需要两个或两个以上宿主，如布氏姜片虫、卫氏并殖吸虫。

寄生虫完成生活史除需要有适宜的宿主外，还需要有适宜的外界环境条件。寄生虫的整个生活史过程实际包括寄生虫的感染阶段、侵入宿主的方式和途径、在宿主体内移行或达到寄生部位的途径、正常的寄生部位、离开宿主机体的方式以及所需要的终宿主（及保虫宿主）、中间宿主或传播媒介的种类等。因此，掌握寄生虫生活史的规律，是了解寄生虫的致病性及寄生虫病的诊断、流行及防治的必要基础知识。

六、寄生虫的类型

寄生虫的类型主要有内寄生虫、外寄生虫、单宿主寄生虫、多宿主寄生虫、专一宿主寄生虫、非专一宿主寄生虫、人兽共患寄生虫等。

内寄生虫：是指寄生在宿主体内的寄生虫，如寄生在消化道的线虫、绦虫、吸虫等。

外寄生虫：是指寄生在宿主体表的寄生虫，如寄生于皮肤表面的蜱、螨、虱等。

单宿主寄生虫：又称土源性寄生虫，是指发育过程中仅需要一个宿主的寄生虫，如蛔虫。

多宿主寄生虫：是指发育过程中需要多个宿主的寄生虫，如绦虫和吸虫。

专一宿主寄生虫：是指只寄生于一种特定宿主的寄生虫，对宿主有严格的选择性，如鸡球虫只感染鸡等。

非专一宿主寄生虫：是指能够寄生于多种宿主的寄生虫，如肝片吸虫可以寄生于牛、羊等多种动物和人。

人兽共患寄生虫：是指既能寄生于动物，也能寄生于人的寄生虫，如日本血吸虫、旋毛虫、弓形虫等。

七、宿主

（一）概念

宿主也称为寄主，是指为寄生生物包括寄生虫、病毒等提供生存环境的生物。寄生生物通过寄居在宿主的体内或体表，从而获得营养，寄生生物往往损害宿主，使其生病甚至死亡。

宿主不只是被动地接受病原体的损害，而且主动产生抵制、中和外来侵袭的能力。如果宿主的抵抗力较强，病原体就难以侵入或侵入后迅速被排出或消灭。

（二）宿主的类型

不同种类的寄生虫完成其生活史，所需宿主的数目不尽相同，有的仅需一个宿主，有的需要两个或两个以上宿主。根据寄生虫不同发育阶段对宿主的需求，可将其分为以下几种：

1. 终宿主

指寄生虫成虫或有性生殖阶段所寄生的宿主。如血吸虫成虫寄生于人体并在人体内产卵，故人是血吸虫的终宿主。

2. 中间宿主

指寄生虫的幼虫或无性生殖阶段所寄生的宿主。有两个中间宿主的寄生虫，其中间宿主有第一和第二之分。如华支睾吸虫的第一中间宿主为某些种类的淡水螺，第二中间宿主是某些淡水鱼类。

3. 保虫宿主

亦称储存宿主。指某些寄生虫既可寄生于人，又可寄生于某些脊椎动物。后者在一定条件下可将其体内的寄生虫传播给人。在流行病学上将这些脊椎动物称之为保虫宿主或储存宿主。例如华支睾吸虫的成虫既可寄生于人，又可寄生于猫，猫即为该虫的保虫宿主或储存宿主。

4. 转续宿主

某些寄生虫的幼虫侵入非适宜宿主后不能发育为成虫，但能存活并长期维持幼虫状态。只有当其有机会侵入适宜宿主体内时，才能发育为成虫。此种非适宜宿主称为转续宿主。

例如，卫氏并殖吸虫的适宜宿主是人和犬等动物，野猪是其非适宜宿主。其童虫侵入野猪体内不能发育为成虫，长期维持在幼虫状态。如果人或犬生食或半生食含有此种幼虫的野猪肉，则童虫即可在两者体内发育为成虫。因此，野猪即为该虫的转续宿主。

（三）寄生虫对宿主的危害

寄生虫对宿主的危害体现在以下几个方面。

1. 机械性损伤

寄生虫侵入机体后，在机体内移行到固定的寄生部位，造成机械性损伤；寄生虫利用固着器官（吸盘、顶突、小钩等）固着于宿主的器官组织上，造成损伤，甚至引起出血、发炎；寄生虫在动物体内移行时，破坏所经过器官的完整性；虫体压迫被固着的器官，引起严重疾病（如多头蚴寄生于脑部，引起脑的疾病）；寄生虫大量寄生造成器官阻塞（如猪蛔虫引起肠阻塞和胆道阻塞）；寄生于细胞内的原虫，在宿主体内繁殖时破坏宿主组织细胞（如巴贝斯虫寄生在红细胞内，造成红细胞被大量破坏）。

2. 吸取宿主的营养

寄生虫吸取宿主的营养物质，一种形式是无消化器官的寄生虫，直接取得宿主未能纳入组织细胞的营养物质。例如绦虫等依靠体表上的绒毛渗透吸收营养，棘头虫以体表细孔摄取营养，寄生性原虫则通过渗透和内吞摄取营养，其内吞是以胞口或其他类器官进行吞噬滋养体。另一种形式为有消化器官的寄生虫，如吸虫、线虫、蜘蛛及昆虫等以口摄取宿主的血液、体液、组织及食糜，经消化器官进行消化和吸收。寄生虫从宿主体内获得蛋白质、碳水化合物、脂肪及大量的维生素、矿物质和微量元素，供自身生长、发育的需要，从而干扰宿主的正常代谢，使营养代谢紊乱；还影响宿主的正常消化机能，引起食欲下降或废绝。如球虫可以破坏宿主肠上皮细胞，甚至引起脱落，严重时丧失吸收能力。

3. 毒素及有毒产物的影响

少数寄生性原虫分泌具有较强毒力的毒素，对宿主造成严重危害。如伊氏锥虫分泌的毒素可引起动物发热、损伤血管壁、溶解红细胞、抑制造血机能及引起神经机能紊乱。

某些寄生虫的分泌物可对宿主产生不良影响。吸血的寄生虫分泌溶血物质和乙酰胆碱类物质，使宿主血凝缓慢，血液流出增多；某些寄生虫在移行过程中分泌蛋白水解酶、透明质酸酶，溶解机体组织；某些消化管寄生虫，分泌抑制宿主消化酶活性的拮抗酶，使宿主消化机能下降。

某些寄生虫的代谢产物及死亡虫体的分解产物，对宿主机体具有损害作用。

4. 变态反应

宿主机体感染寄生虫后，寄生虫抗原致敏动物机体，重复发生该种寄生虫感染时可发生变态反应，对机体产生重要的病理性影响。

5. 引入其他病原微生物

许多寄生虫在宿主的皮肤或黏膜等处造成损伤，给其他病原微生物的侵入创造条件，而使宿主感染其他疫病、降低机体抵抗力，促进传染病发生或寄生虫病与传染病混合感染。如某些蜱传播梨形虫和马脑脊髓炎，蚊类传播人、猪和马等日本乙型脑炎，某些蚤传播鼠疫杆菌，鸡异刺线虫传播火鸡组织滴虫病（黑头病）。有的寄生虫可激活宿主体内处于潜伏状态的微生物，如仔猪感染食管口线虫后，可激活副伤寒杆菌，造成急性副伤寒。

（四）宿主与寄生虫的关系

寄生虫寄生在宿主体表或体内，可对宿主造成多种危害。宿主被某种寄生虫感染并对其具有易感性是寄生虫病发生的基本条件。寄生虫只有感染易感动物才有可能引起其疾病。

宿主对寄生虫的入侵可产生防御反应和抗损伤作用，如宿主的胃酸，可杀灭某些进入胃内的寄生虫；消化管加强蠕动可将寄生虫及其代谢产物排出体外；有的防御反应表现为将组织内的虫体局限、包围以至将其消灭。

宿主与寄生虫相互作用的结果可归为三类。

①当宿主的防御力量强于寄生虫的侵袭力和适应力时，宿主可将寄生虫消灭或排出。

②当宿主的防御力量与寄生虫的侵袭力和适应力处于相对平衡状态时，寄生虫可在宿主体内存活，宿主不表现临床症状，成为带虫者。

③当寄生虫的侵袭力大于宿主的防御能力时，宿主出现明显的临床症状，发生寄生虫病。

第二章　动物疫病的发生与重大疫情的处置

第一节　动物疫病

动物机体在整个生命过程中，可能会受到来自体内外各种病原体的侵袭。病原体感染动物机体后，可引起机体不同程度的损伤，机体内部与外界的相对平衡稳定状态遭受破坏，机体处于异常的生命活动中，其机能、代谢和组织结构等会发生一定程度改变，从而可出现一系列异常的临床表现即症状，引起动物疫病的发生。

一、感染与疫病

（一）感染的概念

病原微生物侵入动物机体，并在一定的部位定居、生长、繁殖，从而引起一系列的病理反应的过程称为感染或传染。

当病原体具有相当的毒力和数量，且动物机体的抵抗力又相对较弱时，动物机体就会表现出一定的临床症状；如果病原体的毒力较弱或数量较少，且动物机体的抵抗力较强时，病原体可能在动物机体内存活，但不能大量繁殖，动物机体也不表现明显的临床症状。当动物机体抵抗力较强时，机体内并不适合病原体的生长，一旦病原体进入动物体内，机体就动员自身的防御力量将病原体杀死或灭活，从而保持机体生理功能的正常稳定。

（二）感染的类型

病原体与动物机体抵抗力之间的关系错综复杂，影响因素也很多，造成了感染过程的表现形式也多种多样，从不同角度可分为不同的类型。常见的类型有：

1. 按病原体的来源分

（1）外源性感染　病原体从外界侵入机体引起的感染过程，称为外源性感染。

（2）内源性感染　如果病原体是寄生在动物机体内的条件性致病微生物，在机体正常的情况下，它并不表现出致病性。但当受不良因素影响而使动物机体抵抗力减弱时，导致病原微生物的活化，毒力增强并大量繁殖，最后引起机体发病，这就是内源性感染。

2. 按病原的种类分

（1）单纯感染（单一感染）　由一种病原微生物引起的感染。

（2）混合感染　由两种以上的病原微生物同时参与的感染。

3. 按病原的先后分

分为原发感染和继发感染。动物感染了一种病原微生物之后，在机体抵抗力减弱的情况下，又由新侵入的或原来存在于体内的另一种病原微生物引起的感染，这时前一种感染叫原发感染，后一种感染叫继发感染。

4. 按临床表现分

（1）显性感染　将出现该病所特有的、明显的临床症状的感染叫显性感染。

（2）隐性感染　在感染后无任何临床症状而呈隐蔽经过的感染称为隐性感染，也称为亚临床感染。

（3）一过型感染　开始症状较轻，特征性症状未出现前即行恢复者称为一过型（或消散型）感染。

（4）顿挫型感染　开始症状较重，与急性病例相似，但特征性症状尚未出现即迅速消退恢复健康者，称为顿挫型感染。

（5）温和型感染　临床表现较轻缓的称为温和型感染。

5. 按感染的部位分

（1）局部感染　动物机体的抵抗力较强，病原微生物毒力较弱或数量较少，局限在一定部位生长繁殖，并引起一定病变的感染称为局部感染。

（2）全身感染　如果动物机体抵抗力较弱，病原微生物冲破了机体的各种防御屏障进入血液向全身扩散，则称为全身感染。

6. 按临床症状是否典型分

（1）典型感染　在感染过程中表现出该病的特征性临床症状者，称为典型感染。

（2）非典型感染　在感染过程中表现或轻或重，缺乏典型症状，称为非典型感染。

7. 按发病的严重性分

（1）良性感染　如果该病并不引起患病动物的大批死亡，可称为良性感染。

（2）恶性感染　如果该病能引起大批死亡则称为恶性感染。

良性感染、恶性感染的判定方法：患病动物的病死率。

8. 按病程的长短分

（1）最急性感染　病程最短，常在数小时或 1 天内死亡，症状和病变不典型。

（2）急性感染　病程较短，几天至 2～3 周不等，伴有明显的典型症状。

（3）亚急性感染　病程稍长，病情缓和（与急性相比）。

（4）慢性感染　病程缓慢，常在 1 个月以上，临床症状不明显甚至不表现出来。

9. 病毒的持续性感染和慢病毒感染

（1）持续性感染　是指动物长期持续的感染状态。有些病毒可以长期存活，感染的动物有的持续有症状，有的间断有症状，有的无症状。如疱疹病毒、副黏病毒和反转录病毒科病毒，常会诱发持续性感染。

（2）慢病毒感染（长程感染）　是指潜伏期长达几年甚至数十年，早起临床上多没有症状，后期发病呈进行性且以死亡为转归的病毒感染。如牛海绵状脑病。

二、动物疫病的发生与危害

（一）动物疫病的概念

动物疫病，是指动物传染病、寄生虫病。动物疫病是由某种特定病原体引起的，包括有致病性的细菌、病毒、真菌、螺旋体、霉形体、衣原体、立克次氏体、放线菌等微生物感染动物而引起的传染病和有病原性蠕虫、原虫、节肢动物感染或侵袭动物而引起的寄生虫病。

动物机体在整个生命活动中，会受到来自体内外各种致病因素的作用，尤其是各种病原体的侵袭。由于病原体个体小、繁殖快、在自然界分布广，对动物健康构成的威胁最大。病原体感染动物机体后，可引起机体不同程度的损伤，机体内部与外界的相对平衡稳定状态遭受破坏，机体处于异常的生命活动中，其代谢、机能甚至组织结构多会发生改变，从而在临床上出现一系列异常的症状。

（二）动物疫病的特征

不同疫病临床上的表现不同，同一种疫病在不同种类动物体的表现也多种多样，甚至对同种动物不同个体的致病作用和临床表现也有差异，但传染病、寄生虫病均有各自共同的特征。

1.动物传染病的特征

（1）由特定病原体引起　每一种传染病都有其特定的病原体。如猪瘟由猪瘟病毒引起，猪丹毒由猪丹毒杆菌引起等。

（2）传染方式和类型多样　病原微生物侵入动物机体后，当病原微生物具有相当的毒力和数量，而动物机体的抵抗力相对较弱时，动物临床上出现一定的症状，此过程称为显性感染；如果侵入的病原微生物定居在某一部位，虽能进行一定程度的生长繁殖，但动物不呈现任何症状，而通过免疫学的检测，可发现动物对入侵的病原体产生了特异性免疫，此种状态称为隐性感染。处于隐性感染状态的动物称为带菌（带毒）者。

（3）具有传染性和流行性　从发生传染病的动物体内排出的病原微生物可以通过各种途径侵入另一易感性的健康动物体内，能引起具有同样症状的疾病，这种使疾病从发病动物传染给健康动物的现象，是区别传染病和非传染病的一个重要特征。当条件适宜时，在一定的时间内，某一地区易感动物群中可能有许多动物被感染，致使传染病蔓延传播，形成流行。

（4）被感染的机体发生特异性反应　在感染的过程中，由于病原微生物的抗原刺激作用，机体发生免疫生物学的变化，产生特异性抗体和变态反应等，这种反应可以用血清学方法等特异性反应检查出来。动物耐过传染病后，在大多数情况下，均能产生特异性抗体，使机体在一定的时间内或终生不再感染同种传染病。

（5）具有特征性临床表现　传染病的临床表现因病原不同而异，大多数传染病都具有其特征性的综合症状和一定的潜伏期以及病程经过（前驱期、明显期、恢复期）。

（6）带菌（毒）现象　动物痊愈后，临床症状消失而体内病原微生物不一定能完全清除，在一定的时间内仍然向外界排菌（毒），继续传播疫病。该类动物称为带菌（毒）者。

2.动物寄生虫病的特征

（1）寄生方式多种多样　一个生物生活在另一个生物的体内或体表，从另一种生物体内汲取营养，并对其造成毒害，这种生活方式称为寄生。营寄生生活的动物称为寄生虫，而被寄生虫寄生的动物称为宿主。寄生虫按营寄生生活的时间长短，可分为暂时性寄生虫和固定性寄生虫。按寄生部位，可分为外寄生虫和内寄生虫。

（2）生活史复杂　有些寄生虫在其生长发育过程中往往需转换多个寄主。寄生虫成虫期寄生的宿主称为终末宿主，寄生虫能在其体内发育到性成熟阶段，并进行有性繁殖；寄生虫幼虫期寄生的宿主为中间宿主；有的幼虫期所需的第二个中间宿主称补充宿主；寄生虫寄生于某些宿主体内，可以保持生命力和感染力，但不能继续发育，这种宿主称贮藏宿主。

（3）对机体危害形式多样　寄生虫病对畜禽健康造成的危害是巨大的，虫体对宿主的损伤多种多样。

①机械性损伤。虫体通过吸盘、棘沟及移行，可直接造成组织损伤；虫体压迫器官、组织或阻塞有管器官，可引起器官萎缩或梗塞等。

②夺取营养。造成宿主营养不良、消瘦、维生素缺乏等。

③分泌毒素。如吸血的寄生虫分泌溶血物质和乙酰胆碱类物质，使宿主血液凝固缓慢。锥虫毒素可引起动物发热，血管损伤，红细胞溶解。有的分泌宿主消化酶的拮抗酶，影响消化机能。

（三）动物疫病发生的条件

动物疫病的发生需要一定的条件，其中病原体是引起疫病发生的首要条件，动物的易感性和环境因素也是疫病发生的必要条件。

1. 具有一定数量和毒力的病原微生物

没有病原微生物，传染病就不可能发生。病原体引起感染，除必需有一定毒力外，还必需有足够的数量。一般来说病原体毒力越强，引起感染所需数量就越少；反之需要数量就越多。侵入动物体内的病原体，经一定的生长适应阶段，繁殖到一定的数量，对动物机体造成一定损伤，动物逐渐出现临床症状，才能导致动物疫病发生。

毒力是病原体致病能力强弱的反映，人们常把病原体分为强毒株、中等毒力株、弱毒株、无毒株等。病原体的毒力不同，与机体相互作用的结果也不同。病原体须有较强的毒力才能突破机体的防御屏障引起传染，导致疫病的发生。

2. 适宜的传染途径

病原微生物通过适宜的途径即特定的侵入门户，侵入动物适宜的部位，并在特定部位定居繁殖，才能使动物感染。如果病原微生物侵入动物体的部位不适宜，也不能引起传染病。如破伤风必须是破伤风梭菌经外伤侵入动物体，并在缺氧的环境中生长繁殖才能引起动物发病。但也有些病原体的侵入途径是多种的，例如炭疽杆菌、布鲁氏菌可以通过皮肤和消化道、生殖道黏膜等多种途径侵入宿主。

3.动物对某种疫病具有易感性

动物对某一病原微生物没有免疫力（即没有抵抗力）叫易感性，对病原体具有易感性的动物称为易感动物。因此，病原微生物只有侵入到对其有易感性的动物体内时才能引起疫病的发生。

动物对病原体的易感性是动物"种"的特性，因此动物的种属特性决定了它对某种病原体的传染具有天然的免疫力或感受性，因此动物的易感性受诸多因素影响。不同种类的动物对同一种病原微生物的易感性不同，如炭疽杆菌羊最易感染，感染后表现最急性死亡；牛马次之；而猪则表现慢性经过，临床很难发现；狗、猫易感性更低。同一种动物，不同年龄对病原微生物的易感性不同，同年龄的不同个体易感性也不一致，个体营养状况差的动物，易遭受病原微生物的侵袭。

4.适宜的外界环境因素

（1）对动物抗病能力的影响　如每年早春季节，青黄不接，饲料缺乏，动物消瘦，抗病能力下降，寄生在牛羊胆管内的双腔吸虫迅速发育繁殖，对牛羊危害增强，易引起死亡。

（2）对病原微生物生命力、毒力的影响　如冬季气温低，利于病毒的生存，易发生病毒性传染病。

（3）对生物媒介和中间宿主生命力、分布的影响　蚊子能传播多种疫病，如流行性乙型脑炎受季节的影响，炎热的夏季传播的机会增多。

5.寄生虫病发生的条件

（1）寄生虫的致病力　寄生虫对宿主是一种"生物刺激物"，一旦侵入宿主体内，自幼虫阶段到发育成熟以及成虫期的形态特征、习性、生理状态和繁殖等，都以不同性质的多种方式影响宿主，从而引起宿主不同"回答"反应并对宿主产生影响。

（2）宿主对寄生虫的影响　宿主受到寄生虫的影响之后，可能发病，表现有不同的症状，或处于无症状感染，或某一器官、局部组织功能发生障碍，或生长发育迟缓或停滞等。同时，宿主也以"回答"反应显著地影响寄生虫的生活和发育。宿主这种反应表现在以下几个方面。

①宿主的抵抗力。有时宿主有较强的抵抗力，可以产生抗体，对虫体有抵制作用，能抑制虫体的生长或降低其繁殖能力，或缩短虫体的生活周期，甚至杀死虫体；或阻止虫体对组织的附着，使之排出体外；或沉淀、中和寄生虫的排泄物和分泌物。但宿主对寄生虫的这种抵抗力往往是不完全的免疫。

当宿主具有较强的抵抗力，寄生虫数量不多时，寄生虫在宿主体内虽能生存，但宿主并不呈现可以用一般实验和临床方法可测知的临床症状，这称为带虫现象，也称为带虫免疫，这是寄生虫感染中极普遍的现象，并随虫体的消失而丧失这种免疫力。某些寄生虫的带虫者（宿主）对同种病原体的再度感染有免疫力。而有些主要寄生于幼龄动物的寄生虫，随宿主发育成熟，它们被全部排出，或者残留部分于宿主体内。如健康的成年绵羊体内一般没有或有少数莫尼茨绦虫，健康的成年马体内一般没有或有少量副蛔虫等，均属此类情况。

②全价营养。营养的好坏能显著地影响到宿主对寄生虫的抵抗力。全价营养的饲料中含有丰富的蛋白质、维生素（特别是维生素 A、维生素 C）和矿物质等，能大大增强宿主的抵抗力，加大对抗寄生虫的侵袭及其毒素作用。例如，给小猪营养好的饲料，就可减少感染蛔虫。

患网尾线虫病的绵羊，在全价营养条件下，则可不经治疗而自动排出虫体；反之，如饲料中缺乏维生素 A 时，小猪则易患蛔虫幼虫病，并常因蛔虫性肺炎而死亡。

③年龄因素。宿主年龄对寄生虫的侵袭和病程有很大的关系，一般随宿主成年，其抗病力也增强。有些寄生虫主要感染幼年动物，如马蛔虫和牛蛔虫主要感染马驹和牛犊。这说明对某些寄生虫病的防御反应随宿主年龄的增大而升高。

④带虫免疫。宿主常以"防御适应性"来"回答"寄生虫的刺激。主要表现为宿主对寄生虫的抑制作用，降低其繁殖能力，缩短其生活期限，使寄生虫的寄居环境恶化，最终全部排出体外，寄生虫的免疫多为带虫免疫，并伴随虫体的消失而丧失。

（3）寄生虫的侵入和定居　寄生虫的侵入和定居，也就是寄生生活的建立，这是寄生虫病发生的一个重要条件。

宿主遭受到寄生虫感染，其首要条件是周围环境中存在着能侵入该宿主的特异性寄生虫，即可寄生于这种宿主的寄生虫。并且这种寄生虫是处于感染阶段的虫体（包括感染性虫卵、幼虫、卵囊或其中间宿主）；寄生虫与宿主有接触的机会，而可能传播给新宿主；通过该寄生虫病所必需的感染途径。例如猪感染蛔虫，首先在周围环境中存在猪蛔虫，而且还必需是处于感染阶段的蛔虫卵，在此之前的虫卵对猪没有感染力。有了这一必需的条件，如果猪接触到它们，并经口的方式进入小肠，感染就成为可能了。

寄生虫进入宿主体内之后，能否建立寄生生活，亦需视许多条件而定，有时一种寄生虫进入一个非特异宿主体内之后，可以生活一段时间，但最后终因环境不适而死亡。如鸟毕吸虫的尾蚴，可以钻入人的皮肤，引起"稻田皮炎"，但不能像进入它的特异性终末宿主体内那样而继续发育，最后只能在侵入人的皮肤的局部死亡。

寄生虫在侵入其所必需的特异性宿主体内之后，也并非都能在宿主体内建立生活，通常还需要被动地或主动地经历成长，或短、或简单、或复杂的移行和发育过程到达它们特异性的寄生部位，即专门嗜好的居住场所（这就是寄生虫的器官特异性和组织特异性），确立其寄生生活。

寄生虫对它的特异性宿主，从侵入、移行到定居和生长发育的全过程，均可对宿主机体有致病危害作用。

（4）外界环境对寄生虫的影响　寄生虫的外界环境是双重的，当它处于寄生状态时，宿主是它们的直接外界环境，对其有着重要的影响；而在它们处于自立状态时，气候、水、土和宿主等是它们的直接外界环境，气候、水、土等自然因素对吸虫、线虫、绦虫等中间宿主体内的虫卵或幼虫都有重要影响。例如温暖的气候有利于吸虫尾蚴从中间宿主——螺体内大量排出。有很多种线虫的卵在自然界发育，孵化出的幼虫自立生活，为直接感染阶段，而有一些线虫在较高的温度条件下，可以较快地发育到感染期，但它们的体质较弱，侵袭能力也较低。

（四）动物疫病的危害

①动物疫病导致养殖动物死亡率升高，直接造成严重的经济损失。

②动物疫病造成动物生产性能和畜产品品质下降，间接损失严重。

③动物疫病使动物及动物产品的国际贸易遭受损失。

④动物疫病已严重威胁人类的健康。许多人畜共患传染病、寄生虫病的发生、流行会直接导致人的感染、发病甚至死亡。同时，由于临床防治动物疫病时，大量盲目使用或混用抗生素，产生耐药性和造成药物残留，使儿童性早熟、成人性别变异、肥胖、食源性中毒、癌症等疑难杂症的发病率日趋上升。

三、发生动物传染病后应采取的措施

（一）动物疫病的一般防控措施

1. 消灭病原体

例如用各种方法消毒、粪便发酵、无害化处理病死动物等都是消灭病原体的有效办法。

2. 切断病原体传播途径

例如引种前进行检疫，不从疫区引入畜禽，灭蝇灭鼠，保持环境及用具卫生等都是切断传播途径的好办法。

3. 保护易感动物

接种疫苗、加强饲养管理、供给营养全面的饲料、提供良好的饲养环境等都能增强动物对疾病的抵抗力，从而减少疫病的发生。

（二）发生一、二、三类动物传染病时应采取的措施

1. 发生一类动物传染病时应采取的措施

立即上报疫情；在迅速展开疫情调查基础上由同级人民政府发布封锁令对疫区实行封锁；在疫区内采取彻底的消毒灭源措施；对受威胁区易感动物展开紧急预防，免疫接种。

2. 发生二类动物传染病时应采取的措施

立即上报疫情；在迅速展开疫情调查基础上由同级畜牧兽医主管部门划定疫区和受威胁区；在疫区内采取彻底的消毒灭源措施；对受威胁区易感动物展开紧急预防，免疫接种。

3. 发生三类动物传染病时应采取的措施

发生三类动物传染病时，当地人民政府和畜牧兽医部门应当按照动物疫病预防计划和国务院畜牧兽医行政管理部门的有关规定组织防治和净化。

第二节　动物疫病的流行过程

一、流行过程的概念

动物疫病的流行过程（简称流行）是指疫病在动物群体中发生、发展和终止的过程，也就是从动物个体发病到群体发病的过程。

二、动物疫病流行过程的三个基本环节

动物疫病的流行必需同时具备三个基本要素，即传染源、传播途径和易感动物。这三个要素同时存在并互相联系时，就会导致疫病的流行，如果其

中任何要素受到控制，疫病的流行就会终止。因此，在预防和扑灭动物疫病时，都要紧紧围绕这三个基本要素来开展工作。

（一）传染源

传染源是指某种疫病的病原体能够在其中定居、生长、繁殖，并能够将病原体排出体外的动物体。包括患病动物和病原携带者。

1. 患病动物

患病动物是最重要的传染源。动物在明显期和前驱期能排出大量毒力强的病原体的可能性大。

患病动物能排出病原体的整个时期称为传染期。不同动物疫病的传染期不同，为控制传染源，隔离患病动物时，应隔离至传染期结束。

2. 病原携带者

病原携带者是指外表无症状但携带并排出病原体的动物体。由于其很难被发现，平时常和健康动物生活在一起，所以对其他动物影响较大，是更危险的传染源。主要有以下几类。

（1）潜伏期病原携带者　大多数传染病在潜伏期不排出病原体，少数疫病（如口蹄疫、狂犬病等）在潜伏期的后期能排出病原体，传播疫病。

（2）恢复期病原携带者　是指病症消失后仍然排出病原体的动物。部分疫病（如布鲁氏菌病、猪瘟、鸡白痢等）康复后仍能长期排出病原体，对于这类病原携带着，应进行反复的实验室检查才能查明。

（3）健康病原携带者　是指动物本身没有患过某种疫病，但体内存在且能排出病原体。一般认为这是隐性感染的结果，如巴氏杆菌病、沙门氏菌病、猪丹毒的健康病原携带者是重要的传染源。

病原携带者存在间歇排毒现象，只有反复多次检查均为阴性时，才能排除病原携带状态。

被病原体污染的各种外界环境因素，不适于病原体长期寄居、生长繁殖，也不能排出。因此这些因素不能被认为是传染源，而应称为是传播媒介。

寄生虫病的感染来源是指感染某种寄生虫的病畜禽和带虫者。病畜禽或带虫者可通过排泄物，把虫卵、幼虫或卵囊排出体外，污染水、土、食物等外界环境，造成易感动物感染。如猪蛔虫、鸡球虫等。感染来源还包括：外界环境被寄生虫感染的中间宿主、补充宿主、贮藏宿主、生物传播媒介及人畜共患寄生虫病中的病人和带虫者。

（二）传播途径

病原体从传染源排出后，通过一定的途径侵入其他动物体内的方式称为传播途径。掌握疫病传播途径的重要性在于人们能有效地切断传播途径，保护易感动物的安全。传播途径可分为水平传播和垂直传播两大类。

1. 水平传播

水平传播是指疫病在群体之间或个体之间以水平形式横向平行传播，可分为直接接触传播和间接接触传播。

（1）直接接触传播　是在没有任何外界因素的参与下，病原体通过传染源与易感动物直接接触（交配、舔、咬等）而引起的传播方式。最具代表性的是狂犬病，人类大多数患者是被狂犬病患病动物咬伤而感染的。其流行特点是一个接一个地发生，形成明显的链锁状感染，一般不会造成大面积流行，以直接接触传播为主要传播方式的疫病较少。

（2）间接接触传播　是在外界因素的参与下，病原体通过传播媒介使易感动物发生传染的方式。大多数疫病（口蹄疫、猪瘟、鸡新城疫等）以间接接触传播为主要传播方式，同时也可直接接触传播。两种方式都能传播的疫病称为接触性疫病。间接接触传播一般通过以下几种途径传播。

①经污染的饲料和饮水传播。这是主要的传播方式。传染源的分泌物、排泄物等污染了饲料、饮水而传给易感动物，如以消化道为主要侵入门户的疫病（如猪瘟、口蹄疫、犬细小病毒病、球虫病等），其传播媒介主要是污染的饲料和饮水。因此，在防疫上要特别注意做好饲料和饮水的卫生消毒工作。

②经污染的空气（飞沫、尘埃）传播。空气并不适合病原体的生存，但可以短时间内存留在空气中。空气中的飞沫和尘埃是病原体的主要依附物，病原体主要通过飞沫和尘埃进行传播。几乎所有的呼吸道传染病都主要通过飞沫进行传播，如流行性感冒、结核病、猪气喘病。一般冬春季节，动物密度大、通风不良的环境，有利于通过空气进行传播。

③经污染的土壤传播。炭疽、破伤风、猪丹毒等的病原体对外界抵抗力强，随传染源的分泌物、排泄物和尸体一起落入土壤而能生存很久，导致感染其他易感动物。

④经活的媒介物传播。媒介物主要是非本种动物和人类。

节肢动物：主要有蚊、蝇、蠓、虻类和蜱等。传播主要是机械性的，通过在患病动物和健康动物之间的刺螯吸血而传播病原体。可以传播马传染性贫血、流行性乙型脑炎、炭疽、鸡住白细胞原虫病、梨形虫病等疫病。

野生动物：野生动物的传播可分为两类。一类是本身对病原体具有易感性，感染后再传给其他易感动物，如飞鸟传播禽流感，狼、狐传播狂犬病；另一类是本身对病原体并不具有易感性，但能机械性传播病原微生物，如鼠类传播猪瘟和口蹄疫。

⑤经用具传播。体温计、注射器针头、手术器械等，用后消毒不严，可能成为马传染性贫血、炭疽、猪瘟、猪附红细胞体病、口蹄疫等病的传播媒介。

2. 垂直传播

垂直传播一般是指疫病从母体到子代两代之间的传播。它包括以下几种方式。

垂直传播指病原微生物通过母体传染给子代的方式。根据妊娠的不同时期，又可将垂直传播分为经卵传播，经胎盘传播和经产道传播。

（1）经卵传播 卵子中就携带病原微生物，因此在受精卵形成时即注定它出生后也携带该种病原微生物。主要常见于禽类疾病，如禽白血病病毒和沙门氏菌病等。

（2）经胎盘传播 有些病原微生物能够经母体脐带血传染给胎儿，比如猪瘟病毒和布鲁氏菌等。

（3）经产道传播 病原微生物经怀孕母畜的阴道通过宫颈口到达绒毛膜或胎盘引起胎儿感染，或者胎儿穿过无菌的羊膜腔，暴露在被污染的产道内，胎儿经呼吸道，消化道或者皮肤感染母体的病原体。主要有大肠杆菌、葡萄球菌、链球菌等。

寄生虫感染宿主的途径是指某种寄生虫感染宿主所通过的方式或门户。最为常见的如下。

（1）经口感染 宿主吞食了被某些寄生虫的感染性虫卵、幼虫或已孢子化的卵囊所污染的饮水、土、饲料、草料或吞食带有幼虫的中间宿主而受感染。

（2）经皮肤感染 某些寄生于血液中的原虫和一些寄生于血液、体腔及其他组织中的蠕虫（如丝虫）常通过吸血昆虫传播，如梨形虫、锥虫、住白细胞虫等。还有某些寄生虫的侵袭性幼虫，主动钻入宿主的皮肤而感染，例如日本分体吸虫的尾蚴，皮蝇幼虫可经皮肤进入终末宿主体内。

（3）接触感染 多数寄生于生殖道的寄生虫通过交配而传播，例如牛胎儿滴虫、马媾疫等。很多外寄生虫通过皮肤接触而传播，如疥螨、痒螨。

（4）经胎盘感染 经胎盘感染不甚普遍。少数种类寄生虫在母体内移行时，可经胎盘进入胎儿体内，而使胎儿受到感染，如弓形虫、日本分体吸虫和牛新蛔虫等。

综上所述，寄生虫就其感染和散播途径来讲，可分为两大类：一类是分布广泛的土源性寄生虫，如猪蛔虫、马副蛔虫、毛首线虫、大多数圆线虫及球虫等；另一类是具有明显地方性，发育史复杂需中间宿主的生物源性寄生虫，例如莫尼茨绦虫、后圆线虫、华支睾吸虫等。

（三）易感动物

易感动物就是容易感染某种病原体的动物。动物的易感性与病原体的种类，毒力，动物本身的免疫能力，遗传特征等因素有关。有些病原体只针对某种类或某一类动物，比如鸡马立克氏病毒只感染鸡并且主要针对 20 日龄以上的鸡只，小反刍兽疫的易感动物是反刍动物。当饲养密度大或者饲养环境较差时也会增加动物的易感性。

外界环境也能影响动物机体的感受性。易感动物群体数量与疫病发生的可能性成正比，群体数量越大，疫病造成的影响越大。影响动物易感性的因素主要有如下几个。

1. 动物群体的内在因素

不同种动物对一种病原体的易感性有较大差异，这是动物的遗传性决定的。动物的年龄也与抵抗力有一定的关系，一般初生动物和老年动物的抵抗力较差，而年轻的动物抵抗力较强。

2. 动物群体的外在因素

生活过程中的一切外界因素都会影响动物机体的抵抗力。如环境、温度、湿度、光照、有害气体浓度以及日粮成分、喂养方式、运动量等。

3. 特异性免疫状态

在疫病流行时，一般易感性高的动物个体发病严重，易感性较低的动物症状较缓和。通过获取母源抗体和接触抗原获得特异性免疫，就可提高特异性免疫的能力，如果动物群体中 70% ～ 80% 的动物具有较高免疫水平，就不会引发大规模的流行。

动物疫病的流行必需有传染源、传播途径和易感动物三个基本环节同时存在。因此，动物疫病的防治措施必须紧紧围绕这三个基本环节进行，施行消灭和控制传染源、切断传播途径及增强易感动物的抵抗力等措施，是疫病防治的根本。

三、疫源地和自然疫源地

（一）疫源地

具有传染源及存在排出病原体的地区称为疫源地。疫源地比传染源含义广泛，它除包括传染源之外，还包括被污染的物体、房舍、牧地、活动场所，以及这个范围内的可疑动物群。防疫方面，对于传染源采取隔离、扑杀或治疗，对疫源地还包括环境消毒等措施。

疫源地的范围大小一般根据传染源的分布和病原体的污染范围的具体情况确定。它可能是个别动物的生活场所，也可能是一个小区或村庄。人们通常将范围较小的疫源地或单个传染源构成的疫源地称为疫点。而将较大范围的疫源地称为疫区，疫区划分时应注意考虑当地的饲养环境、天然屏障（如河流、山脉）和交通等因素。通常疫点和疫区并没有严格的界限，而应从防疫工作的实际出发，切实做好疫病的防治工作。

疫源地的存在具有一定的时间性，时间的长短由多方面因素决定。一般而言，只有当所有的传染源死亡或离开疫区，康复动物体内不带有病原体，经过一个最长潜伏期没有出现新的病例，并对疫源地进行彻底消毒，才能认为该疫源地被消灭。

（二）自然疫源地

有些疫病的病原体在自然情况下，即使没有人类或家畜的参与，也可以通过传播媒介感染动物，造成流行并长期在自然界循环延续后代，这些疫病称为自然疫源性疫病。存在自然疫源性疫病的地区称为自然疫源地。自然疫源性疫病具有明显的地区性和季节性，并受人类活动，改变生态系统的影响。自然疫源性疫病很多，常见的有狂犬病、伪狂犬病、口蹄疫、流行性乙型脑炎、鹦鹉热、野兔热、布鲁氏菌病等。

在日常的动物疫病防控工作中，一定要切实做好疫源地的管理工作，防止其范围内的传染源或其排出的病原体扩散，引发疫病蔓延。

四、疫病流行过程的特征

（一）动物疫病流行过程的形式

在动物疫病的流行过程中，根据在一定时间内发病动物的多少和波及范围的大小，大致分为以下四种表现形式。

1. 散发

散发是指在一段较长的时间内，一个区域的动物群体中仅出现零星的病例，且无规律性随机发生。形成散发的主要原因：动物群体对某病的免疫水平较高，仅极少数没有免疫或免疫水平不高的动物发病，如猪瘟；某病的隐性感染比例较大，如流行性乙型脑炎；有些疫病的传播条件非常苛刻，如破伤风。

2. 地方流行性

地方流行性是指在一定的地区和动物群体中，发病动物数量较多，常局限于一个较小的范围内流行。它一方面表明了本地区内某病的发生频率，另一方面说明此类疫病带有局限性传播特征，如炭疽、猪丹毒。

3. 流行性

流行性是指在一定时间内一定动物群发病率较高，发病数量较多，波及的范围也较广。流行性疫病往往传播速度快，如果采取的防治措施不力，可很快波及很大的范围。

"暴发"是指在一定的地区和动物群体中，短时间内（该病的最长潜伏期内）突然出现很多病例。

4. 大流行

大流行是指传播范围广，常波及整个国家或几个国家，发病率高的流行过程。如流感和口蹄疫都曾出现过大流行。

（二）动物疫病流行的季节性和周期性

1. 季节性

某些动物疫病常发生于一定的季节，或在一定的季节出现发病率显著上升的现象，这称为动物疫病的季节性。造成疫病季节性的原因较多，主要有以下三点。

（1）季节对病原体的影响　病原体在外界环境中存在时，受季节因素的影响。如口蹄疫病毒在夏天阳光暴晒下很快失活，因而口蹄疫在夏季较少流行。

（2）季节对活的媒介物的影响　如鸡住白细胞原虫病、流行性乙型脑炎主要通过蚊子传播，所以这些病主要发生在蚊虫活跃的夏秋季节。

（3）季节对动物抵抗力的影响　季节的变化，主要是气温和饲料的变化，对动物的抵抗力也会发生一定的影响。冬季气候相对比较干燥，呼吸道抵抗力差，呼吸系统疫病较易发生；夏季由于饲料的原因，消化系统疫病较多。

2. 周期性

了解动物疫病的季节性，对人们防治疫病具有十分重要的意义，它可以帮助我们提前做好这类疫病的预防。

（三）动物寄生虫病流行过程的特征

不同的寄生虫病各有不同的流行病学特点。就病程而言，寄生虫病多数呈慢性型，有的往往没有明显的症状，仅为一种长期的带虫者，成为病原体散播的来源。也有一些呈急性或亚急性型，例如某些原虫和蠕虫，可引起家畜的急性严重疫病，而造成大批死亡和经济上的严重损失。

对寄生虫病的病程有影响作用的因素很多，如寄生虫的感染数量与疫病的严重程度关系密切，因为寄生虫发育过程常常比较复杂，大多数寄生虫进入宿主体内后其个体数量不会再增加，只有原虫、蜘蛛和昆虫（如螨类）在其宿主体内通过繁殖可再增加数量。还有患寄生虫病的畜禽的体质和抵抗力，也与病程的长短和复杂化有关系。

寄生虫病的流行形式较为常见的是呈地方性，少数为散发或流行性。有时一个畜禽群体对某种寄生虫具有一定的抵抗力，使这种寄生虫病在群体中保持着一定的程度，并且稳定地发生、发展，称为地方性。如果流行甚大，则叫作高度地方性病。又如某寄生虫病只偶然地在少数个体中发生，这称为散发。有时一种新病，或一种新的虫株被引入一个没有抵抗力的动物群体中，常造成突然的、极度猛烈的暴发，此称为流行性暴发。

寄生虫病的流行形式受多方面因素的影响，包括从寄生虫感染宿主到它们成熟排卵所需的时间；寄生虫在宿主体内的寿命，长寿的寄生虫会长期地向自然界散播该种病原体；寄生虫在自然界保持存活、发育和感染能力的期限，这包括各种不同的温度、光照、湿度和各种化学物质对不同发育阶段虫体的影响；许多种寄生虫都需中间宿主，而中间宿主的分布、密度、习性、栖息地、每年出没时间、越冬地点以及它们天敌的有无等；还有多种原虫和线虫中的丝虫均以吸血节肢动物为媒介，这一类疫病随着媒介的有无、出没而表现明显的周期性和季节性。此外，寄生虫的贮藏宿主，感染来源与感染途径，终末宿主的密度、行为、习性，营养状态，饲养管理方式，卫生条件，普遍存在于自然疫源地中的保虫宿主等均对寄生虫病的流行形式有着重要影响。

（四）寄生虫病的地理分布和季节动态

地理和气候的不同，必将影响到动物区系和植被的不同，而动物区系和植被的不同，直接影响到寄生虫的分布。动物区系的不同，其宿主和传播媒介也不同，特别是那些选择性严格的寄生虫，则常是随其特异性宿主的分布而存在，例如牛、马等多种动物的刚果锥虫和布氏锥虫，都分布在非洲的热带地区，这和它们的传播媒介采采蝇的分布有密切的关系。气候影响着寄生虫的分布，例如猪肾虫在我国长江以南极为普遍，在北方的自然状况下却不存在该病，这是气候不适的缘故。

宿主与环境二者都影响着寄生虫的分布。一般来说，生态环境越是复杂，寄生虫的种类往往越多。此外，在某些隔绝的地方其动物区系也常常保持着其固有的特殊的寄生虫种类。有的寄生虫保持在一些野生动物宿主之中，所以其分布完全相应于宿主的分布而局限在一定的区域。例如细粒棘球绦虫及多房棘球绦虫的某些亚种，在一般情况下，保持感染于狐狸、犬、狼、野猫（终末宿主）和一些野生反刍兽、啮齿类（中间宿主）动物之间，还有一些血液原虫保持感染于它们的媒介（各种吸血昆虫、蜱）和哺乳动物或鸟类宿主之间，这也是由动物区系的地理分布形成的。这一类病则称为疫源性疾病。

许多种寄生虫病，常因气温、降水量等自然条件的季节性变化而呈季节性流行，如多种寄生虫常常是夏季感染。

五、动物疫病的发展阶段

动物疫病的发展一般可分为潜伏期、前驱期、症状明显期和转归期4个阶段。

1. 潜伏期

从病原微生物侵入动物机体开始到疾病的第一个症状出现为止，这个阶段称为潜伏期。各种传染病的潜伏期都不相同。

2. 前驱期

为疾病的预兆阶段。其特点是表现有一般的临床症状，如体温升高，呼吸和脉搏次数增加，精神和食欲不振等，但该病的特征性临床症状未出现。

3. 症状明显期

为疾病充分发展阶段。作为某种传染病特征的典型临床症状明显地表现出来，在诊断时比较容易识别。

4. 转归期

为疾病发展的最后阶段。如果病原微生物致病能力增强或动物机体的抵抗力减弱，则动物转归死亡。如果动物机体具有一定的抵抗力进而得到改进和增强，则临床症状逐渐消退，体内的病理变化也逐渐减轻，生理机能渐趋恢复正常，并获得一定时期内的免疫。在病后一定时间内还可以带菌（毒）排菌（毒），成为潜在的传染源。

六、影响疫病流行过程的因素

动物疫病的发生和流行主要取决于传染源、传播途径和易感动物三个基本要素，而这三个要素往往受到很多因素的影响，归纳起来主要是自然因素、社会因素和人为因素。如果我们能够利用这些因素，就能防止疫病的发生。

（一）自然因素

自然因素对动物疫病的流行，寄生虫病的存在、分布、发生和发展等有着极为重要的影响。对动物疫病的流行起到影响作用的自然因素主要有气候、气温、湿度、光照、雨量、地形、地理环境等。江、河、湖等水域是天然的隔离带，对传染源的移动进行限制，形成了一道坚固的屏障。对于生物传播媒介而言，自然因素的影响更加重要，因为媒介物本身也受到环境的影响。这些因素也不同程度地影响着寄生虫的分布。

同时自然因素也会影响动物的抗病能力，动物抗病能力的降低或者易感性的增加，都会增加疫病流行的机会。所以在动物养殖过程中，一定要根据天气、季节等各种自然因素的变化，切实做好动物的饲养和管理工作，以防动物疫病的发生和流行。

（二）社会因素

影响动物疫病流行的社会因素包括社会制度、生产力、经济、文化、科学技术水平等多种因素，其中重要的是动物防疫法规是否健全，是否得到充分执行。各地有关动物饲养的规定正不断完善，动物疫病的预防工作正不断加强，这与国家的政策保障，各地政府及职能部门的重视是分不开的。同时动物疫病的有效防治需要充足的经济保障和完善的防疫体制，我国的举国体制起到了非常重要的作用。

（三）人为因素

人为因素对疫病的发生和流行有着重要的影响。人们不科学的、盲目性的社会活动和生活活动往往会促进畜禽和人类疫病的发生与流行。如不科学地开发和利用资源；不良的卫生习惯，有的地区至今还保持有生食和半生食鱼、肉的习惯；有的人玩赏犬、猫；有的无厕所或粪便管理不严；肉品的检验和管理制度不严等。以上因素都在不同程度上有助于各种微生物病原、寄生虫病的发生和发展，如弓形虫病、住肉孢子虫病、绦虫病、旋毛虫病等。

合乎科学的改造自然的行动，养成良好的生活卫生习惯，平时采取有效的防制措施，都可以减少某些疫病的发生和流行，使之被控制或趋于消灭。

七、流行病学调查的方法

（一）询问调查

这是流行病学调查中最常用的方法。通过询问座谈，对动物的饲养者、主人、动物医生以及其他相关人员进行调查，查明传染源、传播方式及传播媒介等。

（二）现场调查

现场调查重点调查疫区的兽医卫生、地理地形、气候条件等，同时疫区的动物存在状况、动物的饲养管理情况等也应重点观察。在现场调查时应根据传染病的不同，选择观察的重点。如发生消化道传染病时，应特别注意动物的饲料来源和质量，水源卫生情况，粪便处理情况等；如发生节肢动物传播的传染病时，应注意调查当地节肢动物的种类、分布、生态习性和感染情况等。

（三）实验室检查

为了在调查中进一步落实致病因子，常常对疫区的各类动物进行实验室检查。检查的内容主要有病原检查、抗体检查、毒物检查、寄生虫及虫卵检查等，另外也可检查动物的排泄物、呕吐物、饲料、饮水等。

八、流行病学的统计分析

流行病学调查中涉及许多有关疫情数量的资料，需要找出其特点，进行分析比较，因此要应用统计学方法。在流行病学分析中常用的频率指标有下列几种。

（一）发病率

表示动物群中在一定时期内某病新病例发生的频率。它能较完整地反映出动物传染病的流行情况，但不能说明整个流行过程，因为常有许多动物是隐性感染，而同时又是传染源，因此还要计算感染率。

发病率（%）=（某期间内某病新病例数/同期内该动物群动物的平均数）×100

（二）感染率

指用临床诊断法和各种检验法（微生物学、血清学、变态反应等）检查出来的所有感染动物头数（包括隐性患者），占被检查动物总头数的百分比。它能较深入地反映出流行过程的情况，特别是在发生某些慢性或亚临床型动物传染病时，进行感染率的统计分析，更具有重要的实践意义。

感染率（%）=（感染某动物疫病的动物头数/被检查的动物总头数）×100

（三）患病率（流行率、现患率）

是在某一指定时间，动物群中存在某病病例数的比率。代表在指定时间动物群中动物传染病数量的一个侧面。

患病率（%）=（在某一指定时间动物群中存在的病例数/在同一指定时间动物群中动物总数）×100

（四）死亡率

指某病病死数占某种动物总头数的百分比。它仅能表示该病在动物群中造成死亡的频率，不能全面反映动物传染病流行的动态特性，仅在发生死亡头数很高的急性动物传染病时，才能反映出流行的动态。但当发生不易致死的动物传染病时，如口蹄疫等，虽能大规模流行，而死亡率却很小，则不能表示出流行范围广的特征。因此，在动物传染病发展期间，除应统计死亡率外，还应统计发病率。

死亡率（%）=（因某病死亡头数/同时期某种动物总头数）×100

（五）病死率（致死率）

指因某病死亡的动物头数占该病患病动物总数的百分比。它能表示某病临床上的严重程度，比死亡率更为具体、精确。

病死率（%）=（因某病致死头数/患该病动物总数）×100

第三节　动物疫病监测

疫病监测是通过系统、完善、连续和规则地观察一种疫病在一地或多地的分布动态，调查其影响因子，以便及时采取正确的防控措施。通过疫病监测，全面掌握和分析动物疫病病原分布和流行规律，对评估重大动物疫病免疫效果、及时掌握疫病动态、消除疫病隐患、发布预警预报、科学开展防控工作等都具有重要意义。

一、动物疫病监测应遵循的基本原则

（一）病原学监测和抗体监测相结合

在做好免疫抗体监测的基础上，根据辖区内疫病流行形势有重点地开展感染抗体监测和病原学监测，及时发现风险隐患。

（二）监测和免疫评估相结合

要充分发挥监测在免疫效果评估、免疫退出评估中的作用，根据监测评估情况，适时调整免疫政策。

（三）主动监测与被动监测相结合

主动监测要确保各个环节监测全面覆盖，适度将监测资源向高风险环节倾斜。被动监测强化临床巡查和报告，对不明原因死亡的畜禽及时采样监测。

（四）常规监测与紧急监测相结合

各地要进一步强化常规监测与紧急监测工作的协同性，在发生重大动物疫情或重大动物疫病监测阳性时，应立即启动紧急监测。

（五）疫病监测与净化相结合

要通过持续主动监测引导养殖场（户）自主开展动物疫病净化，按照动物疫病净化场、无疫小区和无疫区的评估和日常管理要求，组织做好动物疫病净化场、无疫小区和无疫区的评估监测和净化效果维持监测。

二、动物疫病监测的重点任务

以《2022 年国家动物疫病监测实施意见》为例，动物疫病监测要严格落实《国家动物疫病监测与流行病学调查计划（2021—2025 年）》（以下简称《监测计划》），持续做好动物疫病监测工作，为科学防控疫病提供可靠的技术支撑，在《监测计划》要求的基础上，结合辖区内动物疫病流行特点和防控实际组织实施。

按照《监测计划》任务分工，重点对非洲猪瘟、动物流感、口蹄疫、布鲁氏菌病、小反刍兽疫、马鼻疽、马传染性贫血、血吸虫、包虫病、猪繁殖与呼吸综合征、猪瘟、新城疫、牛结核病、狂犬病、非洲马瘟、牛传染性胸膜肺炎、牛结节性皮肤病等疫病开展监测，各病种具体监测情况按照《监测计划》执行，集中优势资源在重点区域、重点场所、重点环节开展监测活动。各地可结合自身实际，在做好以上疫病监测的基础上，根据风险评估情况，适当扩大监测病种、范围，重点做好新发、重发、多发动物疫病的监测。

（一）重大动物疫病

非洲猪瘟，要在做好日常监测的基础上，强化监测布局的针对性。加强生物安全条件较差的养殖环节、运输环节和运输落地后的监测巡查，强化市场、屠宰厂（场）、无害化处理厂、交易市场等高风险环节的监测，阳性样品可进一步开展变异株、基因缺失株的监测。此外，非洲猪瘟参考（专业 / 区域）等有关实验室按照任务分工，继续在全国范围开展规模猪场非洲猪瘟入场采样病原学监测。口蹄疫，要强化免疫薄弱环节的血清学监测，边境省份要强化动物集散地等高风险环节的病原学监测。高致病性禽流感，要做好免疫抗体监测及病原学监测，加强水禽、散养家禽、特种禽、野禽与家禽的界面监测，及时发现疫情风险；无疫区要重点做好非免疫抗体监测及病原学监测。小反刍兽疫，免疫地区要继续强化免疫效果监测，非免疫地区要强化风险监测，做好监测剔除和风险评估，主要消费区域要加强运输环节和运输落地后的巡查监测。

（二）重要人畜共患病

布鲁氏菌病，要区分免疫场和非免疫场，强化感染抗体监测，重点要做好牛羊养殖大县、牛羊混养区的监测工作。牛结核病，要强化种牛、奶牛场的监测、净化。炭疽，要加强雨季和灾后监测。包虫病，要强化疫区免疫效果监测、自宰牛羊脏器的病原学监测和犬粪的病原学监测。血吸虫病，南方水网地带要强化家畜抗体监测和中间宿主钉螺的病原学监测。狂犬病，要强化犬、猫等动物病例报告后的主动排查和监测。

（三）其他动物疫病

猪瘟和猪繁殖与呼吸综合征，要强化免疫薄弱环节的监测，有条件的省份可进行流行毒株的变异监测。牛结节性皮肤病，要加强夏季采样监测力度和跨区域调运的输入性风险监测。牛传染性胸膜肺炎，要重点加强边境巡查监测，强化临床风险评估监测。非洲马瘟、马鼻疽和马传染性贫血，要重点监测马术队、马术俱乐部、景区等场所的马匹，以及养马（驴）场的马、驴、骡等马属动物。新城疫，可与禽流感同步安排免疫效果监测和病原学监测。

此外，国家设立固定监测点，开展主要动物疫病定点监测和种畜禽场主要动物疫病监测工作。

三、动物疫病监测的方法

（一）临床症状检查

临床症状检查就是利用人的感觉器官或借助最简单的器械（体温计、听诊器等）直接对发病动物进行检查。包括问诊、视诊、触诊、听诊、叩诊，有时也包括血、粪、尿的常规检查和 X 射线透视及摄影、超声波检查和心电图描记等。

有些动物疫病具有特征性症状，如狂犬病、破伤风等，经过仔细的临床检查，即可得出诊断。但是临床检查具有一定的局限性。对于发病初期未表现出特征性症状、非典型感染和临床症状有许多相似之处的动物疫病难以诊断。因此多数情况下，临床检查只能提出可疑疫病的范围，必须结合其他诊断方法才能确诊。

（二）流行病学调查

流行病学调查可在临床检查过程中进行，可向畜禽主人询问疫情，并对现场进行仔细检查，然后对调查材料进行统计分析，为诊断、拟定防控措施提供依据。流行病学调查的内容如下。

1. 该次疫病流行的情况

最初发病的时间、地点、随后蔓延的情况，目前的疫情分布。疫区内各种动物的数量和分布情况。发病动物的种类、数量、性别、年龄。查清感染率、发病率、死亡率和病死率。

2. 疫情来源的调查

该地过去是否发生过类似的疫病，何时何地发生，流行情况如何，是否确诊，何时采取过防控措施，效果如何，附近地区是否发生过类似的疫病，该次发病前是否从外地引进过动物、动物饲料和动物用具，输出地有无类似的疫病存在等。

3. 传播途径和方式的调查

该地各类有关动物的饲养管理方法，动物流动、收购和防疫卫生情况，运输和市场检疫监督情况，死亡动物尸体处理情况，助长疫病传播蔓延的因素和控制疫病的经验，疫区的地理环境状况，疫区的植被和野生动物、节肢动物的分布活动情况，与动物疫病的传播蔓延有无关系。若是寄生虫病还须调查中间宿主的存在与分布等。

（三）血清学检测

定期、系统地从动物群体中取样，通过血清学试验检查动物群体的免疫状态、研究疫病的分布和流行的方法，称为血清学检测。血清学检测是利用抗原和抗体特异性结合的免疫学反应进行诊断，具有特异性强、检出率高、方法简易快速的特点，可以用已知抗原来测定被检动物血清中的特异性抗体，也可以用已知抗体来测定被检材料中的抗原。血清学试验有中和试验、凝集试验、沉淀试验、溶细胞试验、补体结合试验、免疫标记技术等。

（四）病原学检测

病原学检测就是通过病原学检查，找出导致动物感染的病原体，或查明存在于动物生活环境及饲料、饮水中的病原体。

1. 病料的采集、保存与运送

病料的采集要求进行无菌操作，所用器械、容器等需事先灭菌。一般选择濒死或刚死亡的动物。病料必须采自含病原菌最多的病变组织或脏器，采集的病料不宜过少。

取得病料后，应存放于有冰的保温瓶或 $4 \sim 10\,℃$ 冰箱内，由专人及时送检，并附临床病例说明，如动物品种、年龄、送检的病料种类和数量、检验目的、发病时间和地点、死亡率、临床症状、免疫和用药情况等。

2. 细菌学检查

常用方法有细菌的形态检查，将病料或细菌培养物涂片染色镜检，观察细菌的形态、排列及染色特性；细菌的分离培养，观察细菌菌落的形状、大小、色泽、气味、透明度、黏稠度、边缘结构和有无溶血现象等；还有细菌的生化试验等。

3. 病毒学检查

常用方法有电子显微镜检查；包涵体检查，有些病毒能在易感细胞中形成包涵体，将被检材料直接制成涂片、组织切片或冰冻切片，经特殊染色后，用普通光学显微镜检查；病毒的分离培养，将病料接种动物、禽胚或组织细胞，检查病毒是否生长。

4. 动物接种试验

最常用的有本种动物接种和实验动物接种，可证实所分离的病原体是否有致病性。

5. 寄生虫学检查

从动物的血液、组织液、排泄物、分泌物或活体组织中检查寄生虫的某一发育虫期，如虫体、虫卵、幼虫、卵囊、包囊等。方法有粪便检查（虫体检查法、虫卵检查法、毛蚴孵化法、幼虫检查法等）、皮肤及其刮下物检查、血液检查、尿液检查、生殖器分泌物检查、肛门周围刮取物检查、痰及鼻液检查和淋巴穿刺物检查法等。

6. 分子生物学诊断

又称基因诊断，主要是针对不同病原微生物所具有的特异性核酸序列和结构进行测定。其特点是反应的灵敏度高，特异性强，检出率高，主要方法有核酸探针、PCR 技术和 DNA 芯片技术等。

第四节　动物疫病应急预案

一、动物疫病应急预案的概念、意义

为了及时、有效地预防、控制和扑灭突发重大动物疫病，最大限度地减轻突发重大动物疫病对畜牧业及公众健康造成的危害，保持经济持续、稳定、健康发展，保障人民生命安全，依据《中华人民共和国动物防疫法》（以下简称《动物防疫法》)《中华人民共和国进出境动植物检疫法》和《国家突发公共事件总体应急预案》预先制定的疫病综合性处理方案，称为动物疫病应急预案。

重大动物疫病可能突然发生，往往会造成畜牧业生产严重损失和社会公众健康严重损害。制定动物疫病应急预案，做好人员、技术、物资和设备的应急储备工作，一旦发生重大动物疫情，可以按照既定的方案，迅速进行全民防疫：动员一切资源，依照有关法律法规，统一领导、分工协作，及时控制和扑灭疫情，最大限度地保障人民身体健康、减少经济损失。因此，制定动物疫病应急预案，有备无患，对控制和扑灭动物疫病具有重大意义。

二、动物疫病应急预案的内容

由于动物疫病的多样性、复杂性，在制订应急预案时，应充分考虑到各种可能发生的情况，研究并制定相应的规定和措施。动物疫病应急预案一般包括以下内容：

（一）应急组织体系及职责

负责指挥、组织和协调应急工作，包括应急指挥机构、日常管理机构、专家委员会、应急处理机构。

（二）动物疫情分级及防控原则

根据动物疫情的性质、危害程度、涉及范围，将突发重大动物疫情划分为特别重大（Ⅰ级）、重大（Ⅱ级）、较大（Ⅲ级）和一般（Ⅳ级）四级，不同级别动物疫情采取不同的防控措施。

（三）重大动物疫情的监测、预警、报告、应急响应和终止

主要内容包括疫情报告，疫情调查和确认，疫点、疫区和受威胁区的划定，隔离封锁，消毒，免疫接种，发病及死亡动物的无害化处理，易感动物的处理，隔离封锁的解除，疫情信息的管理与发布等。

（四）重大动物疫情应急处置的保障系统

主要包括通信与信息保障、应急资源与装备保障、技术储备与保障、培训和演习、社会公众的宣传教育等。

（五）其他

指在疫情防控中需要规定的其他事项。

第五节　无规定动物疫病区

一、无规定动物疫病区的有关概念

无规定动物疫病区是指在某一确定区域，在规定期限内没有发生过某种

或某几种动物疫病（非洲猪瘟、口蹄疫、高致病性禽流感、新城疫、猪瘟、高致病性猪蓝耳病等），且在该区域及其边界和外围一定范围内，对动物和动物产品、动物源性饲料、动物遗传材料、动物病料、兽药（包括生物制品）的流通实施官方有效控制并经国家评估合格的特定地域。

无规定疫病区包括免疫无规定动物疫病区和非免疫无规定动物疫病区两种。其区域应集中连片，与相邻地区之间具备一定地理屏障或人工屏障，须建有足够的监测区和缓冲区。

（一）动物疫病

指《动物防疫法》及《一、二、三类动物疫病病种名录》规定的一、二、三类动物疫病。

（二）规定动物疫病

根据国家或某一区域需要，列为国家或某一区域重点控制或消灭的疫病。

（三）非免疫无规定动物疫病区

在规定期限内，某一划定的区域没有发生过某种或某几种动物疫病，且未实施免疫接种，并在其边界及周围一定范围规定期限内未实施免疫接种，对动物和动物产品及其流通实施官方有效控制。

（四）免疫无规定动物疫病区

在规定期限内，某一划定的区域没有发生过某种或某几种动物疫病，对该区域及其周围一定范围采取免疫措施，对动物和动物产品及其流通实施官方有效控制。

（五）地理屏障

亦称自然屏障，是指自然存在的足以阻断某种疫病传播、人和动物自然流动的地貌，或地理阻隔如山峦、河流、沙漠、海洋、沼泽地等。

（六）人工屏障

指为防止规定动物疫病病原进入无规定动物疫病区，由省级人民政府批准的，在无规定动物疫病区周边建立的动物防疫监督检查站、隔离设施、封锁设施等。

（七）缓冲区

指为防止规定的动物疫病进入无规定动物疫病区，根据自然、地理或行政区域等条件，在无规定动物疫病区边界外围设立的防疫缓冲区域，在区域内采取了防止致病病原进入无疫区的相关措施，这些措施可包括但不限于免疫接种。

（八）监测区

指在无规定疫病区内，沿无规定疫病区边界设立的，应采取强化疫病监测措施的区域。

二、无规定动物疫病区建立的目的和意义

随着现代畜牧业高度集约化发展，动物疫病已经成为影响畜牧业持续健康发展、危害人民健康和影响社会稳定的重要因素。因此，通过建立无规定动物疫病区，改善饲养环境、控制和消灭一些重点动物疫病、提高动物产品质量、创立优质动物产品品牌、保证公共卫生安全，具有重要的经济和社会意义。

改革开放以来，我国畜牧业得到了突飞猛进的发展，已成为世界畜牧生产和消费大国。建立无规定动物疫病区，完善动物防控体系和视频安全保障体系，使动物产品按照国际规范的卫生标准生产，拿到通往国际市场的通行证，使动物产品顺利跨出国门，这对促进畜牧业由数量型向质量型转变、开拓国际市场、提高人民生活质量和保障人民健康等都具有十分重要的意义。

三、无规定动物疫病区的建立

（一）建立无规定动物疫病区的基本条件

1. 健全的组织机构和完善的基础设施条件

无疫病区内有职能明确的兽医行政管理部门，有统一的、稳定的省、市、县三级动物卫生监督机构和技术支撑机构，有与动物防疫工作相适应的动物防疫队伍。

有完善的法律法规体系和稳定的财政保障机制，在保证基础设施、设备投入和更新的同时，人员及工作经费应纳入财政预算。

兽医机构应具有供其支配的必要资源，有实施监督检查、流行病学调查、

疫情监测和疫病报告、控制、扑灭等能力,并有效运作。

2. 具备一定的区域规模和社会经济条件

无规定动物疫病区的区域应集中连片,具有一定规模,区内动物饲养和动物屠宰、动物产品加工等企业相对集中,有足够的缓冲区和监测区,区域尽可能与行政区域(如地级市或地区)一致,与相邻地区有一定地理或人工屏障区域。

无疫区建立需得到辖区范围内政府、相关企业和社会的支持,区内社会经济水平和政府财政能够承担无规定疫病区建设、维持经费,承受短期的、局部的不利影响。

3. 具有动物疫病防控基础

无规定疫病区内的技术支撑体系应具备相应疫病的诊断、监测、免疫质量监控和分析能力,以及与所承担工作任务相适应的设施设备。

动物卫生监督机构具备与检疫、监督、消毒工作相适应的仪器设备,并有能力实施对动物及其产品的检疫监控、防疫条件审核和防疫追溯。

有相应的无害化处理设施设备,具备及时、有效地处理病害动物和动物产品以及其他污染物的能力。

省、市、县有健全的应急体系,完备的疫情信息传递和档案资料管理设备,具有对动物疫情应急处理和对疫情准确、迅速报告的能力,并按《动物疫情报告管理办法》的要求,及时、准确报告疫情。

工作人员的数量及技术水平必须符合行政主管部门的规定和工作需要。

(二)无规定动物疫病区的建立内容

1. 基础建设

主要包括机构队伍建设、法规规章制定、财政支持、人工屏障设置、测报预警、流通监管、检疫监管、规划制定等。

2. 免疫控制

制订科学的免疫计划,实施免疫接种,开展流行病学和免疫效果监测,加强流通控制。

3. 监测净化(免疫无疫病区)

加强病原和免疫监测,强制扑杀感染动物及同群动物,逐步缩小免疫接种区域。

4. 无疫监测(非免疫无疫病区)

停止免疫,强化监测,处置感染动物。

5. 评估

农业农村部按《无规定动物疫病区评估管理办法》的规定，对符合免疫无疫或非免疫无疫规定的无规定疫病区进行评估。评估合格后，按国际惯例向有关国际组织申请国际认证。

第六节　重大动物疫情处置

一、动物疫病的分类

（一）动物疫病的分类

《动物防疫法》规定，根据动物疫病对养殖业生产和人体健康的危害程度，将动物疫病分为三类：

对人与动物危害严重，需要采取紧急、严厉地强制预防、控制、扑灭等措施的为一类疫病，例如口蹄疫、猪瘟、高致病性猪蓝耳病、小反刍兽疫、绵羊痘和山羊痘、高致病性禽流感、新城疫等。可能造成重大经济损失，需要采取严格控制、扑灭等措施，防止扩散的为二类疫病，例如狂犬病、布鲁氏菌病、炭疽、棘球蚴病等。常见多发、可能造成重大经济损失，需要控制和净化的为三类疫病，例如大肠杆菌病、片形吸虫病、丝虫病、附红细胞体病等。

一、二、三类动物疫病具体病种名录由国务院兽医主管部门制定并公布。

（二）一、二、三类动物疫病病种名录

根据《动物防疫法》有关规定，农业农村部于 2022 年 6 月 23 日发布第573 号公告，对原《一、二、三类动物疫病病种名录》进行了修订，新名录如下。

一类动物疫病（11 种）：口蹄疫、猪水疱病、非洲猪瘟、尼帕病毒性脑炎、非洲马瘟、牛海绵状脑病、牛瘟、牛传染性胸膜肺炎、痒病、小反刍兽疫、高致病性禽流感。

二类动物疫病（37 种）。

多种动物共患病（7 种）：狂犬病、布鲁氏菌病、炭疽、蓝舌病、日本脑炎、棘球蚴病、日本血吸虫病。

牛病（3 种）：牛结节性皮肤病、牛传染性鼻气管炎（传染性脓疱外阴阴道炎）、牛结核病。

绵羊和山羊病（2 种）：绵羊痘和山羊痘、山羊传染性胸膜肺炎。

马病（2 种）：马传染性贫血、马鼻疽。

猪病（3 种）：猪瘟、猪繁殖与呼吸综合征、猪流行性腹泻。

禽病（3 种）：新城疫、鸭瘟、小鹅瘟。

兔病（1 种）：兔出血症。

蜜蜂病（2 种）：美洲蜜蜂幼虫腐臭病、欧洲蜜蜂幼虫腐臭病。

鱼类病（11 种）：鲤春病毒血症、草鱼出血病、传染性脾肾坏死病、锦鲤疱疹病毒病、刺激隐核虫病、淡水鱼细菌性败血症、病毒性神经坏死病、传染性造血器官坏死病、流行性溃疡综合征、鲫造血器官坏死病、鲤浮肿病。

甲壳类病（3 种）：白斑综合征、十足目虹彩病毒病、虾肝肠胞虫病。

三类动物疫病（126 种）。

多种动物共患病（25 种）：伪狂犬病、轮状病毒感染、产气荚膜梭菌病、大肠杆菌病、巴氏杆菌病、沙门氏菌病、李氏杆菌病、链球菌病、溶血性曼氏杆菌病、副结核病、类鼻疽、支原体病、衣原体病、附红细胞体病、Q 热、钩端螺旋体病、东毕吸虫病、华支睾吸虫病、囊尾蚴病、片形吸虫病、旋毛虫病、血矛线虫病、弓形虫病、伊氏锥虫病、隐孢子虫病。

牛病（10 种）：牛病毒性腹泻、牛恶性卡他热、地方流行性牛白血病、牛流行热、牛冠状病毒感染、牛赤羽病、牛生殖道弯曲杆菌病、毛滴虫病、牛梨形虫病、牛无浆体病。

绵羊和山羊病（7 种）：山羊关节炎 / 脑炎、梅迪－维斯纳病、绵羊肺腺瘤病、羊传染性脓疱皮炎、干酪性淋巴结炎、羊梨形虫病、羊无浆体病。

马病（8 种）：马流行性淋巴管炎、马流感、马腺疫、马鼻肺炎、马病毒性动脉炎、马传染性子宫炎、马媾疫、马梨形虫病。

猪病（13 种）：猪细小病毒感染、猪丹毒、猪传染性胸膜肺炎、猪波氏菌病、猪圆环病毒病、格拉瑟病、猪传染性胃肠炎、猪流感、猪丁型冠状病毒感染、猪塞内卡病毒感染、仔猪红痢、猪痢疾、猪增生性肠病。

禽病（21 种）：禽传染性喉气管炎、禽传染性支气管炎、禽白血病、传染性法氏囊病、马立克病、禽痘、鸭病毒性肝炎、鸭浆膜炎、鸡球虫病、低致病性禽流感、禽网状内皮组织增殖病、鸡病毒性关节炎、禽传染性脑脊髓炎、鸡传染性鼻炎、禽坦布苏病毒感染、禽腺病毒感染、鸡传染性贫血、禽偏肺病毒感染、鸡红螨病、鸡坏死性肠炎、鸭呼肠孤病毒感染。

兔病（2种）：兔波氏菌病、兔球虫病。

蚕、蜂病（8种）：蚕多角体病、蚕白僵病、蚕微粒子病、蜂螨病、瓦螨病、亮热厉螨病、蜜蜂孢子虫病、白垩病。

犬猫等动物病（10种）：水貂阿留申病、水貂病毒性肠炎、犬瘟热、犬细小病毒病、犬传染性肝炎、猫泛白细胞减少症、猫嵌杯病毒感染、猫传染性腹膜炎、犬巴贝斯虫病、利什曼原虫病。

鱼类病（11种）：真鲷虹彩病毒病、传染性胰脏坏死病、牙鲆弹状病毒病、鱼爱德华氏菌病、链球菌病、细菌性肾病、杀鲑气单胞菌病、小瓜虫病、粘孢子虫病、三代虫病、指环虫病。

甲壳类病（5种）：黄头病、桃拉综合征、传染性皮下和造血组织坏死病、急性肝胰腺坏死病、河蟹螺原体病。

贝类病（3种）：鲍疱疹病毒病、奥尔森派琴虫病、牡蛎疱疹病毒病。

两栖与爬行类病（3种）：两栖类蛙虹彩病毒病、鳖鳃腺炎病、蛙脑膜炎败血症。

（三）重大动物疫情

《重大动物疫情应急条例》中规定，重大动物疫情是指高致病性禽流感等发病率或者死亡率高的动物疫病突然发生，迅速传播，给养殖业生产安全造成严重威胁、危害，以及可能对公众身体健康与生命安全造成危害的情形，包括特别重大动物疫情。

二、重大动物疫情的应急处理原则

重大动物疫情发生后，国务院和有关地方人民政府设立的重大动物疫情应急指挥部统一领导、指挥重大动物疫情应急工作。

重大动物疫情发生后，县级以上地方人民政府兽医主管部门应当立即划定疫点、疫区和受威胁区，调查疫源，向本级人民政府提出启动重大动物疫情应急指挥系统、应急预案和对疫区实行封锁的建议，有关人民政府应当立即作出决定。

疫点、疫区和受威胁区的范围应当按照不同动物疫病病种及其流行特点和危害程度划定，具体划定标准由国务院兽医主管部门制定。

国家对重大动物疫情应急处理实行分级管理，按照应急预案确定的疫情等级，由有关人民政府采取相应的应急控制措施。

（一）对疫点应当采取的措施

扑杀并销毁染疫动物和易感染的动物及其产品；对病死的动物、动物排泄物、被污染饲料、垫料、污水进行无害化处理；对被污染的物品、用具、动物圈舍、场地进行严格消毒。

（二）对疫区应当采取的措施

在疫区周围设置警示标志，在出入疫区的交通路口设置临时动物检疫消毒站，对出入的人员和车辆进行消毒；扑杀并销毁染疫和疑似染疫动物及其同群动物，销毁染疫和疑似染疫的动物产品，对其他易感染的动物实行圈养或者在指定地点放养，役用动物限制在疫区内使役；对易感染的动物进行监测，并按照国务院兽医主管部门的规定实施紧急免疫接种，必要时对易感染的动物进行扑杀；关闭动物及动物产品交易市场，禁止动物进出疫区和动物产品运出疫区；对动物圈舍、动物排泄物、垫料、污水和其他可能受污染的物品、场地，进行消毒或者无害化处理。

（三）对受威胁区应当采取的措施

对易感染的动物进行监测；对易感染的动物根据需要实施紧急免疫接种。

重大动物疫情应急处理中设置临时动物检疫消毒站以及采取隔离、扑杀、销毁、消毒、紧急免疫接种等控制、扑灭措施，由有关重大动物疫情应急指挥部决定，有关单位和个人必须服从；拒不服从的，由公安机关协助执行。

国家对疫区、受威胁区内易感染的动物免费实施紧急免疫接种；对因采取扑杀、销毁等措施给当事人造成已经证实的损失，给予合理补偿。紧急免疫接种和补偿所需费用，由中央财政和地方财政分担。

重大动物疫情应急指挥部根据应急处理需要，有权紧急调集人员、物资、运输工具以及相关设施、设备。

单位和个人的物资、运输工具以及相关设施、设备被征集使用的，有关人民政府应当及时归还并给予合理补偿。

重大动物疫情发生后，县级以上人民政府兽医主管部门应当及时提出疫点、疫区、受威胁区的处理方案，加强疫情监测、流行病学调查、疫源追踪工作，对染疫和疑似染疫动物及其同群动物和其他易感染动物的扑杀、销毁进行技术指导，并组织实施检验检疫、消毒、无害化处理和紧急免疫接种。

重大动物疫情应急处理中，县级以上人民政府有关部门应当在各自的职责范围内，做好重大动物疫情应急所需的物资紧急调度和运输、应急经费安排、疫区群众救济、人的疫病防治、肉食品供应、动物及其产品市场监管、出入境检验检疫和社会治安维护等工作。

中国人民解放军、中国人民武装警察部队应当支持配合驻地人民政府做好重大动物疫情的应急工作。

重大动物疫情应急处理中，乡镇人民政府（民委员会、居民委员会）应当组织力量，向村民、居民宣传动物疫病防治的相关知识，协助做好疫情信息的收集、报告和各项应急处理措施的落实工作。

重大动物疫情发生地的人民政府和毗邻地区的人民政府应当通力合作，相互配合，做好重大动物疫情的控制、扑灭工作。

有关人民政府及其有关部门对参加重大动物疫情应急处理的人员，应当采取必要的卫生防护和技术指导等措施。

自疫区内最后一头（只）发病动物及其同群动物处理完毕起，经过一个潜伏期以上的监测，未出现新的病例的，彻底消毒后，经上一级动物防疫监督机构验收合格，由原发布封锁令的人民政府宣布解除封锁，撤销疫区；由原批准机关撤销在该疫区设立的临时动物检疫消毒站。

县级以上人民政府应当将重大动物疫情确认、疫区封锁、扑杀及其补偿、消毒、无害化处理、疫源追踪、疫情监测以及应急物资储备等应急经费列入本级财政预算。

三、动物疫情的监测、报告和公布

（一）动物疫情监测

动物防疫监督机构负责重大动物疫情的监测，饲养、经营动物和生产、经营动物产品的单位和个人应当配合，不得拒绝和阻碍。

（二）动物疫情报告

1. 疫情报告的有关要求

从事动物隔离、疫情监测、疫病研究与诊疗、检验检疫以及动物饲养、屠宰加工、运输、经营等活动的有关单位和个人，发现动物出现群体发病或者死亡的，应当立即向所在地的县（市）动物防疫监督机构报告。

县（市）动物防疫监督机构接到报告后，应当立即赶赴现场调查核实。初步认为属于重大动物疫情的，应当在2小时内将情况逐级报省、自治区、直辖市动物防疫监督机构，并同时报所在地人民政府兽医主管部门；兽医主管部门应当及时通报同级卫生主管部门。

省、自治区、直辖市动物防疫监督机构应当在接到报告后 1 小时内，向省、自治区、直辖市人民政府兽医主管部门和国务院兽医主管部门所属的动物防疫监督机构报告。

省、自治区、直辖市人民政府兽医主管部门应当在接到报告后 1 小时内报本级人民政府和国务院兽医主管部门。

重大动物疫情发生后，省、自治区、直辖市人民政府和国务院兽医主管部门应当在 4 小时内向国务院报告。

重大动物疫情报告包括下列内容：疫情发生的时间、地点；染疫、疑似染疫动物种类和数量、同群动物数量、免疫情况、死亡数量、临床症状、病理变化、诊断情况；流行病学和疫源追踪情况；已采取的控制措施；疫情报告的单位、负责人、报告人及联系方式。

2. 疫情报告的时限

疫情报告时限分为快报、月报和年报三种。

（1）快报

快报是指以最快的速度将出现的重大动物疫情或疑似重大动物疫情上报有关部门，以便及时采取有效防控疫病的措施，从而最大限度地减少疫病造成的经济损失，保障人畜健康。

①快报对象。发生口蹄疫、高致病性禽流感等一类动物疫病的；二、三类动物疫病呈暴发流行的；发生新发动物疫病或外来动物疫病的；动物疫病的寄主范围、致病性、毒株等流行病学发生变化的；无规定动物疫病区（生物安全隔离区）发生规定动物疫病的；在未发生极端气候变化、地震等自然灾害情况下，不明原因急性发病或大量动物死亡的；农业农村部规定需要快报的其他情形。

②快报时限。县级动物疫病预防控制机构接到报告后，应当组织进行现场调查核实。初步认为发生一类动物疫病的，发生新发动物疫病或外来动物疫病的，无规定动物疫病区（生物安全隔离区）发生规定动物疫病的，应当在 2 小时内将情况逐级报至省（治区、直辖市）动物疫病预防控制机构，并同时报所在地人民政府兽医主管部门。

省、自治区、直辖市动物疫病预防控制机构应当在接到报告后 1 小时内，向省、自治区、直辖市人民政府兽医主管部门和中国动物疫病预防控制中心报告。

发生其他需要快报的情形时，地方各级动物疫病预防控制机构报同级人民政府兽医主管部门的同时，应当在 12 小时内报至中国动物疫病预防控制中心。

③快报内容。快报应当包括基础信息、疫情概况、疫点情况、疫区及受威胁区情况、流行病学信息、控制措施，诊断方法及结果、疫点地图位置分布，疫情处置进展，其他需要说明的信息等内容。

（2）月报

县级以上地方动物疫病预防控制机构应当在次月5日前，将上月本行政区域内的动物疫情进行汇总和审核，经同级人民政府兽医主管部门审核后，通过动物疫情信息管理系统逐级上报至中国动物疫病预防控制中心。中国动物疫病预防控制中心，应当在每月15日前将上月汇总分析结果报农业农村部畜牧兽医局。

月报内容包括动物种类、疫病名称、疫情县数、疫点数、疫区内易感动物存栏数、发病数、病死数、扑杀数、急宰数、紧急免疫数、治疗数等。

（3）年报

县级以上地方动物疫病预防控制机构应当在次年1月10日前，汇总和审核上年度本行政区域内动物疫情，报同级人民政府兽医主管部门。中国动物疫病预防控制中心应当于2月15日前将上年度汇总分析结果报农业农村部畜牧兽医局。

年报内容包括动物种类、疫病名称、疫情县数、疫点数、疫区内易感动物存栏数、发病数、病死数、扑杀数、急宰数、紧急免疫数、治疗数等。

快报、月报和年报要求做到迅速、全面、准确地进行疫情报告，能使防疫部门及时掌握疫情，做出判断，及时制订控制、消灭疫情的对策和措施。

四、隔离

隔离是指将传染源置于不能将疫病传染给其他易感动物的条件下，将疫情控制在最小范围内，便于管理消毒，中断流行过程，就地扑灭疫情，是控制扑灭疫情的重要措施之一。

在发生动物疫病时，首先对动物群进行疫病监测，查明动物群感染的程度。根据疫病监测的结果，一般将全群动物分为染疫动物、可疑感染动物和假定健康动物三类，分别采取不同的隔离措施。

（一）染疫动物的隔离

染疫动物包括有发病症状或其他方法检查呈阳性的动物。它们随时可将病原体排出体外，污染外界环境，包括地面、空气、饲料甚至水源等，是危险性最大的传染源，应选择不易散播病原体，消毒处理方便的场所进行隔离。

染疫动物需要专人饲养和管理，加强护理，严格对污染的环境和污染物消毒，搞好畜舍卫生，根据动物疫病情况和相关规定进行治疗或扑杀。同时在隔离场所内禁止闲杂人员出入，隔离场所内的用具、饲料、粪便等未经消毒的不能运出。隔离期依该病的传染期而定。

（二）可疑感染动物的隔离

可疑感染动物指在检查中未发现任何临诊症状，但与染疫动物或其污染的环境有过明显的接触，如同群、同圈，使用共同的水源、用具等的动物。这类动物有可能处于疫病的潜伏期，有向体外排出病原体的危险。

对可疑感染动物，应经消毒后另选地方隔离，限制活动，详细观察，及时再分类。出现症状者立即转为按染病动物处理。经过该病一个最长潜伏期仍无症状者，可取消隔离。隔离期间，在密切观察被检动物的同时，要做好防疫工作，对人员出入隔离场要严格控制，防止疫情扩散。

（三）假定健康动物的隔离

除上述两类外，疫区内其他易感动物都属于假定健康动物。对假定健康动物应限制其活动范围并采取保护措施，严格与上述两类动物分开饲养管理，并进行紧急免疫接种或药物预防。同时注意加强卫生消毒措施。经过该病一个最长潜伏期仍无症状者，可取消隔离。

采取隔离措施时应注意，仅靠隔离不能扑灭疫情，需要与其他防疫措施相配合。

五、封锁

当发生某些重要疫病时，在隔离的基础上，针对疫源地采取封闭措施，防止疫病由疫区向安全区扩散，这就是封锁。封锁是消灭疫情的重要措施之一。

由于封锁区内各项活动基本处于与外界隔绝的状态，不可避免地要对当地的生产和生活产生很大影响，故该措施必须严格依照《动物防疫法》执行。

（一）封锁的对象和原则

1. 封锁的对象

国家规定的一类动物疫病、呈暴发性流行时的二类和三类动物疫病。

2. 封锁的原则

执行封锁时应掌握"早、快、严"的原则。"早"是指加强疫情监测，做到"早发现、早诊断、早报告、早确认"，确保疫情的早期预警预报；"快"是指健全应急反应机制，及时处置突发疫情；"严"是指规范疫情处置，全面彻底，确保疫情控制在最小范围，将疫情损失减到最小。

（二）封锁的程序

发生需要封锁的疫情时，当地县级以上地方人民政府兽医主管部门应当立即派人到现场，划定疫点、疫区、受威胁区，调查疫源，及时报请本级人民政府对疫区实行封锁。

县级或县级以上地方人民政府发布和解除封锁令，疫区范围涉及两个以上行政区域的，由有关行政区域共同的上一级人民政府对疫区实行封锁，或者由各有关行政区域的上一级人民政府共同对疫区实行封锁。

（三）封锁区域的划分

为扑灭疫病采取封锁措施而划出的一定区域，称为封锁区。兽医行政管理部门根据规定及扑灭疫情的实际，结合该病流行规律、当时流行特点、动物分布、地理环境、居民点以及交通条件等具体情况划定疫点、疫区和受威胁区。

1. 疫点

疫点指发病动物所在的地点，一般是指发病动物所在的养殖场（户）、养殖小区或其他有关的屠宰加工、经营单位。如为农村散养户，则应将发病动物所在的自然村划为疫点；放牧的动物以发病动物所在的牧场及其活动场所为疫点；动物在运输过程中发生疫情，以运载动物的车、船、飞行器等为疫点；在市场发生疫情，则以发病动物所在市场为疫点。

2. 疫区

疫区是疫病正在流行的地区，范围比疫点大，但不同的动物疫病，其划定的疫区范围也不尽相同。疫区划分时注意考虑当地的饲养环境和天然屏障，如河流、山脉。

3. 受威胁区

受威胁区指疫区周围疫病可能传播到的地区，不同的动物疫病，其划定的受威胁区范围也不相同。

（四）封锁措施

县级或县级以上地方人民政府发布封锁令后，应当启动相应的应急预案，立即组织有关部门和单位针对疫点、疫区和受威胁区采取强制性措施，并通报毗邻地区。

1. 疫点内措施

扑杀并销毁疫点内所有的染疫动物和易感动物及其产品，对动物的排泄物、被污染饲料、垫料、污水等进行无害化处理，对被污染的物品、交通工具、用具、饲养环境进行彻底消毒。

对发病期间及发病前一定时间内售出的动物进行追踪，并做扑杀和无害化处理。

2. 疫区边缘措施

在疫区周围设置警示标志，在出入疫区的交通路口设置动物防疫检查站，执行监督检查任务，对出入的人员和车辆进行消毒。

3. 疫区内措施

扑杀并销毁染疫动物和疑似染疫动物及其同群动物，销毁染疫动物和疑似染疫的动物产品，对其他易感染的动物实行圈养或者在指定地点放养；对动物圈舍、动物排泄物、垫料、污水和其他可能受污染的物品、场地，进行消毒或者无害化处理。

对易感动物进行监测，并实施紧急免疫接种，必要时对易感动物进行扑杀。

关闭动物及动物产品交易市场，禁止动物进出疫区和动物产品运出疫区。

4. 受威胁区内措施

对所有易感动物进行紧急免疫接种，建立"免疫带"，防止疫情扩散。加强疫情监测和免疫效果检测，掌握疫情动态。

（五）封锁的解除

自疫区内最后一头（只）发病动物及其同群动物处理完毕起，经过该病一个最长的潜伏期以上的监测，再无新病例出现，经终末消毒，报上一级动物防疫监督机构验收合格，由原发布封锁令的人民政府宣布解除封锁，撤销疫区。

疫区解除封锁后，要继续对该区域进行疫情监测，如高致病性禽流感疫区解除封锁后 6 个月内未发现新病例，方可宣布该次疫情被扑灭。

六、染疫动物尸体的处置

染疫动物尸体含有大量病原体，如果不及时合理处理，就会污染外界环境，传播疫病。因此，及时合理处理染疫动物尸体，在动物疫病的防控和维护公共卫生方面都有重要意义。

处理染疫动物尸体要严格按照《动物防疫法》《病死及病害动物无害化处理技术规范》（农医发〔2017〕25号）等有关文件规定进行无害化处理。

（一）染疫动物的扑杀

扑杀就是将患有严重危害人畜健康疫病的染疫动物（有时包括疑似染疫动物）、缺乏有效的治疗办法或者无治疗价值的患病动物，进行人为致死并无害化处理，以防止疫病扩散，把疫情控制在最小的范围内。扑杀是迅速、彻底消灭传染源的一种有效手段。

按照《动物防疫法》和农业农村部相关重大动物疫病处置技术规范，必须采用不放血方法将染疫动物致死后才能进行无害化处理。实际工作中应选用简单易行、干净彻底、低成本的无血扑杀方法。

1. 电击法

利用电流对机体的破坏作用，达到扑杀染疫动物的目的。适合于猪、牛、羊、马属动物等大中型动物的扑杀。

电击法不需要对动物进行保定，可提高扑杀效率；所需工具简单，扑杀时间短，经济适用，适合于大规模的扑杀。但该方法具有危险性，需要专业人员操作。

2. 毒药灌服法

应用毒性药物灌服致死。适合于猪、牛、羊、马属动物等大中型动物的扑杀。该方法所用的药物毒性大，需专人保管。

3. 静脉注射法

用静脉输液的办法将消毒药、安定药、毒药输入到动物体内。从杀灭病原的角度看，静脉输入消毒药是很理想的方法。适合扑杀牛、羊、马属动物等染疫动物。该方法需要对动物进行可靠的保定，所需时间长，只适合于少量染疫动物的扑杀。

4. 心脏注射法

心脏注射法最好选用消毒药，也可选用毒药。消毒药随血液循环进入大动脉内和小动脉及组织中，杀灭体液及组织中的病原体，破坏肉质，与焚烧深埋相结合，可有效地防止人为再利用现象。牛、马属动物等大型动物先麻醉，再心脏注射；猪、羊等中小型动物直接保定进行心脏注射。该方法需要保定动物，所需时间长，适合少量动物的扑杀。

5. 窒息法（二氧化碳法）

适合扑杀家禽类。先将待扑杀禽只装入袋中，置入密封车或其他密封容器内，通入二氧化碳窒息致死；或将禽只装入密封袋中，通入二氧化碳窒息致死。

该方法具有安全、无二次污染、劳动量小、成本低廉等特点。

6. 扭颈法

适用于扑杀少量禽类。根据禽只大小，一只手握住头部，另一只手握住体部，朝相反方向扭转拉伸，使颈部脱臼，阻断呼吸和大脑供血而致死。

（二）染疫动物尸体的收集转运与人员防护

1. 包装

包装材料应符合密闭、防水、防渗、防破损、耐腐蚀等要求；包装材料的容积、尺寸和数量应与需处理病死及病害动物和相关动物产品的体积、数量相匹配；包装后应进行密封；使用后，一次性包装材料应作销毁处理，可循环使用的包装材料应进行清洗消毒。

2. 暂存

采用冷冻或冷藏方式进行暂存，防止无害化处理前病死及病害动物和相关动物产品腐败；暂存场所应能防水、防渗、防鼠、防盗，易于清洗和消毒；暂存场所应设置明显警示标识；应定期对暂存场所及周边环境进行清洗消毒。

3. 转运

可选择符合 GB 19217 条件的车辆或专用封闭厢式运载车辆，车厢四壁及底部应使用耐腐蚀材料，并采取防渗措施；专用转运车辆应加施明显标识，并加装车载定位系统，记录转运时间和路径等信息；车辆驶离暂存、养殖等场所前，应对车轮及车厢外部进行消毒；转运车辆应尽量避免进入人口密集区；若转运途中发生渗漏，应重新包装、消毒后运输；卸载后，应对转运车辆及相关工具等进行彻底清洗、消毒。

4. 工作人员的防护

实施染疫动物尸体的收集、暂存、装运、无害化处理操作的工作人员应经过专门培训，掌握相应的动物防疫知识。操作过程中应穿戴防护服、口罩、护目镜、胶鞋及手套等防护用具。工作完毕后，应对一次性防护用品作销毁处理，对循环使用的防护用品消毒处理。

（三）染疫动物尸体的无害化处理方法

染疫动物尸体无害化处理，是指用物理、化学等方法处理染疫动物尸体及相关动物产品，消灭其所携带的病原体，消除动物尸体危害的过程。常用的方法有焚烧法、化制法、高温法、深埋法、化学处理法等。

1. 焚烧法

焚烧法是指在焚烧容器内，使动物尸体及相关动物产品在富氧或无氧条件下进行氧化反应或热解反应的方法。

（1）适用对象　国家规定的染疫动物及其产品、病死或者死因不明的动物尸体，屠宰前确认的病害动物、屠宰过程中经检疫或肉品品质检验确认为不可食用的动物产品，以及其他应当进行无害化处理的动物及动物产品。

（2）焚烧方法

①直接焚烧法。可视情况对病死及病害动物和相关动物产品进行破碎等预处理。

将病死及病害动物和相关动物产品或破碎产物，投至焚烧炉燃烧室，经充分氧化、热解，产生的高温烟气进入二次燃烧室继续燃烧，产生的炉渣经出渣机排出。

燃烧室温度应≥850℃；燃烧所产生的烟气从最后的助燃空气喷射口或燃烧器出口到换热面或烟道冷风引射口之间的停留时间应≥2秒；焚烧炉出口烟气中氧含量应为6%～10%（干气）。

二次燃烧室出口烟气经余热利用系统、烟气净化系统处理，达到GB 16297要求后排放。

焚烧炉渣与除尘设备收集的焚烧灰应分别收集、贮存和运输。焚烧炉渣按一般固体废物处理或作资源化利用；焚烧灰和其他尾气净化装置收集的固体废物需按GB 5085.3要求作危险废物鉴定，如属于危险废物，则按GB 18484和GB 18597要求处理。

操作时，要严格控制焚烧进料频率和重量，使病死及病害动物和相关动物产品能够充分与空气接触，保证完全燃烧；燃烧室内应保持负压状态，避免焚烧过程中发生烟气泄露；二次燃烧室顶部设紧急排放烟囱，应急时开启；烟气净化系统，包括急冷塔、引风机等设施。

②炭化焚烧法。病死及病害动物和相关动物产品投至热解炭化室，在无氧情况下经充分热解，产生的热解烟气进入二次燃烧室继续燃烧，产生的固体炭化物残渣经热解炭化室排出。

热解温度应≥600℃，二次燃烧室温度≥850℃，焚烧后烟气在850℃以上停留时间≥2秒。

烟气经过热解炭化室热能回收后，降至600℃左右，经烟气净化系统处理，达到GB 16297要求后排放。

操作时，应检查热解炭化系统的炉门密封性，以保证热解炭化室的隔氧状态；定期检查和清理热解气输出管道，以免发生阻塞；热解炭化室顶部需设置与大气相连的防爆口，热解炭化室内压力过大时可自动开启泄压；应根据处理物种类、体积等严格控制热解的温度、升温速度及物料在热解炭化室里的停留时间。

2. 化制法

（1）适用对象　不得用于患有炭疽等芽孢杆菌类疫病，以及牛海绵状脑病、痒病的染疫动物及产品、组织的处理。其他适用对象同焚烧法。

（2）化制方法

①干化法。可视情况对病死及病害动物和相关动物产品进行破碎等预处理。

病死及病害动物和相关动物产品或破碎产物输送入高温高压灭菌容器。

处理物中心温度≥140℃，压力≥0.5兆帕（绝对压力），时间≥4小时（具体处理时间随处理物种类和体积大小而设定）。

加热烘干产生的热蒸汽经废气处理系统后排出。

加热烘干产生的动物尸体残渣传输至压榨系统处理。

操作时需要注意，搅拌系统的工作时间应以烘干剩余物基本不含水分为宜，根据处理物量的多少，适当延长或缩短搅拌时间；应使用合理的污水处理系统，有效去除有机物、氨氮，达到GB 8978要求；应使用合理的废气处理系统，有效吸收处理过程中动物尸体腐败产生的恶臭气体，达到GB 16297要求后排放；高温高压灭菌容器操作人员应符合相关专业要求，持证上岗；处理结束后，需对墙面、地面及其相关工具进行彻底清洗消毒。

②湿化法。可视情况对病死及病害动物和相关动物产品进行破碎预处理。

将病死及病害动物和相关动物产品或破碎产物送入高温高压容器，总质量不得超过容器总承受力的4/5。

处理物中心温度≥135℃，压力≥0.3兆帕（绝对压力），处理时间≥30分钟（具体处理时间随处理物种类和体积大小而设定）。

高温高压结束后，对处理产物进行初次固液分离。

固体物经破碎处理后，送入烘干系统；液体部分送入油水分离系统处理。

操作时，高温高压容器操作人员应符合相关专业要求，持证上岗；处理结束后，需对墙面、地面及其相关工具进行彻底清洗消毒；冷凝排放水应冷却后排放，产生的废水应经污水处理系统处理，达到 GB 8978 要求；处理车间废气应通过安装自动喷淋消毒系统、排风系统和高效微粒空气过滤器（HEPA 过滤器）等进行处理，达到 GB 16297 要求后排放。

3. 高温法

（1）适用对象　同焚烧法。

（2）技术工艺　可视情况对病死及病害动物和相关动物产品进行破碎等预处理。处理物或破碎产物体积（长 × 宽 × 高）≤ 125 厘米^3（5 厘米 ×5 厘米 ×5 厘米）。

向容器内输入油脂，容器夹层经导热油或其他介质加热。

将病死及病害动物和相关动物产品或破碎产物输送入容器内，与油脂混合。常压状态下，维持容器内部温度 ≥ 180℃，持续时间 ≥ 2.5 小时（具体处理时间随处理物种类和体积大小而设定）。

加热产生的热蒸汽经废气处理系统后排出。

加热产生的动物尸体残渣传输至压榨系统处理。

操作时注意的问题同化制法的干化法。

4. 深埋法

（1）适用对象　发生动物疫情或自然灾害等突发事件时病死及病害动物的应急处理，以及边远和交通不便地区零星病死畜禽的处理。不得用于患有炭疽等芽孢杆菌类疫病，以及牛海绵状脑病、痒病的染疫动物及产品、组织的处理。

（2）深埋的方法　深埋地点应选择地势高燥，处于下风向的地方，并远离学校、公共场所、居民住宅区、村庄、动物饲养和屠宰场所、饮用水源地、河流等地区。

深埋坑体容积以实际处理动物尸体及相关动物产品数量确定；深埋坑底应高出地下水位 1.5 米以上，要防渗、防漏；坑底撒一层厚度为 2 ～ 5 厘米的生石灰或漂白粉等消毒药；将动物尸体及相关动物产品投入坑内，最上层距离地表 1.5 米以上；生石灰或漂白粉等消毒药消毒；覆盖距地表 20 ～ 30 厘米，厚度不少于 1 米的覆土。

操作时，深埋覆土不要太实，以免腐败产气造成气泡冒出和液体渗漏；深埋后，在深埋处设置警示标识；深埋后，第一周内应每日巡查 1 次，第二周起应每周巡查 1 次，连续巡查 3 个月，深埋坑塌陷处应及时加盖覆土；深埋后，立即用氯制剂、漂白粉或生石灰等消毒药对深埋场所进行 1 次彻底消毒。第一周内应每日消毒 1 次，第二周起应每周消毒 1 次，连续消毒 3 周以上。

5. 化学处理法

（1）硫酸分解法

①适用对象。同化制法。

②技术工艺。可视情况对病死及病害动物和相关动物产品进行破碎等预处理。

将病死及病害动物和相关动物产品或破碎产物，投至耐酸的水解罐中，按每吨处理物加入水 150～300 千克，后加入 98% 的浓硫酸 300～400 千克（具体加入水和浓硫酸量随处理物的含水量而设定）。

密闭水解罐，加热使水解罐内升至 100～108℃，维持压力 ≥ 0.15 兆帕，反应时间 ≥ 4 小时，至罐体内的病死及病害动物和相关动物产品完全分解为液态。

处理中使用的强酸应按国家危险化学品安全管理、易制毒化学品管理有关规定执行，操作人员应做好个人防护；水解过程中要先将水加入耐酸的水解罐中，然后加入浓硫酸；控制处理物总体积不得超过容器容量的 70%；酸解反应的容器及储存酸解液的容器均要求耐强酸。

（2）化学消毒法

①适用对象。适用于被病原微生物污染或可疑被污染的动物皮毛消毒。

②化学消毒的方法。主要方法有盐酸食盐溶液消毒法、过氧乙酸消毒法和碱盐液浸泡消毒法。

盐酸食盐溶液消毒法：用 2.5% 盐酸溶液和 15% 食盐水溶液等量混合，将皮张浸泡在此溶液中，并使溶液温度保持在 30℃左右，浸泡 40 小时，1 米^2 的皮张用 10 升消毒液（或按 100 毫升 25% 食盐水溶液中加入盐酸 1 毫升配制消毒液，在室温 15℃条件下浸泡 48 小时，皮张与消毒液之比为 1:4）。浸泡后捞出沥干，放入 2%（或 1%）氢氧化钠溶液中，以中和皮张上的酸，再用水冲洗后晾干。

过氧乙酸消毒法：将皮毛放入新鲜配制的 2% 过氧乙酸溶液中浸泡 30 分钟。将皮毛捞出，用水冲洗后晾干。

碱盐液浸泡消毒法：将皮毛浸入 5% 碱盐液（饱和盐水内加 5% 氢氧化钠）中，室温（18～25℃）浸泡 24 小时，并随时加以搅拌。取出皮毛挂起，待碱盐液流净，放入 5% 盐酸液内浸泡，使皮上的酸碱中和。将皮毛捞出，用水冲洗后晾干。

（3）发酵法　是指将动物尸体及相关动物产品与稻糠、木屑等辅料按要求摆放，利用动物尸体及相关动物产品产生的生物热或加入特定生物制剂，发酵或分解动物尸体及相关动物产品的方法。主要分为条垛式和发酵池式。

该法具有投资少，动物尸体处理速度快、运行管理方便等优点，但发酵过程产生恶臭气体，因重大动物疫病及人畜共患病死亡的动物尸体和相关动物产品不得使用此种方式进行处理，要有废气处理系统。

（四）记录要求

病死动物的收集、暂存、装运、无害化处理等环节应建有台账和记录。有条件的地方应保存运输车辆行车信息和相关环节视频记录。暂存环节的接收台账和记录应包括病死动物及相关动物产品来源场（户）、种类、数量、动物标识号、死亡原因、消毒方法、收集时间、经手人员等；运出台账和记录应包括运输人员、联系方式、运输时间、车牌号、病死动物及产品种类、数量、动物标识号、消毒方法、运输目的地以及经手人员等；处理环节的接收台账和记录应包括病死动物及相关动物产品来源、种类、数量、动物标识号、运输人员、联系方式、车牌号、接收时间及经手人员等；处理台账和记录应包括处理时间、处理方式、处理数量及操作人员等。涉及病死动物无害化处理的台账和记录至少要保存 2 年。

第三章　动物疫病的免疫

第一节　免疫概述

一、免疫的概念

机体识别和清除非自身的大分子物，从而保持机体内外环境平衡的生理学反应。

保持体内外平衡是动物健康成长和进行生命活动最基本的条件。动物体的这种平衡不断地受到外部入侵的病原微生物和内部产生的肿瘤细胞的破坏。

二、免疫的基本功能

（一）免疫防御

皮肤黏膜、淋巴等防御系统可以消灭病毒或细菌，阻止其侵入动物机体。

（二）免疫监视

自查系统可通过产生抗体监视机体是否发生突变、恶变等情况，防止患肿瘤等疾病发生。

（三）免疫稳定

机体可以清除损伤或衰老的自身细胞，维持免疫机能的稳定。免疫功能过强可能导致部分疾病发生。

免疫对于动物的正常生存和发展起着重要的作用，免疫功能主要是通过免疫细胞完成。当免疫功能受到影响时，可能导致机体产生疾病，甚至危及生命。

三、免疫的类型

免疫是动物机体的一种防御功能，机体依靠这种功能识别"自己"和"非己"成分，能够及时清除自身产生的衰老、死亡和损伤细胞，破坏和排斥进入体内的抗原物质，维持机体内部环境的平衡和稳定，还可以随时监视识别和清除体内产生的异常细胞，防止肿瘤细胞的产生。

免疫分为非特异性免疫和特异性免疫。

（一）非特异性免疫

非特异性免疫是动物在长期进化中形成的天然防御功能，生来就有的，具有遗传性，又叫先天性免疫，包括机体的第一道防线（皮肤、黏膜等）和第二道防线（体液中的杀菌物质和吞噬细胞），对大多数病原体有防御功能的免疫。

1. 非特异性免疫的组成

非特异性免疫，又称天然免疫，是机体在种系发育过程中形成的，经遗传而获得。其作用并非针对某一种病原体，故称非特异性免疫。

非特异性免疫力由机体的防御屏障、吞噬细胞的吞噬作用和正常体液的抗微生物物质等构成。

（1）防御屏障　防御屏障是正常动物普遍存在的组织结构，包括皮肤和黏膜等构成的外部屏障和多种重要器官中的内部屏障。结构和功能完整的内外部屏障可以杜绝病原微生物的侵入，或有效地控制其在体内的扩散。

①皮肤和黏膜屏障。结构完整的皮肤和黏膜及其表面结构能阻挡绝大多数病原的入侵。除此之外，汗腺分泌的乳酸，皮脂腺分泌的不饱和脂肪酸，泪液及唾液中的溶菌酶及胃酸等都有抑菌和杀菌作用。气管和支气管黏膜表面的纤毛层自下而上有节律地摆动，有利于异物的排出。

②内部屏障。动物体有多种内部屏障，其具有特定的组织结构，能保护体内重要器官免受感染。

血－脑屏障：主要由脑毛细血管壁、软脑膜和胶质细胞等组成，能阻止病原和大分子毒性物质由血液进入脑组织及脑脊液，是防止中枢神经系统感染的重要防御结构。幼小动物的血脑屏障发育尚未完善，容易发生中枢神经系统的感染。

胎盘屏障：是妊娠期动物母－胎界面的一种防御机构，可以阻止母体内的大多数病原通过胎盘感染胎儿。不过，这种屏障是不完全的，如猪瘟病毒感染妊娠母猪后可经胎盘感染胎儿，妊娠母畜感染布鲁氏菌后往往引起胎盘发炎而导致胎儿感染。

（2）吞噬细胞的吞噬作用　病原及其他异物突破防御屏障进入机体后，将会遭到吞噬细胞的吞噬而被破坏。

①吞噬细胞。吞噬细胞是中性粒细胞和巨噬细胞系，有吞噬、清理进入机体内微生物和清理衰老细胞、识别肿瘤细胞的作用。溶酶体内的消化酶是这些细胞具有清理机制的主要因素。吞噬细胞还是后天免疫的物质基础。

②吞噬的过程。吞噬细胞与病原菌或其他异物接触后，能伸出伪足将其包围，并吞入细胞浆内形成吞噬体。接着，吞噬体逐渐向溶酶体靠近，并相互融合成吞噬溶酶体。在吞噬溶酶体内，溶酶体酶等物质释放出来，从而消化和破坏异物。

③吞噬的结果。由于机体的抵抗力，病原微生物的种类和致病力不同，吞噬发生后可能表现完全吞噬和不完全吞噬两种结果。

动物整体抵抗力和吞噬细胞的功能较强时，病原微生物在吞噬溶酶体中被杀灭、消化后，连同溶酶体内容物一起以残渣的形式排出细胞外，这种吞噬称为完全吞噬。相反，当某些细胞内寄生的细菌如结核分枝杆菌、布鲁氏菌，以及部分病毒被吞噬后，不能被吞噬细胞破坏并排到细胞外，称为不完全吞噬。不完全吞噬有利于细胞内病原逃避体内杀菌物质及药物的作用，甚至在吞噬细胞内生长、繁殖，或随吞噬细胞的游走而扩散，引起更大范围的感染。

（3）正常体液的抗微生物物质　动物机体中存在多种非特异性抗微生物物质，具有广泛的抑菌、杀菌及增强吞噬的作用。

①溶菌酶。溶菌酶是一种不耐热的碱性蛋白质，广泛分布于血清、唾液、泪液、乳汁、胃肠和呼吸道外分泌液及吞噬细胞的溶酶体颗粒中。溶菌酶能分解革兰氏阳性细菌细胞壁中的肽聚糖，导致细菌崩解。若有抗体参与，溶菌酶能使革兰氏阴性细菌的脂多糖和脂蛋白受到破坏，从而破坏革兰氏阴性细菌的细胞。

②补体。补体是动物血清及组织液中的一组具有酶活性的球蛋白，包括约30种不同的分子，故又称为补体系统，常用符号C表示，按被发现的先后顺序分别命名为C1、C2、C3……C9。补体具有潜在的免疫活性，激活后能表现出一系列的免疫生物学活性，能协同其他物质直接杀伤靶细胞和加强细胞免疫功能。

（4）炎症反应　当病原微生物侵入机体时，被侵害局部往往汇集大量的吞噬细胞和体液杀菌物质，其他组织细胞还释放溶菌酶、白细胞介素等抗微生物物质。同时，炎症局部的糖酵解作用增强，产生大量的乳酸等有机酸。这些反应均有利于杀灭病原微生物。

2.影响非特异性免疫的因素

动物的种属因素、年龄因素及环境因素都能影响动物机体的非特异性免疫作用。

（1）种属因素 不同种属或不同品种的动物，对病原微生物的易感性和免疫反应性有差异，这些差异取决于动物的遗传因素。例如在正常情况下，草食动物对炭疽杆菌十分易感，而家禽却无感受性。

（2）年龄因素 不同年龄的动物对病原微生物的敏感性和免疫反应性也不同。在自然条件下，某些传染病仅发生于幼龄动物，例如幼小动物易患大肠杆菌病，而布鲁氏菌病主要侵害性成熟的动物。老龄动物的器官、组织、功能及机体的防御能力趋于下降，因此容易发生肿瘤或反复感染。

（3）环境因素 环境因素如气候、温度、湿度的剧烈变化对机体免疫力有一定的影响。例如，寒冷能使呼吸道黏膜的抵抗力下降；营养极度不良，往往使机体的抵抗力及吞噬细胞的吞噬能力下降。因此，加强管理和改善营养状况，可以提高机体的非特异性免疫力。另外，剧痛、创伤、烧伤、缺氧、饥饿、疲劳等应激也能引起机体、机能和代谢的改变，从而降低机体的免疫功能。

（二）特异性免疫

特异性免疫是指第三道防线（淋巴细胞），又叫获得性免疫，是指机体受到病原微生物及其产物的刺激作用后，免疫系统发生了应答，产生抗体，从而形成的抵抗力，或机体直接接受疫苗，获得抗体后形成的免疫力，是出生后才有的，只能对特定的病原体或异物有防御作用，这种免疫只针对一种或几种病原体有免疫作用。特异性免疫具有严格的特异性和针对性，并具有免疫记忆的特点。在抗微生物感染中起着关键作用，其作用比先天性免疫要强。

特异性免疫根据抗体来源分类见图 3-1。

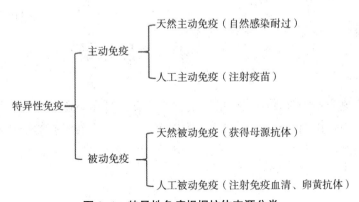

图 3-1 特异性免疫根据抗体来源分类

1. 主动免疫

动物自身在抗原刺激下主动产生特异性免疫保护力的过程称为主动免疫。

（1）天然主动免疫　动物在感染某种病原微生物耐过后产生的对该病原体再次侵入的抵抗力，称为天然主动免疫。某些天然主动免疫一旦建立，往往持续数年或终身存在。

（2）人工主动免疫　给动物接种疫苗，刺激机体免疫系统发生应答反应，产生的特异性免疫力，称为人工主动免疫。人工主动免疫产生的免疫力持续时间长，免疫期可达数月甚至数年，而且有记忆反应，某些疫苗免疫后，可产生终身免疫。畜禽生产中人工主动免疫是预防和控制传染病的行之有效的措施之一。

2. 被动免疫

并非动物自身产生，而是被动接受其他动物形成的抗体或免疫活性物质而获得特异性免疫力的过程，称为被动免疫。

（1）天然被动免疫　新生动物通过母体胎盘、初乳或卵黄从母体获得母源抗体，从而获得对某种病原体免疫力，称为天然被动免疫。天然被动免疫持续时间较短，只有数周至几个月，但对保护胎儿和幼龄动物免于感染，特别是对于预防某些幼龄动物特有的传染病具有重要的意义，如用小鹅瘟疫苗免疫母鹅以防雏鹅患小鹅瘟。

（2）人工被动免疫　给机体注射免疫血清、康复动物血清或高免卵黄抗体而获得的对某种病原体的免疫力，称为人工被动免疫。如抗犬瘟热病毒血清可防治犬瘟热，破伤风抗毒素可防治破伤风，尤其是患有病毒性传染病的珍贵动物，用抗血清防治更有意义。注射免疫血清可使抗体立即发挥作用，无诱导期，免疫力出现快。然而抗体在体内逐渐减少，免疫维持时间短，根据半衰期的长短，一般维持 1 ～ 4 周。

第二节　动物免疫系统

动物免疫系统是动物在种系发生和个体发育过程中逐渐进化和完善起来的，是动物机体执行免疫功能的组织机构，是产生免疫应答的物质基础。动物免疫系统是由免疫器官、免疫细胞和免疫分子组成的。

一、免疫器官

免疫器官根据其功能不同分为中枢免疫器官和外周免疫器官。中枢免疫器官又称为初级免疫器官，是淋巴细胞形成、分化及成熟的场所，包括骨髓、胸腺和法氏囊；外周免疫器官又称为次级免疫器官，是淋巴细胞定居、增殖以及对抗原的刺激产生免疫应答的场所，包括淋巴结、脾脏、骨髓、哈德尔氏腺和黏膜相关淋巴细胞组织。

骨髓干细胞通过胸腺产生 T 细胞，通过法氏囊产生 B 细胞，并进入外周淋巴器官参与机体免疫。

（一）中枢免疫器官

1. 骨髓

骨髓是机体的造血器官。动物出生后所有血细胞均来源于骨髓，同时也是各种免疫细胞发生和分化的场所，具有造血和免疫双重功能。

骨髓中的多能干细胞是一种具有很大分化潜能的细胞，首先分化为髓样干细胞和淋巴干细胞。髓样干细胞进一步分化为红细胞系、单核细胞系、巨噬细胞系和粒细胞系等；淋巴干细胞则发育成各种淋巴细胞的前体细胞。

2. 胸腺

哺乳动物的胸腺是由第三咽囊的内胚层分化而来，位于哺乳动物胸腔前部纵隔内，由二叶组成。

胸腺外包裹着由结缔组织构成的被膜，被膜向内伸入形成小梁将胸腺分隔成为许多胸腺小叶，形成胸腺的基本结构，胸腺小叶的外周是皮质，中心是髓质。

胸腺的免疫功能主要有以下两个方面：胸腺是 T 细胞分化成熟的场所；胸腺上皮细胞还可以产生多种胸腺激素。

3. 法氏囊

法氏囊是家禽、鸟类特有的盲囊状淋巴器官，位于泄殖腔的背侧，以短管与其相连。

法氏囊是 B 细胞分化和成熟的场所。哺乳动物和人没有腔上囊，B 细胞的形成、分化和成熟在骨髓中完成。

（二）外周免疫器官

1. 淋巴结

呈圆形或豆状，遍布于淋巴循环路径的各个部位，以便捕获从躯体外部进入血液——淋巴液的抗原。

淋巴结分为皮质和髓质。皮质又分为皮质浅区和皮质深区（又称副皮质区）；髓质分为髓索和髓窦。皮质浅区和髓索为B淋巴细胞的分布区，副皮质区为T淋巴细胞的分布区，淋巴结中T淋巴细胞较多，占75%，B淋巴细胞仅占25%。

2. 脾脏

位于腹腔，具有造血贮血和免疫双重功能。脾脏外部包有被膜，内部的实质分两部分，一部分称为红髓，主要功能是生成红细胞和贮存红细胞，还有捕获抗原的功能；另一部分称为白髓，是产生免疫应答的部位。

脾脏的免疫功能主要表现在四个方面：①脾脏具有滤过血液的作用；②脾脏具有滞留淋巴细胞的作用；③脾脏是免疫应答的重要场所；④脾脏能产生吞噬细胞增强激素。

3. 哈德尔氏腺

哈德尔氏腺又称瞬膜腺、副泪腺，是禽类眼窝内腺体之一，能接受抗原的刺激。

4. 黏膜相关淋巴组织

抗体主要有外周免疫器官和相关组织产生，它们不仅包括淋巴结、脾脏、哈德尔氏腺，也包括骨髓、扁桃体和散布全身的淋巴组织，尤其是黏膜部位的淋巴组织。

二、免疫细胞

凡参加免疫应答或与免疫应答相关的细胞统称为免疫细胞。根据它们在免疫应答中的功能及作用机理，可分为免疫活性细胞和免疫辅佐细胞两大类。此外还有一些其他细胞，例如K细胞、NK细胞、粒细胞、红细胞等，也参与了免疫应答中的某一些特定环节。这些种类繁多的免疫细胞，其功能各异，但都相互作用，相互依存。

1. 免疫活性细胞

在淋巴细胞中，受抗原物质刺激后能增殖分化，并能产生特异性免疫应答的细胞，称为免疫活性细胞，在免疫应答过程中起核心作用，主要包括B淋巴细胞和T淋巴细胞。

（1）B淋巴细胞　由哺乳动物骨髓或鸟类法氏囊中的淋巴样干细胞分化发育而来。成熟的B细胞主要定居在外周淋巴器官的淋巴小结内。B细胞约占外周淋巴细胞总数的20%。其主要功能是产生抗体介导体液免疫应答和提呈可溶性抗原。

（2）T淋巴细胞　来源于骨髓中的淋巴样干细胞，在胸腺中发育成熟。主要定居在外周淋巴器官的胸腺依赖区。T细胞表面具有多种表面标志，TCR-CD3复合分子为T细胞的特有标志。根据功能的不同可分为几个不同亚群，如辅助性T细胞、杀伤性T细胞和调节性T细胞。其主要功能是介导细胞免疫。在病理情况下，可参与迟发型超敏反应和器官特异性自身免疫性疾病。活化的NK T细胞具有细胞毒作用和免疫调节作用。

2. 免疫辅助细胞

免疫应答除了T淋巴细胞和B淋巴细胞的核心作用外，还需要体内单核吞噬细胞、树突状细胞等对抗原进行捕捉、加工和处理，这些细胞称为免疫辅助细胞，简称A细胞。由于免疫辅助细胞在免疫应答中能将抗原提呈给免疫活性细胞，因此又叫抗原提呈细胞（APC）。

（1）单核吞噬细胞　主要包括血液中的单核细胞和多种器官、组织中的巨噬细胞，两者构成单核吞噬细胞系统。除具有抗原提呈作用外，还具有抗感染、抗肿瘤和免疫调节等重要作用。

（2）树突状细胞　简称D细胞，来源于骨髓和脾红髓，成熟后主要分布于脾脏和淋巴结，结缔组织中也有广泛存在。树突状细胞的功能是递呈抗原，引发免疫应答。

3. 其他免疫细胞

（1）K淋巴细胞　又称抗体依赖淋巴细胞，直接从骨髓的多能干细胞衍化而来，表面无抗原标志，但有抗体IgG的受体，发挥杀伤靶细胞的功能时，必需有靶细胞的相应抗体存在。靶细胞表面抗原与相应抗体结合后，再结合到K淋巴细胞的相应受体上，从而触发K淋巴细胞的杀伤作用。

（2）NK细胞　又称自然杀伤细胞，是与T细胞、B细胞并列的第三类淋巴细胞群，它在体内的数量较少，在外周血液中约占淋巴细胞总数的15%，在皮内有3%～4%，也可以出现在肺脏、肝脏和肠黏膜，但在胸腺、淋巴结、胸导管中罕见，但是它的细胞体积较大含有胞浆颗粒，故又称为大颗粒淋巴细胞。NK细胞可非特异性直接杀伤淋巴细胞，这种天然杀伤活性既不需要预先有抗原致敏，也不需要抗体参与，且无MHC限制。

（3）粒细胞　胞浆中含有颗粒的白细胞统称为粒细胞，包括中性粒细胞、嗜酸性粒细胞和嗜碱性粒细胞。

①中性粒细胞。中性粒细胞是人体中数量最多的免疫细胞，占据总免疫细胞数量的60%～70%。它可以检测并吞噬病原体，并在细胞内部分泌多种酶来杀死并分解病原体。它可以在人体血液中自由移动并进入一些其他细胞

没有办法进入的组织，因此中性粒细胞可以第一时间对感染或炎症作出反应。

②嗜酸性粒细胞。嗜酸性粒细胞占据白细胞数量的 2%～3%。嗜酸性粒细胞主要负责对抗多细胞寄生虫和一些细菌感染。它同时也会引起身体组织的破坏和炎症反应，例如哮喘症等。

③嗜碱性粒细胞。嗜碱性粒细胞是一种最少见的白细胞，只拥有0.5%～1% 的比例。同嗜酸性粒细胞一样，嗜碱性粒细胞也对抵抗多细胞寄生虫起重要作用。同时，其也会引起很多过敏反应。

（4）肥大细胞　肥大细胞是一种存在于结缔组织和黏膜中（例如消化道和呼吸道）的免疫细胞，它通常与伤口愈合和微生物抵抗有关。肥大细胞中含有的组胺可以使血管扩张，这通常与炎症反应有关。肥大细胞可以募集中性粒细胞和巨噬细胞，将特异性免疫和非特异性免疫有效地联系起来共同抵御病原体。

（5）红细胞　红细胞和白细胞一样具有重要的免疫功能。红细胞可识别抗原、清除体内免疫复合物、增强吞噬细胞的吞噬功能、提呈抗原信息及免疫调节等功能。

三、免疫分子

免疫分子是广义上具有免疫能力的物质，包括免疫细胞、免疫蛋白、免疫因子、干扰素等，而并不是具有免疫能力的分子。免疫分子是现代分子免疫学的主要研究对象。详细内容在相关章节中介绍。

第三节　抗　原

一、抗原的概念

抗原（Ag）是指所有能诱导机体发生免疫应答的物质，即能被 T/B 淋巴细胞表面的抗原受体（TCR/BCR）特异性识别与结合，活化 T/B 细胞，使之增殖分化，产生免疫应答产物（致敏淋巴细胞或抗体），并能与相应产物在体内外发生特异性结合的物质。因此，抗原物质具备两个重要特性：免疫原性和免疫反应性。免疫原性，即指抗原诱导机体发生特异性免疫应答，产生抗体和 / 或致敏淋巴细胞的能力；免疫反应性是指能与相应的免疫效应物质

（抗体或致敏淋巴细胞）在体内外发生特异性结合反应的能力。

二、抗原的基本性质

抗原的基本性质具有异物性、大分子性和特异性。

（一）异物性

异物性是指进入机体组织内的抗原物质，必须与该机体组织细胞的成分不相同。抗原一般是指进入机体内的外来物质，如细菌、病毒、花粉等；抗原也可以是不同物种间的物质，如马的血清进入兔子的体内，马血清中的许多蛋白质就成为兔子的抗原物质；同种异体间的物质也可以成为抗原，如血型、移植免疫等；自体内的某些隔绝成分也可以成为抗原，如眼睛水晶体蛋白质、精细胞、甲状腺球蛋白等，在正常情况下，是固定在机体的某一部位，与产生抗体的细胞相隔绝，因此不会引起自体产生抗体。但当受到外伤或感染，这些成分进入血液时，就像异物一样也能引起自体产生抗体，这些对自体具有抗原性的物质称为自身抗原，所产生的抗体称为自身抗体。由于自身抗体与自身抗原发生反应，于是就引起自身免疫疾病，如过敏性眼炎、甲状腺炎等。机体其他自身组织的蛋白可因电离辐射、烧伤、某些化学药品和某些微生物等理化和生物因素的作用发生变性时，也可成为自身抗原，引起自身免疫疾病，如红斑狼疮病、白细胞减少症、慢性肝炎等。

（二）大分子性

大分子性是指构成抗原的物质通常是相对分子质量大于 10 000 的大分子物质，分子量越大，抗原性越强。绝大多数蛋白质都是很好的抗原。之所以抗原物质都是大分子物质，是因为大分子物质能够较长时间停留在机体内，有足够的时间和免疫细胞（主要是巨噬细胞、T 淋巴细胞和 B 淋巴细胞）接触，引起免疫细胞作出反应。如果外来物质是小分子物质，将很快被机体排出体外，没有机会与免疫细胞接触，如大分子蛋白质经水解后成为小分子物质，就失去了抗原性。

（三）特异性

特异性是指一种抗原只能与相应的抗体或效应 T 细胞发生特异性结合。抗原的特异性是由分子表面的特定化学基团所决定的，这些化学基团称为抗原决定簇。抗原以抗原决定簇与相应淋巴细胞的抗原受体结合而激活淋巴细胞引起免疫应答。换言之，淋巴细胞表面的抗原识别受体，通过识别抗原决定簇而区分"自身"与"异己"。抗原也是以抗原决定簇与相应抗体特异性结合而发生反应的。因此，抗原决定簇是免疫应答和免疫反应具有特异性的物质基础。

三、抗原的分类

（一）根据抗原性质分类

1. 完全抗原

完全抗原简称抗原。是一类既有免疫原性，又有免疫反应性的物质。如大多数蛋白质、细菌、病毒、细菌外毒素等都是完全抗原。

2. 不完全抗原

不完全抗原，即半抗原，是只具有免疫反应性，而无免疫原性的物质，故又称不完全抗原。半抗原与蛋白质载体结合后，就获得了免疫原性。又可分为复合半抗原和简单半抗原。复合半抗原不具有免疫原性，只具免疫反应性，如绝大多数多糖（如肺炎球菌的荚膜多糖）和所有的类脂等；简单半抗原既不具有免疫原性，又不具有免疫反应性，但能阻止抗体与相应抗原或复合半抗原结合。如肺炎球菌荚膜多糖的水解产物等。

（二）根据抗原刺激 B 细胞产生抗体是否需要 T 细胞协助分类

1. 胸腺依赖性抗原（TD-Ag）

TD-Ag 是指需要 T 细胞辅助和巨噬细胞参与才能激活 B 细胞产生抗体的抗原性物质。TD-Ag 免疫应答特点：能引起体液免疫应答也能引起细胞免疫应答；产生 IgG 等多种类别抗体；可诱导产生免疫记忆。

2. 胸腺非依赖性抗原（TI-Ag）

TI-Ag 是指无需 T 细胞辅助可直接刺激 B 细胞产生抗体的抗原，特点：只能引起体液免疫应答；只能产生 IgM 类抗体；无免疫记忆。

（三）根据抗原的来源分类

1. 异种抗原

病原微生物、类毒素等不同种族之间的抗原。

2. 同种异型抗原

存在于同一种族不同个体之间的抗原，如 HLA、ABO 血型抗原、Rh 抗原、MHC 等。

3. 自身抗原

自身成分，分为隐蔽的自身抗原、改变的自身抗原等，如眼晶状体蛋白等。

4. 异嗜性抗原

存在于不同物种间表面无种属特异性的共同抗原，可存在于动物、植物、微生物及人类中，如溶血性链球菌与人心内膜或肾小球基底膜所具有的共同抗原就是异嗜性抗原。

此外，抗原还可分为以下两种。

1. 内源性抗原

指免疫效应细胞的靶细胞自身所产生的抗原。

2. 外源性抗原

指非 APC 自身所产生的抗原，以及天然抗原、人工抗原、合成抗原等。

四、抗原的处理与递呈

（一）捕获与处理

辅佐细胞可通过多种方法捕获抗原，例如吞噬作用（对同种细胞或细菌等大型颗粒）和胞饮作用（对病毒等微小颗粒或大分子）等。这种吞噬和胞饮作用无抗原特异性，可能的识别机制在于吞噬细胞与被吞噬颗粒之间的表面亲水性差异。另外还有受体介导的内摄作用，这是弱吞噬力的辅佐细胞捕获抗原的主要方式，例如 B 细胞可借助抗原受体（表面免疫球蛋白）与相应的抗原特异性结合，并将抗原内化处理。这些捕获方式与中性粒细胞的吞噬作用。抗原处理是指辅佐细胞将天然抗原转变成可被 TH 细胞识别形式的过程。这一过程包括抗原变性、降解和修饰等。例如细菌在吞噬体内被溶菌酶消化降解，将有效的抗原肽段加以整理修饰，并将其与 MHC Ⅱ 类分子相连接，然后转运到细胞膜上。

可与 MHC Ⅱ 类分子结合的都是蛋白性抗原。多糖和脂类不易于 MHC Ⅱ 类分子连接，难以被 TH 细胞识别，因而多不是良好的免疫原，但有时可以诱导抗体性免疫应答。

（二）递呈

抗原递呈是辅佐细胞向辅助性 T 细胞展示抗原和 MHC Ⅱ 类分子的复合物，并使之与 TCR 结合的过程，这个过程是几乎所有淋巴细胞活化的必需步骤。抗原递呈之前，经处理后的抗原肽段已经连接在 MHC Ⅱ 类分子顶端的槽中，这个复合物便是 TCR 的配体。TCR 与配体结合的精确模式尚未清楚，一个合理的说法是 TCR 中 α 和 β 链的 V 段接触 MHC Ⅱ 类分子的 α 螺旋（形成 MHC Ⅱ 类分子顶端槽的肽段），使高可变的连接部（V–J 及 V–D–J）与抗原肽段相结合。这样保证了 TCR 识别抗原的特异性。

超抗原的递呈有独特的模式，它不需要胞内处理，可以直接与 MHC Ⅱ 类分子结合。超抗原不结合在 MHC Ⅱ 类分子的顶端槽中，而是结合在槽的外侧；与 TCR 结合时，不结合其 α 链，只结合 β 链的 V 节段。超抗原对 TCR 和 MHC Ⅱ 类分子的结合都非常牢固，像一支双向钩子将 T 细胞和辅佐细胞紧紧地连在一起，很容易使 T 细胞活化。另外，任何超抗原都只与含特殊 β 链 V 节段的 TCR 结合，这样的 TCR 占外周 T 细胞总数的 1% ~ 10%，这一数字远远大于任何普通抗原所能识别的细胞数；所以某些产毒细胞感染时，容易发生急性期素休克综合征，就是超抗原刺激的结果。

第四节　免疫应答

免疫应答（IR）是指动物机体受抗原刺激后，免疫细胞对抗原分子识别、活化、增殖和分化，产生免疫物质发生特异性免疫效应的过程。这个过程是免疫系统各部分生理功能的综合体现，包括了抗原递呈、淋巴细胞活化、免疫分子形成及免疫效应发生等一系列的生理反应。

通过有效的免疫应答，机体得以维护内环境的稳定。常被用作免疫反应的同义词。免疫活性细胞（T 淋巴细胞、B 淋巴细胞）识别抗原，产生应答（活化、增殖、分化等）并将抗原破坏和 / 或清除的全过程称为免疫应答。

一、免疫应答的基本过程

免疫应答的发生、发展和最终效应是一个相当复杂，但又规律有序的生理过程，这个过程可以人为地分成三个阶段。

（一）抗原识别阶段

抗原识别阶段是抗原通过某一途径进入机体，并被免疫细胞识别、递呈和诱导细胞活化的开始时期，又称感应阶段。一般抗原进入机体后，首先被局部的单核巨噬细胞或其他辅佐细胞吞噬和处理，然后以有效的方式（与

MHC Ⅱ类分子结合）递呈给 TH 细胞；B 细胞可以利用其表面的免疫球蛋白分子直接与抗原结合，并且可将抗原递呈给 TH 细胞。T 细胞与 B 细胞可以识别不同种类的抗原，所以不同的抗原可以选择性地诱导细胞免疫应答或抗体免疫应答，或者同时诱导两种类型的免疫应答。另外，一种抗原颗粒或分子片段可能含有多种抗原表位，因此可被不同克隆的细胞所识别，诱导多特异性的免疫应答。

（二）淋巴细胞活化阶段

淋巴细胞活化阶段是接受抗原刺激的淋巴细胞活化和增殖的时期，又可称为活化阶段。仅仅抗原刺激不足以使淋巴细胞活化，还需要另外的信号；TH 细胞接受协同刺激后，B 细胞接受辅助因子后才能活化；活化后的淋巴细胞迅速分化增殖，变成较大的细胞克隆。

分化增殖后的 TH 细胞可产生 IL-2、IL-4、IL-5 和 IFN 等细胞因子，促进自身和其他免疫细胞的分化增殖，生成大量的免疫效应细胞。B 细胞分化增殖变为可产生抗体的浆细胞，浆细胞分泌大量的抗体分子进入血液循环。这时机体已进入免疫应激状态，也称为致敏状态。

（三）抗原清除阶段

抗原清除阶段是免疫效应细胞和抗体发挥作用将抗原灭活并从体内清除的时期，也称效应阶段。这时如果诱导免疫应答的抗原还没有消失，或者再次进入致敏的机体，效应细胞和抗体就会与抗原发生一系列反应。

抗体与抗原结合形成抗原复合物，将抗原灭活及清除；T 效应细胞与抗原接触释放多种细胞因子，诱发免疫炎症；CTL 直接杀伤靶细胞。通过以上机制，达到清除抗原的目的。

二、免疫应答的定位

抗原经皮肤或黏膜进入动物机体以后，一般在进入部位即被辅佐细胞捕获处理，并递呈给附近的淋巴细胞；如果附近没有相应特异性的淋巴细胞，辅佐细胞会沿着淋巴细胞再循环的途径去寻找。抗原在入侵部位如未得到处理，至迟不越过附近的淋巴结，在那里会被辅佐细胞捕获，递呈给淋巴细胞。无论在何处得到抗原刺激，淋巴细胞都会迁移到附近淋巴组织，并通过归巢受体定居于各自相应的区域，在那里分裂增殖、产生抗体或细胞因子。所以外周免疫器官是免疫应答发生的部位。

淋巴细胞的大量增殖导致外周淋巴组织发生形态学改变：T细胞增殖使其胸腺依赖区变厚、细胞密度增大；B细胞增殖使非胸腺依赖区增大，在滤泡区形成生发中心。所以在发生感染等抗原入侵时，可见附近的淋巴结肿大等现象，便是免疫应答发生的证明。

在局部发生的免疫应答，可循一定的途径扩展到身体的其他部位甚至全身各处。抗体可直接进入血液循环，很容易地遍布全身；T细胞则从增殖区进入淋巴细胞再循环，也可以很快遍及全身。在黏膜诱导的局部免疫应答，分泌型IgA不能通过血液循环向全身扩散，但淋巴细胞可经由再循环的途径，通过特殊的归巢受体选择性地定居于其他部位的黏膜组织，定向地转移局部免疫性。

三、免疫应答的类型

根据抗原刺激、参与细胞或应答效果等各方面的差异，免疫应答可以分成不同的类型。

（一）按参与细胞分类

根据主导免疫应答的活性细胞类型，可分为细胞介导免疫（CMI）和体液免疫两大类。细胞介导免疫是T细胞介导的免疫应答，简称为细胞免疫，但与细胞免疫（吞噬细胞免疫）已有本质的区别。体液免疫是B细胞介导的免疫应答，也可称抗体应答，以血清中出现循环抗体为特征。

（二）按抗原刺激顺序分类

某抗原初次刺激机体与一定时期内再次或多次刺激机体可产生不同的应答效果，据此可分为初次应答和再次应答两类。一般地说，不论是细胞免疫还是体液免疫，初次应答比较缓慢柔和，再次应答则较快速激烈。

（三）按应答效果分类

一般情况下，免疫应答的结果是产生免疫分子或效应细胞，具有抗感染、抗肿瘤等对机体有利的效果，称为免疫保护；但在另一些条件下，过度或不适宜的免疫应答也可导致病理损伤，称为超敏反应，包括对自身抗原应答产生的自身免疫病。与此相反，特定条件下的免疫应答可不表现出任何明显效应，称为免疫耐受。

另外，在免疫系统发育不全时，可表现出某一方面或全面的免疫缺陷；而免疫系统的病理性增生则称为免疫增殖病。

四、体液免疫

由 B 细胞介导的免疫应答称为体液免疫应答。而体液免疫应答是由 B 细胞通过对抗原的识别、活化、增殖，最后分化为浆细胞并合成分泌抗体来实现的。因此，抗体是介导体液免疫效应的效应分子。

（一）抗体的概念

抗体指机体的免疫系统在抗原刺激下，由 B 淋巴细胞分化成的浆细胞所产生的、可与相应抗原发生特异性结合反应的免疫球蛋白。

最初有人用电泳证明血清中抗体活性在 γ 球蛋白部分，故曾把抗体统称为丙种（γ）球蛋白。后来发现，抗体并不都在 γ 区，并且位于 γ 区的球蛋白，也不一定都具有抗体活性。

1964 年，世界卫生组织将具有抗体活性以及与抗体相关的球蛋白统称为免疫球蛋白（Ig），如骨髓瘤蛋白，巨球蛋白血症、冷球蛋白血症等患病动物血清中存在的异常免疫球蛋白以及正常动物天然存在的免疫球蛋白亚单位等。因而免疫球蛋白是结构化学的概念，而抗体是生物学功能的概念。可以说，所有抗体都是免疫球蛋白，但并非所有免疫球蛋白都是抗体。

（二）生物活性

1. 结合特异性抗原

抗体与其他免疫球蛋白分子区别就在于抗体能与相应抗原发生特异性结合，在体内导致生理或病理效应；在体外产生各种直接或间接的可见的抗原抗体结合反应。抗体是靠其分子上的特殊的结合部位与抗原结合的。

2. 激活补体

抗体与相应抗原结合后，借助暴露的补体结合点去激活补体系统、激发补体的溶菌、溶细胞等免疫作用。

3. 结合细胞

不同类别的免疫球蛋白，可结合不同种的细胞，产生不同的疢，参与免疫应答。

4. 可通过胎盘及黏膜

免疫球蛋白 G（IgG）能通过胎盘进入胎儿血流中，使胎儿形成自然被动免疫。免疫球蛋白 A（IgA）可通过消化道及呼吸道黏膜，是黏膜局部抗感染免疫的主要因素。

5. 具有抗原性

抗体分子是一种蛋白质，也具有刺激机体产生免疫应答的性能。不同的免疫球蛋白分子，各具有不同的抗原性。

6. 抗体对理化因子的抵抗力与一般球蛋白相同

不耐热，$60 \sim 70 \, ℃$ 即被破坏。各种酶及能使蛋白质凝固变性的物质，均能破坏抗体的作用。抗体可被中性盐类沉淀。在生产上常可用硫酸铵或硫酸钠从免疫血清中沉淀出含有抗体的球蛋白，再经透析法将其纯化。

（三）抗体的结构

抗体是具有 4 条多肽链的对称结构，其中 2 条较长、相对分子量较大的相同的重链（H 链）；2 条较短、相对分子量较小的相同的轻链（L 链）。链间由二硫键和非共价键联结形成一个由 4 条多肽链构成的单体分子。轻链有 κ 和 λ 两种，重链有 μ、δ、γ、ε 和 α 五种。整个抗体分子可分为恒定区和可变区两部分。在给定的物种中，不同抗体分子的恒定区都具有相同的或几乎相同的氨基酸序列。可变区位于 "Y" 的两臂末端。在可变区内有一小部分氨基酸残基变化特别强烈，这些氨基酸的残基组成和排列顺序更易发生变异区域称高变区。高变区位于分子表面，最多由 17 个氨基酸残基构成，少则只有 $2 \sim 3$ 个。高变区氨基酸序列决定了该抗体结合抗原的特异性。一个抗体分子上的两个抗原结合部位是相同的，位于两臂末端称抗原结合片段（F_{ab}）。"Y" 的柄部称结晶片段（F_C），糖结合在 F_C 上。

（四）抗体的功能

抗体的主要功能是与抗原（包括外来的和自身的）相结合，从而有效地清除侵入机体内的微生物、寄生虫等异物，中和它们所释放的毒素或清除某些自身抗原，使机体保持正常平衡，但有时也会对机体造成病理性损害，如抗核抗体、抗双链 DNA 抗体、抗甲状腺球蛋白抗体等一些自身抗体的产生，对人体可造成危害。

（五）抗体产生的规律

1. 初次应答

动物机体初次接触抗原引起的抗体产生的过程，称为初次应答。当抗原第一次进入机体时，需经一定的潜伏期才能产生抗体，且抗体产生的量也不多，在体内维持的时间也较短。

抗原初次进入动物机体后，在一定时期内体内查不到抗体或抗体产生很少，称这一时期为潜伏期。潜伏期之后为抗体的对数上升期，抗体含量直线上升，达到高峰需 7～10 天，然后为高峰持续期，抗体产生和排出相对平衡，最后为下降期。

初次应答有以下几个特点。

①潜伏期较长。潜伏期的长短视抗原的种类而异，如初次注射的是菌苗，需经 5～7 天血液中才有抗体出现；若初次注射的是类毒素，则需经 2～3 周才出现抗体。

②初次应答最早产生的抗体是 IgM，随后产生 IgG，IgA 产生最迟。

③初次应答产生的抗体总量较低，维持时间也较短。

2. 再次应答

动物机体第二次接触相同的抗原物质引起的抗体产生的过程，称为再次应答。当相同抗原第二次进入机体后，开始时，由于原有抗体中的一部分与再次进入的抗原结合，可使原有抗体量略为降低。随后，抗体效价迅速大量增加，可比初次应答产生的多几倍到几十倍，在体内留存的时间亦较长。

再次应答有以下几个特点。

①潜伏期比初次应答显著缩短。如同种细菌抗原再次进入机体仅 2～3 天即可产生抗体。

②抗体产生量高，维持时间较长。

③产生的抗体大部分为 IgG，IgM 则很少。

再次应答取决于体内记忆 T 细胞和 B 细胞的存在。当机体与抗原物质再次接触时，记忆细胞可被激活，加快增殖分化，迅速产生抗体。

抗体产生的一般规律提示：由于抗体的产生需要一定的潜伏期，因此预防接种应在传染病流行季节到来之前或易感日龄之前进行；由于再次应答免疫效果优于初次应答，在预防接种时，应间隔一定时间进行再次免疫，可起到强化免疫的功效；由于 IgM 在初次应答中最早出现，因此检测 IgM 可作为传染病早期诊断或胎儿宫内感染的指标。

（六）抗体的分类

1. 按作用对象分

可将其分为抗毒素、抗菌抗体、抗病毒抗体和亲细胞抗体（能与细胞结合的免疫球蛋白，如 1 型变态反应中的 IgE 反应素抗体，能吸附在靶细胞膜上）。

2. 按理化性质和生物学功能分

可将其分为 IgM、IgG、IgA、IgE、IgD 五类。

IgM 抗体是免疫应答中首先分泌的抗体。它们在与抗原结合后启动补体的级联反应。它们还把入侵者相互连接起来，聚成一堆便于巨噬细胞的吞噬。

IgG 抗体激活补体，中和多种毒素。IgG 持续的时间长，是唯一能在母亲妊娠期穿过胎盘保护胎儿的抗体。它们还从乳腺分泌进入初乳，使新生儿得到保护。

IgA 抗体进入身体的黏膜表面，包括呼吸、消化、生殖等管道的黏膜，中和感染因子。还可以通过母乳的初乳把这种抗体输送到新生儿的消化道黏膜中，是在母乳中含量最多，最为重要的一类抗体。

IgE 抗体的尾部与嗜碱细胞、肥大细胞的细胞膜结合。当抗体与抗原结合后，嗜碱细胞与肥大细胞释放组织胺一类物质促进炎症的发展。这也是引发速发型过敏反应的抗体。

IgD 抗体的作用还不太清楚。它们主要出现在成熟的 B 淋巴细胞表面上，可能与 B 细胞的分化有关。

3. 按与抗原结合后是否出现可见反应分

可将其分为在介质参与下出现可见结合反应的完全抗体，即通常所说的抗体，以及不出现可见反应，但能阻抑抗原与其相应的完全抗体结合的不完全抗体。

4. 按抗体的来源分

可将其分为天然抗体和免疫抗体。

抗体就是免疫球蛋白，是改变了的球蛋白分子。由特异性抗原刺激产生，抗体的产生是由于抗原侵入机体后引起各种免疫细胞相互作用，使 B 使淋巴分化增殖而形成浆细胞，浆细胞可产生分泌抗体。

（七）影响抗体产生的因素

抗体是机体免疫系统受抗原的刺激后产生的，因此影响抗体产生的因素就在于抗原和机体两个方面。

1. 抗原方面

（1）抗原的性质　由于抗原的物理性状、化学结构及毒力的不同，对机体的刺激强度不一样，因此机体产生抗体的速度和持续时间也就不同。如给动物机体注射颗粒性抗原，只需 2～5 天血液中就有抗体出现，而注射可溶性抗原类毒素则需 2～3 周才出现抗毒素；活苗与死苗相比，活苗的免疫效果好，因为在活的微生物刺激下，机体产生抗体较快。

（2）抗原的用量　在一定限度内，抗体的产生随抗原用量的增加而增加，但当抗原用量过多，超过了一定限度时，抗体的形成反而受到抑制，此时称为免疫麻痹。而抗原用量过少，又不足以刺激机体产生抗体。因此，在预防接种时，疫苗的用量必须按规定使用，不得随意增减。一般活苗用量较小，灭活苗用量较大。

（3）免疫次数及间隔时间　为使机体获得较强且持久的免疫力，往往需要刺激机体产生再次应答。活疫苗在机体内有一定程度的增殖，因此，只需免疫一次即可；而灭活苗和类毒素通常需要连续免疫2～3次，灭活苗间隔7～10天，类毒素需间隔6周左右。

（4）免疫途径　由于抗原接种途径的不同，抗原在体内停留时间和接触的组织也不同，因而产生不同的效果。免疫途径的选择以刺激机体产生良好的免疫反应为原则，不一定是自然感染的侵入门户。由于抗原易被消化酶降解而失去免疫原性，所以多数疫苗采用非经口途径免疫，如皮内、皮下、肌内等注射途径，以及滴鼻、点眼、气雾免疫等，只有少数弱毒疫苗，如传染性法氏囊病疫苗可经饮水免疫。

2. 机体方面

动物机体的年龄因素、遗传因素、营养状况、某些内分泌激素及疾病等均可影响抗体的产生。如初生或出生不久的动物，免疫应答能力较差，其原因主要是免疫系统发育尚未健全，其次是受母源抗体的影响。母源抗体是指动物机体通过胎盘、初乳、卵黄等途径从母体获得的抗体。母源抗体可保护幼畜禽免于感染，还能抑制或中和相应抗原。因此，给幼畜禽初次免疫时必须考虑母源抗体的影响。另外，雏鸡感染传染性法氏囊病病毒，使法氏囊受损，导致雏鸡体液免疫应答能力下降，影响抗体的产生。

（八）体液免疫效应

抗体作为体液免疫的效应分子，在体内可发挥多种免疫功能。由抗体介导的免疫效应，在多数情况下对机体是有利的，但有时也会造成机体的免疫损伤。体液免疫效应可表现为以下六个方面。

1. 中和作用

毒素的抗体与相应的毒素结合，可使毒素失去毒性作用；病毒的抗体可通过与病毒表面抗原结合，从而使病毒失去对细胞的感染性，保护细胞免受感染。

2. 免疫溶解作用

一些革兰氏阴性菌（如霍乱弧菌）和某些原虫（如锥虫），与体内相应的抗体结合后，可激活补体，最终导致菌体和虫体溶解。

3. 免疫调理作用

对于一些毒力比较强的细菌，特别是一些有荚膜的细菌，相应的抗体（IgG 或 IgM）与之结合后，易受到单核巨噬细胞的吞噬，若再激活补体形成细菌 – 抗体 – 补体复合物，则更容易被吞噬。这是由于单核巨噬细胞表面具有抗体分子的 Fc 片段和 C_{3b} 的受体，体内形成的抗原 – 抗体或抗原 – 抗体 – 补体复合物容易受到它们的捕获。抗体的这种作用称为免疫调理作用。

4. 局部黏膜免疫作用

由黏膜固有层中的浆细胞产生的分泌型 IgA 是机体抵抗从呼吸道、消化道及泌尿生殖道感染的病原微生物的主要防御力量，分泌型抗体（SIgA）可阻止病原微生物吸附黏膜上皮细胞。

5. 抗体依赖性细胞介导的细胞毒（ADCC）作用

一些效应性淋巴细胞（如 K 细胞），其表面具有抗体分子的 Fc 片段的受体，当抗体分子与相应的靶细胞（如肿瘤细胞）结合后，效应性淋巴细胞就可借助于 Fc 片断的受体与 Fc 片段的抗体结合，从而发挥其细胞毒作用，将靶细胞杀死。

6. 免疫损伤作用

抗体在体内引起的免疫损伤主要是介导 Ⅰ 型（IgE）、Ⅱ 型和Ⅲ型（IgG 和 IgM）变态反应，以及一些自身免疫疾病。

五、细胞免疫

（一）细胞免疫的概念

由 T 细胞介导的免疫应答称为细胞免疫。主要是指 T 细胞在抗原的刺激下，增殖分化为效应 T 细胞并产生细胞因子，从而发挥免疫效应的过程。

效应 T 细胞主要包括细胞毒性 T 细胞（T_C）和迟发型变态反应性 T 细胞（T_D）。T_C 细胞与靶细胞（病毒感染细胞、肿瘤细胞、胞内感染细菌的细胞）能特异性结合，直接杀伤靶细胞。T_D 细胞被激活后，通过释放多种细胞因子而发挥作用，主要是引起以局部的单核细胞浸润为主的炎症反应。

细胞因子是指由免疫细胞（如单核巨噬细胞、T 细胞、B 细胞、NK 细胞）和某些非免疫细胞合成和分泌的一类高活性多功能的蛋白质多肽分子。

（二）细胞免疫效应

机体的细胞免疫效应是由 T_C 细胞和 T_D 细胞以及细胞因子体现的，主要表现在以下三个方面。

1. 抗感染作用

对某些细胞内寄生菌（如结核分枝杆菌、布鲁氏菌、李氏杆菌）、病毒、真菌等有抗感染作用。致敏淋巴细胞释放出一系列发挥细胞毒作用的细胞因子，与 T_C 细胞一起参与细胞免疫，杀死抗原和携带抗原的靶细胞，使机体具有抗感染能力。

2. 抗肿瘤作用

T_C 细胞和某些细胞因子能直接杀伤肿瘤细胞，发挥其免疫监视作用。

3. 免疫损伤作用

细胞免疫有时可引起Ⅳ型变态反应、移植排斥反应等。

第五节　变态反应

一、变态反应的概念

变态反应是指免疫系统对再次进入机体的抗原（变应原）做出过于强烈或不适当而导致组织器官损伤的一类反应，也叫超敏反应。变态反应的本质也是免疫应答，除了伴有炎症反应和组织损伤外，与维持机体正常功能的免疫反应并无实质性区别。引起变态反应的物质称为变应原。变应原可通过呼吸道、消化道、皮肤和黏膜等途径进入动物机体而引发变态反应。

二、变态反应的类型

根据变态反应中所参与的细胞、活性物质、损伤组织器官的机制以及产生反应所需的时间等，将变态反应分为Ⅰ～Ⅳ四个型，即：过敏反应型（Ⅰ型）、细胞毒型（Ⅱ型）、免疫复合物型（Ⅲ型）和迟发型（Ⅳ型）。其中，前三型是由抗体介导的，共同特点是反应发生快；故又称为速发型变态反应；Ⅳ型则是细胞介导的，称为迟发型变态反应。

（一）过敏反应型（Ⅰ型）变态反应

过敏反应是指机体再次接触抗原时引起的在数分钟至数小时内出现急性炎症为特点的反应。引起过敏反应的抗原称为过敏原。

1. 参与过敏反应的成分

（1）过敏原 引起过敏反应的过敏原很多，包括异源血清、疫苗、植物花粉、药物、食物、昆虫产物、霉菌孢子、动物毛发和皮屑等。这些过敏原可通过呼吸道、消化道或皮肤、黏膜等途径进入动物机体，在黏膜表面引起 IgE 抗体应答。

（2）IgE IgE 是介导 I 型变态反应的抗体。IgE 是一种亲细胞性的过敏性抗体，其重链的恒定区有 CH_4，是与肥大细胞和嗜碱性粒细胞上的 IgE Fc 受体（FcεR）结合的部位。

（3）肥大细胞和碱性粒细胞 肥大细胞和嗜碱性粒细胞含有大量的膜性结合颗粒，分布于整个细胞质内，颗粒内含有药理作用的活性介质，可引起炎症反应。此外，大多数肥大细胞还可分泌一些细胞因子，包括 IL-1、IL-3、IL-4、IL-5、IL-6、GM-CSF、TGF-β 和 TNF-α，这些细胞因子可发挥多种生物学效应。

（4）与 IgE 结合的 Fc 受体 IgE 抗体的反应活性取决于它与 FcεR 的结合能力。已鉴定出两类 FcεR，称为 FcεRl 和 FcεR2，它们表达于不同类型的细胞上，与 IgE 的亲和力可相差 1 000 倍。在肥大细胞和嗜碱性粒细胞可表达高亲和力的 Fc ε Rl。

2. I 型变态反应的机理

过敏原首次进入体内引起免疫应答，即在 APC 和 TH 细胞作用下，刺激分布于黏膜固有层或局部淋巴结中产生 IgE 的 B 细胞，后者经增殖分化，分泌 IgE 抗体。IgE 与肥大细胞和嗜碱性粒细胞的表面 Fc 受体结合，使之致敏，机体处于致敏状态。当过敏原再次进入机体，与肥大细胞和嗜碱性粒细胞表面的特异性 IgE 抗体结合。肥大细胞和嗜碱性粒细胞结合 IgE 后即被致敏，致敏后的细胞只要相邻的两个 IgE 分子或者表面 IgE 受体分子被交联，细胞就被活化，脱颗粒，并释放出药理作用的活性介质，如组胺、缓慢反应物质 A、5-羟色胺、过敏毒素、白三烯和前列腺素等。这些介质可作用于不同组织，引起毛细血管扩张，通透性增加，皮肤黏膜水肿，血压下降及呼吸道和消化道平滑肌痉挛等一系列临床反应，出现过敏反应症状。在临床上可表现为呼吸困难、腹泻和腹痛，以及全身性休克。

3. 临床上常见的过敏反应型变态反应

临床上常见的过敏反应有两类：一是因大量过敏原（如静脉注射）进入体内而引起的急性全身性反应，如青霉素过敏反应；二是局部的过敏反应，这类反应尽管较广泛但往往因为表现温和被临床兽医忽视。局部的过敏反应主要由饲料引起的消化道和皮肤症状，由霉菌、花粉等引起的呼吸系统（支气管和肺）和皮肤症状以及由药物、疫苗和蠕虫感染引起的反应。

过敏反应的确诊比较困难，因为无论是确定过敏原还是检测特异性抗体 IgE 或总 IgE 水平，都不是一般实验室能做到的。所以，使用非特异性的脱敏药和避免动物接触可能的过敏原（如更换新的不同来源的铺草或饲料等）是控制过敏反应较易实行的措施。

（二）细胞毒型（Ⅱ型）变态反应

1. Ⅱ型变态反应的机理

Ⅱ型变态反应又称为抗体依赖性细胞毒型变态反应。在Ⅱ型变态反应中，与细胞或器官表面抗原结合的抗体与补体及吞噬细胞等互相作用，导致了这些细胞或器官损伤。

补体系统在免疫反应中具有双重作用。一是通过经典和旁路溶解被抗体结合（致敏）的靶细胞；二是补体系统的一些成分能调理抗体抗原复合物，促进巨噬细胞吞噬病原微生物。在Ⅱ型变态反应中，吞噬细胞溶解细胞同溶解病原微生物的生理作用是相同的。大多数病原微生物被吞噬进入细胞后，进一步在胞内溶酶体的酶、离子等因子的作用下致死并消化；但如果靶细胞过大，吞噬细胞不能将其包入细胞内，则将胞内的活性颗粒和溶酶体释放，从而使周围的宿主组织细胞受损伤。

2. 临床常见的细胞毒型变态反应

（1）输血反应　输入血液的血型不同，就会造成输血反应，严重的可导致死亡。这是因为在红细胞表面存在着各种抗原，而在不同血型的个体血清中有相应的抗体（称为天然抗体），通常为 IgM。当输血者的红细胞进入不同血型的受血者的血管，红细胞与抗体结合而凝集，并激活补体系统，产生血管内溶血；在局部则形成微循环障碍等。在输血过程中除了针对红细胞抗原，还有针对血小板和淋巴细胞抗原的抗体反应，但因为它们数量较少，故反应不明显。

（2）新生畜溶血性贫血　这也是一种因血型不同而产生的溶血反应。以新生骡驹为例，有 8% ~ 10% 的骡驹发生这种溶血反应。这是因为骡的亲代血型抗原差异较大，所以母马在妊娠期间或初次分娩时易被致敏而产生抗体。这种抗体通常经初乳进入新生驹的体内引起溶血反应。这与人因 RhD 血型而导致的溶血反应是类似的。所以，在临床上初产母马的幼驹发生的可能性较经产的要少。

（3）自身免疫溶血性贫血　由抗自身细胞抗体或在红细胞表面沉积免疫复合物而导致的溶血性贫血。药物及其代谢产物可通过下述几种形式产生抗红细胞的（包括自身免疫病）反应：①抗体与吸附于红细胞表面的药物结合并激活补体系统；②药物和相应抗体形成的免疫复合物通过 C_{3b} 或 Fc 受体吸附于红细胞，激活补体而损伤红细胞；③在药物的作用下，使原来被"封闭"的自身抗原产生自身抗体。

（4）其他　有些病原微生物（如沙门氏菌的脂多糖、马传染性贫血病毒、阿留申病病毒和一些原虫）的抗原成分能吸附宿主红细胞，这些表面有微生物抗原的红细胞受到自身免疫系统的攻击而产生溶血反应。在器官或组织的受体已有相应抗体时，被移植的器官在几分钟或 48 小时后发生排斥反应。在移植中发生排斥的根本原因是受体与供体间 MHC–I 类抗原不一致。

（三）免疫复合物型（Ⅲ型）变态反应

在抗原抗体反应中不可避免地产生免疫复合物。通常它们可及时地被单核吞噬细胞系统清除而不影响机体的正常机能；但在某些状态下却可由变态反应造成细胞组织的损伤。

1. Ⅲ型变态反应的机理

免疫复合物可引起一系列炎症反应，并激活补体，刺激形成具有过敏毒性和促细胞迁移性的 C_{3a} 和 C_{5a}，使肥大细胞和嗜碱性粒细胞释放舒血管组胺，提高血管通透性和在局部聚集多形细胞。其次，它们还能通过 Fc 受体而与血小板反应，形成微血凝，提高血管通透性。

一旦免疫复合物在局部组织沉积，吞噬细胞将迁移而至。但吞噬细胞不能把沉积于组织的复合物与组织分开，也不能把复合物连同组织细胞一起吞噬到细胞内，结果只能释放胞内的溶解酶等活性物质。这些物质尽管溶解了复合物，但同时也损伤了周围的组织。在血液或组织液，这些溶解酶类并不产生炎症刺激或组织损伤，是因为在血清中存在着酶抑制物，能很快使其失活。但当巨噬细胞聚集在狭小的局部，并直接接触组织时，这些溶解酶类就能摆脱相应抑制物的作用而损伤自身组织。

免疫复合物不断产生和持续存在是形成并加剧炎症反应的重要前提，而免疫复合物在组织的沉积则是导致组织损伤的关键原因。

2. 临床常见的免疫复合物疾病

（1）血清病　血清病是因循环免疫复合物吸附并沉积于组织，导致血管通透性增高和形成炎症性病变，如肾炎和关节炎。例如，在使用异种抗血清治疗时，一方面抗血清具有中和毒素的作用，另一方面异源性蛋白质会诱导相应的免疫反应，当再次使用这种血清时就会产生免疫复合物。

（2）自身免疫复合物病　全身性红斑狼疮属于这类疾病。一些自身免疫疾病常伴有Ⅲ型变态反应：由于自身抗体和抗原以及相应的免疫复合物持续不断地生成，超过了单核吞噬细胞系统的清除能力，于是这些复合物也同样吸附并沉积在周围的组织器官。

（3）Arthus 反应　皮下注射过多抗原，形成中等大小免疫复合物并沉积于注射局部的毛细血管壁上，激活补体系统，引起中性粒细胞积聚等，最后导致组织损伤，如局部出血和血栓，严重时可发生组织坏死。

（4）由感染病原微生物引起的免疫复合物　在慢性感染过程中，如 α -溶血性链球菌或葡萄球菌性心内膜炎，或病毒性肝炎、寄生虫感染等。这些病原持续刺激机体产生弱的抗体反应，并与相应抗原结合形成免疫复合物，吸附并沉积在周围的组织器官。

（四）迟发型（Ⅳ型）变态反应

经典的Ⅳ型变态反应是指在 12 小时或更长时间产生的变态反应，又称迟发型变态反应。

1. 迟发型变态反应的细胞反应机理

迟发型变态反应属于典型的细胞免疫反应。迟发型变态反应 T 细胞与巨噬细胞互相作用而产生各种可溶性淋巴因子，这些因子除了具有调节各类免疫反应的功能外，还能活化巨噬细胞，使之迁移并滞留于抗原聚集部位，加剧局部免疫应答，引起炎症反应。

2. 临床常见的迟发型变态反应

根据皮肤试验观察出现皮肤肿胀的时间和程度以及其他指标，可将迟发型变态反应分为 Jones-mote、接触性、结核菌素和肉芽肿四种类型。前三种是在再次接触抗原后 72 小时内出现反应，第四种则在 14 天后才出现。

（1）Jones-mote 反应　以嗜碱性粒细胞在皮下直接浸润为特点的反应。在再次接触抗原的 24 小时后，在皮肤出现最大的肿胀，持续时间最长为 7 ～ 10 天。可溶性抗原也能引起这种反应。在 Jones-mote 反应的细胞浸润过程中，有大量嗜碱性粒细胞，而结核菌素变态反应中这类细胞极少。

（2）接触性变态反应　这是指人和动物接触部位的皮肤湿疹，一般发生在再次接触抗原物质的 48 小时后，镍、丙烯酸盐和含树胶的药物等可成为抗原或半抗原。在正常情况下，这类物质并无抗原性，但它们进入皮肤，以共价键或其他方式与机体的蛋白质结合，即能产生免疫原活性，致敏 T 细胞。被致敏的 T 细胞再次接触这些物质时，就发生一系列反应：在 6 ～ 8 小时，出现单核细胞浸润，在 12 ～ 15 小时反应最强烈，伴有皮肤水肿和形成水疱。这类变态反应与化脓性感染的区别在于病变部位缺少中性多形粒细胞。

（3）结核菌素变态反应　在患结核病动物皮下注射结核菌素 48 小时后，

观察到该部位发生肿胀和硬变。在接种抗原 24 小时后，局部大量单核吞噬细胞浸润，其中一半是淋巴细胞和单核细胞；48 小时后淋巴细胞从血管迁移并在皮肤胶原蛋白滞留。在其后的 48 小时反应最为剧烈，同时巨噬细胞减少。随病变发展，出现以肉芽肿为特点的反应，其过程取决于抗原存在的时间。

（4）肉芽肿变态反应　在迟发型变态反应中肉芽肿具有重要的临床意义。在许多细胞介导的免疫反应中都产生肉芽肿，其原因是微生物持续存在并刺激巨噬细胞，而后者不能溶解消除这些异物。

三、变态反应的防治

（一）确定变应原

要尽可能找出变应原，避免动物的再次接触。

（二）脱敏疗法

用脱敏疗法改善机体的异常免疫反应。如避免动物血清过敏症的发生，在给动物大剂量注射血清之前，可将血清加温至 30℃后再使用，并且先少量多次皮下注射血清（中动物每次 0.2 毫升，大动物每次 2 毫升），隔 15 分钟后再注射中等剂量血清（中动物 10 毫升，大动物 2 毫升），若无严重反应，15分钟后可全量注射。

（三）药物治疗

如果动物在注射后短时间内出现不安、颤抖、出汗或呼吸急促等过敏反应症状，首先用 0.1% 盐酸肾上腺素皮下注射（大动物 5 ～ 10 毫升，小动物2 ～ 5 毫升），并采取其他对症治疗措施。常用的药物有肾上腺皮质激素、抗组胺药物和钙制剂等。

第六节　血清学试验

一、血清学试验的概念

抗原抗体反应是指抗原与相应的抗体之间发生的特异性结合反应。它既可以发生在体内，也可以发生在体外。在体内发生的抗原抗体反应是体液免疫应答的效应作用。体外的抗原抗体结合反应主要用于检测抗原或抗体，用于免疫学诊断。因抗体主要存在于血清中，所以将体外发生的抗原抗体结合反应称为血清学反应或血清学试验。血清学试验具有高度的特异性，广泛应用于微生物的鉴定、传染病及寄生虫病的诊断和检测。

二、影响血清学试验的因素

（一）电解质

血清学反应须在适当浓度的电解质参与下，才出现可见反应。常用0.85% ～ 0.9%（人、畜）或8% ～ 10%（禽）的氯化钠或各种缓冲液作为抗原和抗体的稀释液或反应液。

（二）温度

在一定温度范围内，温度越高，抗原、抗体分子运动速度越快，这可以增加其碰撞的机会，加速抗原抗体结合和反应现象的出现。

（三）酸碱度

血清学反应通常用 pH 值为 6 ～ 8，过酸或过碱都可使复合物解离，pH 值在等电点时，可引起非特异凝集。

（四）振荡

适当的机械振荡能增加分子或颗粒间的相互碰撞，加速抗原抗体的结合反应，但强烈的振荡可使抗原抗体复合物解离。

（五）杂质和异物

试验介质中如有与反应无关的杂质、异物存在时，会抑制反应的进行或引起非特异性反应。

三、血清学试验的类型

血清学检测技术种类繁多，有操作简单的凝集试验、沉淀试验，有操作较为复杂的补体结合试验、细胞中和试验，亦有广泛应用在疫病诊断中的免疫标记技术等。而这些技术都是建立在抗原抗体特异性反应基础之上，抗原与相应抗体在体外一定条件下发生反应，这种反应现象能用肉眼观察到或通过仪器检测出来。因此，可利用抗原抗体中已知的任何一方去检测未知的另一方，以达到检疫目的。

（一）凝集试验

根据抗原的性质和反应方式不同，凝集试验有直接凝集、间接凝集、血凝和血凝抑制试验。

1. 直接凝集试验

颗粒性抗原与相应抗体直接结合并出现凝集现象的试验称为直接凝集试验。按操作方法分，直接凝集试验有玻片法和试管法。

（1）玻片法 是一种定性试验，在清净的载玻片或玻璃板上进行反应。将含有已知抗体的诊断血清与待检悬液各滴一滴在玻板上混合，数分钟后，如出现颗粒状或絮状凝集，即为阳性反应。此法简单快速，适用于新分离菌的鉴定或定型，如沙门氏菌和链球菌的鉴定、血型的鉴定多采用此法。也可用已知的诊断抗原悬液，检测待检血清中是否存在相应的抗体，如布鲁氏菌的虎红平板凝集试验和鸡白痢全血平板凝集试验。

（2）试管法 是一种定量实验，在洁净的试管中进行，用以检测待检血清中是否存在相应抗体和检测该抗体的效价（滴度），应用于临床诊断或流行病学调查。主要试剂有被检血清、凝集抗原、标准阳性血清、标准阴性血清、稀释液。

操作时，将待检血清用生理盐水作倍比稀释，然后加入等量一定浓度的抗原，混匀，放入37℃水浴或温箱中数小时后观察。视不同凝集程度记录为++++（100%凝集）、+++（75%凝集）、++（50%凝集）、+（25%凝集）和－（不凝集）。根据每管内细菌的凝集程度判定血清中抗体的含量。以出现50%凝集（++）以上的血清最高稀释倍数为该血清的凝集价（或称为效价、滴度）。生产中此法常用于布鲁氏菌病的诊断与检疫。

2. 间接凝集反应

与直接凝集相比，间接凝集先将可溶性抗原（或抗体）吸附在载体颗粒（红细胞、聚苯乙烯乳胶、活性炭、白陶土、离子交换树脂等）表面，然后与相应抗体（或抗原）作用。

间接凝集试验若以红细胞（多用绵羊红细胞）作载体，称为间接血凝反应；若以乳胶作载体，称为乳胶凝集试验。间接凝集试验若用已知抗原吸附在载体来鉴定抗体，称为正向间接凝集试验。牛日本血吸虫病的间接血凝试验、猪喘气病的微量间接血凝试验、猪细小病毒病、猪伪狂犬病乳胶凝集试验都是正向间接凝集试验。间接凝集试验若用已知抗体吸附在载体上来鉴定抗原，称为反向间接凝集试验。反向间接凝集试验主要用于猪传染性水疱病与猪口蹄疫检测。

3. 血凝和血凝抑制试验

血凝和血凝抑制试验即通常所说的抗体检测。某些病毒能选择性凝集某些动物的红细胞，这种凝集红细胞的现象称为血凝（HA）现象。而在病毒悬剂中加入特异性抗体作用一定时间，再加入红细胞时，红细胞的凝集被抑制（不出现凝集现象），称红细胞凝集抑制（HI）反应。HA 和 HI 广泛应用在鸡新城疫、禽流感、鸡减蛋综合征等疫病的诊断检测中。整个试验分两步进行：第一步，血凝试验；第二步，血凝抑制试验。试验在 V 型 96 孔微量反应板上进行。

（二）沉淀试验

沉淀试验有环状沉淀试验和琼脂扩散沉淀试验。

1. 环状沉淀试验

反应在小试管中进行。当沉淀素血清与沉淀原发生特异性反应时，在两液面接触处出现致密、清晰明显的白环，即环状沉淀试验阳性。兽医临床常用于炭疽的诊断和皮张炭疽的检疫。

2. 琼脂扩散沉淀试验

在半固体琼脂凝胶板上按备好的图形打孔，一般由一个中心孔和 6 个周边孔组成一组，孔径 4～5 毫米，孔距 3 毫米。中心孔滴加已知抗原悬液，周围孔滴加标准阳性血清和被检血清。各孔应编号。当抗原抗体向外自由扩散而特异性相遇时。在相遇处形成一条或数条白色沉淀线，即琼扩阳性。琼脂扩散试验是马传染性贫血、鸡马立克病、鸡传染性支气管炎、鸡传染性喉气管炎及鸡传染性法氏囊病常用的诊断方法。

此外，把琼脂扩散试验与电泳技术相结合建立起免疫电泳试验，它使抗原抗体在琼脂凝胶中的扩散移动速度加快，并限制了扩散移动的方向，缩短了试验时间，增强了试验的敏感性。

（三）标记抗体技术

虽然抗原与抗体的结合反应是特异性的，但在抗原、抗体分子小，或抗原、抗体含量低的时候，抗原、抗体结合后所形成的复合物却不可见，给疫病诊断检测带来困难。而有一些物质如酶、荧光素、放射性核素、化学发光剂等，即便在微量或超微量时也能用特殊的方法将其检测出来。因而，人们将这些物质标记到抗体分子上制成标记物，把标记物加入抗原抗体反应体系中，结合到抗原抗体复合物上。通过检测标记物的有无及含量，间接显示抗原抗体复合物的存在，使疫病获得诊断。

根据抗原抗体结合的特异性和标记分子的敏感性而建立的诊断检测技术，称为标记抗体技术。免疫学检测中的标记技术主要包括酶标记技术、荧光标记抗体技术、化学发光免疫检测技术、胶体金免疫检测技术、同位素标记技术以及 SPA（葡萄球菌 A 蛋白）免疫检测技术等。

1. 酶标记抗体技术

主要方法有免疫酶染色法和酶联免疫吸附试验（ELISA）。ELISA 是目前生产中应用广、发展快的检测新技术之一，在动物检疫中被用于众多传染病、寄生虫病的诊断检测，是猪伪狂犬病、猪繁殖与呼吸综合征、猪弓形虫病、猪囊尾蚴病、猪旋毛虫病以及牛白血病、禽白血病等疫病诊断的农业行业标准方法。ELISA 方法的主要特点：简便、快速、敏感、易于标准化、适合大批样品检测。

（1）基本原理　ELISA 是将抗原抗体反应的特异性和酶催化底物反应的高效性与专一性结合起来，以酶标记的抗体（或抗原）作为主要试剂，与吸附在固相载体上的抗原（或抗体）发生特异性结合。滴加底物溶液后，底物在酶的催化下发生化学反应，呈现颜色变化。据颜色深浅用肉眼或酶标仪判定结果。

（2）固相载体　ELISA 全过程在固相载体上进行。固相载体有聚苯乙烯微量滴定板、聚苯乙烯球珠、醋酸纤维素滤膜、疏水性聚酯布等。其中最常使用的载体是聚苯乙烯微量滴定板，又称酶标板（48孔或96孔）。在此板上进行的 ELISA，就是通常所说的 ELISA 方法。

（3）用于标记的酶及显色底物　常用于标记的酶及显色底物见表 3-1。

表 3-1　常用的酶及显色底物

酶	底物	加终止液前颜色	加终止液后颜色
辣根过氧化物酶（HRP）	邻苯二胺（OPD）	橙黄色	棕色
	四甲基联苯胺（TMB）	蓝色	黄色
碱性磷酸酶（AP）	对硝基苯磷酸酯（P-NPD）	黄色	黄色

（4）主要试验材料　酶标板、酶标仪；酶标抗体、包被液、样品稀释液、洗涤液、底物溶液、反应终止液及标准阴性血清、阳性血清等。

（5）主要试验方法

①间接法。用于测定抗体。将已知抗原吸附于酶标板上（吸附的过程称

116

为载体包被或致敏），然后加入待检血清样品，经一定时间培育，加入酶标抗体（酶标二抗），形成抗原－待检抗体－酶标抗体复合物。加入底物溶液，在酶的催化作用下产生有色物质。样品含抗体愈多，出现颜色愈快愈深。

间接法主要操作程序：加抗原包被→加待检血清→加酶标抗体→加底物溶液→加终止液（终止反应）。

②双抗体法（双抗体夹心 ELISA）。用于测定大分子抗原。用已知纯化的特异性抗体致敏酶标板，然后加入待检抗原溶液，经培育，加入酶标抗体，形成抗体－待检抗原－酶标抗体复合物。加入底物溶液，在酶催化下产生有色物质，有色物质的量与抗原含量成正比。样品抗原含量愈多，颜色愈深。

双抗体法主要操作程序：加抗体包被→加待检抗原→加酶标抗体→加底物溶液→加终止液。

③竞争法。竞争法主要用于测定小分子抗原和半抗原。用已知特异性抗体将酶标板致敏，加入待检抗原和一定量的酶标记抗原共同培育，两者竞争性地与酶标板上的限量抗体结合，待检溶液中抗原越多，则形成的非标记复合物就多，酶标记复合物就少，有色产物就减少。反之，有色产物多。因此，底物显色程度与待检抗原含量成反比。该方法阳性对照仅加酶标记抗原。

竞争法主要操作程序：加抗体包被→加入待检抗原及一定量的酶标抗原→加底物溶液→加终止液。

2. 荧光标记抗体技术

荧光标记抗体技术又称免疫荧光技术（IFT）。IFT 是在免疫学、生物化学和显微镜技术基础上建立的诊断方法，主要用于抗原的定位、定性。该技术的主要特点是：特异性强、敏感性高、检测速度快。

（1）基本原理　荧光抗体技术是将不影响抗原抗体特异性反应的荧光色素标记在抗体分子上，当荧光标记的抗体与相应抗原结合后，在荧光显微镜下可观察到特异性荧光；以此得到诊断。

（2）荧光色素　生产中应用最广的荧光色素是异硫氰酸荧光素（FITC），在荧光显微镜下呈现明亮的黄绿色荧光。另外有四乙基罗丹明，呈现明亮的橙色荧光；四甲基异硫氰酸罗丹明，呈现橙红色荧光。

（3）主要操作程序　标本制作→染色（荧光抗体染色有直接染色法和间接染色法）→镜检（完成染色的标本，荧光显微镜尽快检查）。

（四）补体结合试验

1. 基本原理

补体结合试验全过程由两个系统构成，有 5 种成分参与。一为反应系统

（溶菌系统），由已知抗原（或抗体）、被检血清（或抗原）、补体组成；另一为指示系统（溶血系统），包括绵羊红细胞、溶血素（即抗绵羊红细胞抗体）、补体。补体常用豚鼠血清，补体没有特异性。补体只能与抗原－抗体复合物结合并被激活产生溶血作用。

如果反应系统中抗原、抗体发生特异性结合形成复合物，加入定量补体后就被结合，但这一反应现象肉眼看不见。加入指示系统，由于缺乏游离补体，不发生溶血现象，即为补体结合反应阳性。如果反应系统中抗原、抗体是非特异性的，不能形成免疫复合物，补体就被游离于反应液中，加入指示系统后，被溶血素－绵羊红细胞形成的复合物结合激活，出现溶血反应，即补体结合试验阴性。

2. 基本方法

补体结合试验分直接法、间接法、固相法等。最常用的是直接法。如布鲁氏菌病的检疫。

直接法用于测定抗体。在试管中进行。常规操作分两步：第一步，预备试验，测定溶血素、补体、抗原效价。第二步，正式试验。每次试验设一组对照。

正式试验，向试管中加入被检血清、抗原和工作量补体，37℃水浴 20 分钟。加入溶血素和红细胞，37℃水浴 20 分钟。判定结果：不溶血者为阳性，溶血时为阴性。

第七节　寄生虫免疫

一、寄生虫免疫的一般概念

寄生虫存在于宿主体内是多种因素形成的。当寄生虫"试图"制服宿主，在宿主体内建立生活时，宿主则"试图"抗御寄生虫，遏制其危害，这就是免疫反应（或称免疫应答）。寄生虫宿主的相互应答，对于双方有着同等的重要性，因为寄生虫必须克服宿主的这种反应，方得生存。

免疫作为一种防御机制，并不是在任何情况下和任何时候都是对宿主有利的。宿主在实现免疫功能的过程中，使用了各种类型的细胞和细胞产物，它们之间展现出复杂的相互作用，通常可以有效地清除异物，且对宿主无不利影响。但偶尔出现意外，或由于抗原的特殊性，或由于宿主反应的紊乱，于是产生了免疫参与的疾病过程。这种情况在寄生虫病中也存在。

二、寄生虫免疫的基本原理

寄生虫的免疫是宿主对所感染寄生虫的保护性应答反应，其基本原理与微生物感染的免疫大体相似，分为先天性免疫和后天获得性免疫。

（一）先天性免疫

又称非特异性免疫，包括种的免疫、年龄免疫和个体差异。种的免疫最常见，如猪不感染绵羊血矛线虫，牛不感染鸡蛔虫等；年龄免疫中，例如，刚孵出的雏鸡由于小肠内没有足够的酶、胆汁，使球虫卵脱囊，而不易感球虫病，随日龄增加，当肠内酶、胆汁分泌达到一定水平时，就易感球虫病；在一个畜群中，某种寄生虫只能感染其中部分动物，很少使所有动物感染，这种个体差异也属于先天免疫。

（二）后天获得性免疫

又称特异性免疫，是动物出生后受到寄生虫抗原刺激而产生的免疫。这种免疫具有特异性，往往只激发动物感染同种寄生虫产生的免疫作用。

1. 免疫机制

获得性免疫包括体液免疫和细胞免疫，其产生机理与微生物感染后产生的免疫基本相同。但其免疫应答的具体机制，要比微生物感染的免疫机制复杂得多。

体液免疫是巨噬细胞接受寄生虫抗原物质，将其转给并激活 B 细胞，由 B 细胞产生抗体。有时 T 细胞参与巨噬细胞转交抗原的过程。抗体 IgG、IgM、IgA、IgE 四种与寄生虫免疫应答有关。

细胞免疫由具有细胞毒性的 T 细胞或由其分泌的淋巴因子引起。淋巴因子使淋巴细胞和巨噬细胞集聚在 T 细胞与抗原相互作用的部位，产生局部反应，破坏那些兼带"自身"和"外来"抗原的细胞，通过这些细胞的溶解而消灭寄生虫。被淋巴因子激活的中性粒细胞、嗜酸性粒细胞、嗜碱性粒细胞和肥大细胞等，也可参与细胞免疫。

机体重复感染同一寄生虫时的变态反应，也是患寄生虫病时的免疫应答，其中速发型超敏反应主要在清除肠道寄生虫上起作用。如受到某种蠕虫感染的宿主，当再遭受同种寄生虫感染时，宿主将新感染的连同体内原存在的同种及其他种寄生虫，全部清除出体外。这种现象被称为"自愈现象"。产生自愈现象的原因，一般认为是由速发型超敏反应所致，就是在被致敏的宿主体内，抗体 IgE 结合于肥大细胞或碱性粒细胞上，当与新感染寄生虫抗原结合时，细胞发生结构变化，释放出生物活性物质，引起一系列局部反应，造成了不利于寄生虫生存的生理环境。

2. 寄生虫抗原

寄生虫免疫应答的复杂性，是由寄生虫的复杂生活史决定的。发育史相近似的寄生虫，有可引起"交叉反应"和"交叉免疫"的共同抗原，也有种的特异性抗原；同种寄生虫，有各发育阶段都存在的共同抗原，也有只在某阶段才具有的特异性抗原。

寄生虫抗原与微生物抗原都是蛋白质、多糖和脂类等大分子物质。具有抗原作用的不是整个分子，而只是其中被称为抗原决定簇的那一部位；其中能激发宿主产生抵御再感染的保护性免疫的抗原，称为功能性抗原。

功能性抗原多来自活着的寄生虫及其分泌物和代谢产物，螨虫幼虫在孵化、蜕皮、入侵和结囊时所释放的物质，成虫的提取物等。

寄生虫免疫应答，是多因子起作用（抗体、细胞反应、超敏反应等）。这些多因子作用，有时按先后顺序发生，有时同时共同起作用。

三、寄生虫免疫的特点

寄生虫具有体积大，虫体结构比微生物复杂，生活史、生理活动及抗原十分复杂的三个特征，使宿主产生的寄生虫免疫应答与微生物引起的免疫不同，具有自己的特点和表现形式。

（一）免疫建立慢，持续期短

多数情况下，免疫的建立及发展趋势缓慢，建立免疫后，其持续期较短，除原虫引起的免疫持续期较长外，多数寄生虫免疫期只有几个月，许多蠕虫病的免疫只维持数十天。

（二）免疫的表现形式

宿主被寄生虫感染后，免疫应答表现为四种形式。

1. 自然免疫

寄生虫进入先天免疫的宿主后，宿主不能供给寄生虫生存所必需的条件，或寄生虫不能适应宿主的生理环境，使寄生虫不能定居而被消除。

2. 清除性免疫

寄生虫定居后，作为异物被宿主识别，诱发产生出有效的免疫应答而被消灭，宿主在一定时期对同种寄生虫的感染具有抵抗力。此类型较为少见。

3. 病理性免疫

寄生虫可定居，宿主也能压制感染，但不能消灭寄生虫，宿主本身反而受到损伤。

4. 不完全免疫

寄生虫定居后，宿主产生免疫应答，使感染受到控制，但不能完全消灭寄生虫，这是寄生虫病免疫中最常见的类型。

（三）带虫免疫和伴随免疫

也属于不完全免疫范畴。带虫免疫多发生于原虫的感染，是指感染的某种寄生虫持续存在机体内时，机体能保持对该种寄生虫重复感染的免疫；伴随免疫多发生于蠕虫感染，是指建立的免疫对已感染成功的蠕虫不发生影响，但能消灭以后入侵的虫体，也有人把伴随免疫包含在带虫免疫内。

带虫免疫和伴随免疫是不稳定的，可转化为病理性免疫或清除性免疫；在免疫过程中作为抗原物质的虫体消失时，机体也丧失免疫保护功能，发生急性感染或重复感染。

四、影响寄生虫免疫的因素

（一）宿主因素

1. 宿主的营养状况

宿主营养状况好，则容易建立保护性免疫应答。

2. 宿主的年龄

通常情况下，动物随着自身的生长发育，各器官的生理机能不断增强，防御机能不断完善，抗病能力也不断增强。同时，在宿主的生活过程中，随着年龄的增长，可能逐渐多地接触寄生虫的抗原物质，使宿主逐渐建立对相应寄生虫的免疫应答。但也有相反情况，某些寄生虫更易感染成年动物，如梨形虫的某些种。

（二）寄生虫的感染特性

1. 感染数量与次数

寄生虫少量多次感染，通常可诱发宿主产生较强的免疫。一次大剂量感染，宿主因造成免疫麻痹而不产生免疫应答，发生急性感染。如夏秋季节在有限面积的草地上放牧大量绵羊，常因短期内大量感染血矛线虫，引起急性血矛线虫病。

2. 寄生虫的发育期及感染部位

不同发育期的寄生虫，具有不同的抗原，诱发宿主产生的免疫往往只对侵入的该发育阶段虫体的感染起保护作用；寄生虫的免疫应答是多因子的，感染部位的细胞反应常比循环抗体的作用更重要。因此，寄生虫的发育期及寄生部位的转移，影响免疫的保护性作用，如移行期蛔虫幼虫引起的免疫应答，可阻止再感染幼虫的移行，而对肠道的成虫无作用。

（三）寄生虫的免疫逃避

寄生虫用下述方式，逃避宿主的免疫应答。

1. 未建立起免疫应答前

寄生虫进入宿主而未被当作异物识别之前，通过进入细胞内寄生或进入免疫细胞不易到达的部位（如脑、眼等），或以宿主抗原的形式来伪装自己，或直接进入免疫系统的细胞内，不刺激宿主使其难以建立相应的免疫应答。

2. 建立免疫应答过程中

寄生虫干扰免疫应答的建立，造成免疫抑制，逃避免疫应答。其机理多而复杂，可通过激活 B 细胞产生多克隆，使非特异性免疫球蛋白增多，导致对寄生虫抗原敏感的 B 细胞耗竭；亦可通过激活巨噬细胞，使其由处理抗原变为破坏抗原；还可刺激产生淋巴毒性细胞，抑制巨噬细胞、T 细胞及其他免疫细胞的活性。

3. 免疫应答建立后

寄生虫通过移行转换感染部位（如蛔虫）、发生抗原变异（如锥虫）或抗原脱落（如犬钩虫）而逃避免疫应答。

五、寄生虫免疫的实际应用

（一）免疫学诊断

免疫学诊断是利用寄生虫和宿主机体之间所产生的抗原与抗体的特异性反应进行的。

免疫学诊断的关键，是提供足够量的特异性抗原。特异性抗原可用葡聚糖过柱层析或高速离心的方法获得，以便清除共同抗原，在实际应用中消除或减少交叉反应和假阳性反应。

目前，获得足量抗原尚属难题，因为大多数寄生虫的体外培养技术尚未解决。但微量血清学反应技术的问世，给这一难题的解决提供了可喜的前景。

（二）免疫接种

目前，国内外学者的大量试验证明，利用虫苗免疫是可行的、有前途的方法。但正如免疫的特点和影响免疫的因素中所述，有许多因素限制了虫苗的实际应用。

实践证明，死苗（杀死的虫体及其匀浆或提取物）免疫效果不良；活苗免疫效果满意。活苗包括感染期的致弱虫株、分类学近似的虫种、人工培养时的分泌物和代谢产物。

第四章　动物疫病的预防

第一节　消毒、杀虫与灭鼠

一、消毒

（一）消毒的相关概念

1. 消毒

消毒是指用物理的、化学的和生物的方法清除或杀灭畜禽体表及其生存环境和相关物品中的病原微生物的过程。消毒只要求达到无传染性的目的，而对非病原微生物及其芽孢、孢子并不严格要求全部杀死。

消毒的目的是切断传播途径，预防和控制传染病的传播和蔓延。消毒不能消除患病动物体内的病原体，仅是预防和消灭传染病的重要措施之一，它需配合免疫接种、隔离、杀虫、灭鼠、扑灭和无害化处理等措施才能取得成效。

2. 灭菌

灭菌是指杀灭物体上所有的微生物（包括病原体和非病原体；繁殖体和芽孢）的方法。

3. 防腐

防腐是指应用理化方法防止或抑制微生物生长繁殖的方法。用于防腐的试剂称为防腐剂。

4. 无菌

无菌是指环境或物品中不含活的微生物存在的状态。

5. 无菌操作

防止微生物进入机体或物体的操作方法，称为无菌技术或无菌操作。

（二）消毒的种类

根据消毒时机和消毒目的的不同，将消毒分为疫源地消毒和预防性消毒。

1. 疫源地消毒

疫源地消毒是指对目前或曾经存在传染源的地区进行消毒。目的是杀灭由传染源排到外界环境中的病原体。分为以下两类。

（1）终末消毒　即患者痊愈或死亡后对其居住地进行的一次彻底消毒。

（2）随时消毒　指对传染源的排泄物、分泌物及其污染物品进行随时消毒。

2. 预防性消毒

预防性消毒也叫平时消毒。预防性病毒是指在未发现传染源的情况下，对可能受病原体污染的场所物品和动物机体所进行的消毒，如对畜禽舍、场地、饮用水、用具、空气、手术室及兽医人员手的消毒等。

（三）消毒对象

1. 消毒对象

患病动物及动物尸体所污染的圈舍、场地、土壤、水、饲养用具、运输用具、仓库、人体防护装备、病畜产品、粪便等。

2. 动物检疫消毒的主要对象

（1）动物产品　除规定应"销毁"的动物疫病以外其他疫病的染疫动物的生皮、原毛以及未经加工的蹄、骨、角、绒。

（2）运载动物及动物产品的工具　运输工具及其附带物如栏杆、篷布、绳索、饲饮槽、笼箱、用具、动物产品的外包装等。

（3）检疫相关场所　检疫地点、动物和动物产品交易销售场所、隔离检疫场所等；存放畜禽产品的仓库；被病死动物、动物产品及其排泄物污染的一切场所。

（4）检疫工具及器械　检疫刀、检疫钩、锉棒等。

（四）消毒的方法及其选择

1. 消毒的方法

（1）物理消毒法　物理消毒法是指通过机械清除、冲洗、通风换气、高温、光线等物理方法对环境、物品中的病原体的清除或杀灭方法。

①机械性清除。清扫和洗刷圈舍地面，清除粪尿、垫草和残余饲料，洗刷动物体被毛，除去表面污物，保持圈舍通风换气等。机械性清除在实践中

最常用，并且简便易行，该方法虽然不能彻底消灭病原体，但可以有效地减少动物圈舍及体表的病原体，需配合其他消毒方法。

②日光消毒。阳光照射具有加热和干燥作用，自然光谱中的紫外线（其波长范围为210～328纳米）具有较强的杀菌消毒作用。一般病毒和非芽孢病原菌在强烈阳光下反复暴晒，可使其致病力大大降低甚至死亡。利用阳光暴晒，对牧场、草地、畜栏、用具和物品等地消毒是一种简单、经济、易行的消毒方法。阳光的强弱直接关系到消毒效果，因为日光中的紫外线在通过大气层时，经散射和被吸收后损失很多，到达地面的紫外线波长在300纳米以上，其杀菌消毒作用相对较弱。所以，要在阳光下照射较长时间才能达到消毒作用。因此，利用阳光消毒应根据实际情况灵活掌握，并配合其他消毒方法。实际工作中，人工紫外线常被用来进行空气消毒，其波长范围是200～275纳米，杀菌作用最强的波长是250～270纳米。

③干热消毒。用于染疫的动物尸体、患病动物垫料、病料以及污染的垃圾、废弃物等物品的消毒，可以直接点燃或在焚烧炉内焚烧。地面、墙壁等耐火处可以用火焰喷灯进行消毒。

④湿热消毒。煮沸消毒法是最常用的消毒方法之一，此法操作简便、经济实用、效果比较可靠。大多数非芽孢病原微生物在100℃沸水中迅速死亡。大多数芽孢在煮沸后15～30分钟可致死。若配合化学消毒可提高煮沸消毒效果。如在煮沸金属器械时加入2%碳酸钠，可提高沸点，并使溶液偏碱性，增强杀菌作用，同时还可减缓金属氧化，具有一定的防锈作用；若在水中加入2%～5%苯酚，煮沸5分钟可杀死炭疽杆菌的芽孢。

煮沸消毒时，消毒时间应从水煮沸后开始计算，各种器械煮沸时间参考表4-1。

表 4-1　各类器械煮沸消毒时间

消毒对象	时间（分钟）
玻璃类器械	20～30
橡胶及垫木类器材	5～10
金属类及搪瓷类器材	5～15
接触过疫病动物的器材	≥30

蒸汽消毒主要用在实验室、病害动物及其产品化制站。其消毒原理是当相对湿度为80%～100%的蒸汽遇到温度较低的物品后，凝结成水、释放大量热量，从而达到消毒的目的。例如对各种耐热玻璃器皿、金属器械、普通

培养基、敷料等地消毒。在一些运输检疫监督机构，用蒸汽锅炉对运输的车皮、船舱等进行消毒。若配合化学消毒，蒸汽消毒能力将得到加强。

（2）化学消毒法 化学消毒法是指用化学药物（消毒剂）杀灭病原体的方法。在疫病防治过程中，经常利用各种化学消毒剂对病原微生物污染的场所、物品等进行清洗、浸泡、熏蒸、喷洒等，以杀灭其中的病原体。消毒剂除对病原微生物具有广泛地杀伤作用外，对动物、人的组织细胞也有损伤作用，使用过程中应加以注意。

（3）生物消毒法 生物消毒法是指用生物热杀灭、清除病原体的方法。该法主要用于污染粪便的无害化处理。粪便在堆积过程中，其中的微生物发酵产热而使内部温度达到70℃以上，经过一段时间便可杀死病毒、细菌（芽孢除外）、寄生虫卵等病原体。芽孢菌污染的粪便应予以焚毁。

2. 消毒方法的选择

①染有一般病原体的物品，可选择煮沸消毒法。

②不耐热、湿的染疫物和圈舍、仓库等，可选择熏蒸消毒法。

③怕热而不怕湿的物品可采用消毒液浸泡。

④染有一般病原体的粪便、垃圾、垫草等污物应选择生物消毒法等。

⑤染有细菌芽孢等的物品，可选择火焰或焚烧消毒法。

（五）消毒药品的选择、配制和使用

1. 消毒药品的选择原则

在选择消毒药品时应考虑以下几个方面。

①对病原体杀灭力强且广谱，易溶于水，性质比较稳定。

②对人、畜及动物产品无毒、无残留、不产生异味，不损坏被消毒物品。

③价格低廉，使用简便。

2. 消毒药品的配制

大多数消毒药从市场购回后，必须进行稀释配制或经其他形式处理，才能正常使用。

（1）配制消毒剂的注意事项

①根据需要配制消毒液浓度及用量，正确计算所需溶质、溶剂的用量。

②对固态消毒剂，要用比较精确的天平称量；对液态消毒剂，要用刻度精准的量筒或吸管量取。准确称量后，先将消毒剂原粉或原液溶解在少量水中，使其充分溶解后再与足量的水混匀。

③配制药品的容器必须干净。

④尽量现用现配。配制好的消毒剂存放时间过长，浓度会降低或完全失

效。有剩余时，应在尽可能短的时间内用完。个别需储存待用的，要按规定用适宜的容器盛装，注明药品名称、浓度和配制日期等，并做好记录。

（2）常用消毒剂的配制方法　配制消毒液时，常需根据不同浓度计算用量。可按下式计算：

$$N_1V_1=N_2V_2$$

式中，N_1 为原药液浓度，V_1 为原药液容量，N_2 为需配制药液的浓度，V_2 为需配制药液的容量。

消毒剂浓度表示法有百分浓度、百万分浓度、摩尔浓度。消毒实际工作中常用百分浓度，即每百克或每百毫升药液中含某药品的克数或毫升数。

（六）不同消毒对象的消毒方法

1. 空场舍消毒

任何规模和类型的养殖场（户），其场舍在再次启用之前，必须空出一定时间（15 ～ 30 天或更长时间），经多种方法全面彻底消毒后，方可正常启用。

（1）机械清除　首先对空舍顶棚、墙壁、地面彻底打扫，将垃圾、粪便、垫草和其他各种污物全部清除，焚烧或生物热消毒处理。饲槽、饮水器、围栏、笼具、网床等设施用常水洗刷，最后冲洗地面、粪槽、过道等，待干后用化学法消毒。

（2）药物喷洒　常用 3% ～ 5% 来苏儿、0.2% ～ 0.5% 过氧乙酸、20% 石灰乳或 5% ～ 20% 漂白粉等喷洒消毒。地面用药量 800 ～ 1 000 毫升 / 米²，舍内其他设施 200 ～ 400 毫升 / 米²。

为了提高消毒效果，应使用两种或以上不同类型的消毒药进行 2 ～ 3 次消毒。每次消毒要等地面和物品干燥后进行下次消毒。必要时，对耐燃物品还可使用酒精或煤油喷灯进行火焰消毒。

（3）熏蒸消毒　常用福尔马林和高锰酸钾熏蒸。福尔马林与高锰酸钾的比例为 2∶1。1 倍消毒浓度为（14 毫升 +7 克）/ 米³；2 倍消毒浓度为（28 毫升 +14 克）/ 米³；3 倍消毒浓度为（42 毫升 +21 克）/ 米³。通常空场舍选用2 倍或 3 倍消毒浓度，时间为 12 ～ 24 小时。但墙壁及顶棚易被熏黄，用等量生石灰代替高锰酸钾可消除此缺点。熏蒸消毒完成后，应通风换气。待对动物无刺激后，方可启用。

2. 场舍门口消毒

场舍门口设消毒池，消毒剂常用 2% ～ 4% 苛性钠或 1% 农福消毒液，每周定时更换或添加消毒液，冬天可加 8% ～ 10% 的食盐水防止结冰。

3. 带畜禽圈舍消毒

每天要清除圈舍内排泄物和其他污物，保持饲槽、水槽、用具清洁卫生，做到勤洗、勤换、勤消毒。尤其幼小动物的水槽、饲槽每天要清洗消毒一次。做好通风，保持舍内空气新鲜。每周至少用 0.2% ～ 0.3% 过氧乙酸、0.2% ～ 0.3% 次氯酸钠、0.015% 百毒杀或 0.1% 新洁尔灭等溶液对墙壁、地面和设施喷雾消毒一次。

4. 地面、土壤消毒

患病动物停留过的圈舍、运动场地面等被一般病原体污染的，将表土铲除并按粪便消毒处理，地面用消毒液喷洒。若为炭疽等芽孢杆菌污染时，铲除的表土与漂白粉按 1 : 1 混合后深埋，地面以 5 千克 / 米^2 漂白粉泼撒。若为水泥地面被一般病原体污染，用常用消毒药喷洒；若为芽孢菌污染，则用 10% 苛性钠喷洒。土壤、运动场地面大面积污染时，可将地深翻，并同时撒上漂白粉，一般病原体污染时用量为 0.5 千克 / 米^2，炭疽芽孢杆菌等污染时的用量为 5 千克 / 米^2，加水湿润压平。牧场被污染后，一般利用阳光或种植某些对病原体有杀灭力的植物（如大蒜、大葱、小麦、黑麦等），连种数年，土壤可发生自洁作用。

5. 动物体表清毒

动物体表消毒也称带畜禽消毒。正常动物体表可携带多种病原体，尤其动物在换毛、脱毛期间，羽毛可成为一些疫病的传播媒介。做好动物体表的消毒，对预防一般疫病的发生有一定作用，在疫病流行期间采取此项措施意义更大。消毒时常选用对皮肤、黏膜无刺激性或刺激性较小的药品用喷雾法消毒，可杀灭动物体表多种病原体。主要药物有 0.015% 百毒杀、0.1% 新洁尔灭、0.2% ～ 0.3% 次氯酸钠、0.2% ～ 0.3% 过氧乙酸等。

6. 动物产品外包装消毒

目前动物产品外包装物品和用具反复使用的越来越多，可携带、传播各种病原体。因此必须对外包装进行严格消毒。

（1）塑料包装制品消毒　常用 0.04% ～ 0.2% 过氧乙酸或 1% ～ 2% 氢氧化钠溶液浸泡消毒。操作时先用自来水洗刷，除去表面污物，干燥后再放入消毒液中浸泡 10 ～ 15 分钟，取出用自来水冲洗，干燥后备用。也可在专用消毒房间用 0.05% ～ 0.5% 的过氧乙酸喷雾消毒，喷雾后密闭 1 ～ 2 小时。

（2）金属制品消毒　先用自来水冲洗干净，干燥后可用火焰消毒，或用 4% ～ 5% 的碳酸钠喷洒或洗刷，对染疫制品要反复消毒 2 ～ 3 次。

（3）其他制品（木箱、竹筐等）消毒　因其耐腐蚀性差，通常采用熏蒸消毒。用福尔马林 42 毫升 / 米^3 熏蒸 2 ～ 4 小时或时间更长些。必要时可焚毁处理。

7. 运载工具消毒

各种运载工具在卸货后，都要先将污物清除，洗刷干净。清除的污物在指定地点进行生物热消毒或焚毁处理。然后可用 2% ～ 5% 的漂白粉澄清液、2% ～ 4% 氢氧化钠溶液、0.5% 的过氧乙酸溶液等喷洒消毒。消毒后用清水洗刷一次，用清洁抹布擦干。对有密封舱的车辆包括集装箱，还可用福尔马林熏蒸消毒，其方法和要求同畜舍消毒。对染疫运载工具要反复消毒 2 ～ 3 次。

8. 粪便消毒

粪便中含有多种病原体，染疫动物粪便中病原体的含量更高，是外界环境的主要污染源。及时、正确地做好粪便的消毒，对切断疫病传播途径具有重要意义。主要有以下几种方法。

（1）生物热消毒法　常用的有堆粪法和发酵池法两种。

①堆粪法。选择远离人、畜居住地并避开水源处，在地面挖一深 20 ～ 25厘米的长形沟或一浅圆形坑，沟的长短宽窄、坑的大小，视粪便量而定。先在底层铺上 25 厘米厚的非传染性粪便或杂草等，在其上面堆放需要消毒的粪便，高 1 ～ 1.5 米，若粪便过稀可混合一些干粪土，若过干时应泼洒适量的水。含水量应保持在 50% ～ 70%，在粪堆表面覆盖 10 ～ 20 厘米厚的非传染性粪便，最外层抹上 10 厘米厚草泥封闭。冬季不短于 3 个月，夏季不短于3 周，即可完成消毒。

②发酵池法。地点选择与堆粪法相同。先在粪池底层放一些干粪，再将需要消毒的畜禽粪便、垃圾、垫草倒入池内，快满的时候，在粪堆表面再盖一层泥土封好。经 1 ～ 3 个月，即可出粪清池。此法适合于饲养数量较多、规模较大的养殖场。

（2）掩埋法　漂白粉或生石灰与粪便按 1∶5 混合，然后深埋地下 2 米左右。本法适合于烈性疫病病原体污染的少量粪便的处理。

（3）焚烧法　少量的带芽孢粪便可直接与垃圾、垫草和柴草混合焚烧。必要时地上挖一个坑，宽 75 ～ 100 厘米，深 75 厘米，以粪便多少而定，在距坑底 40 ～ 50 厘米处加一层铁梁（相当于炉算子，以不漏粪土为宜），铁梁下放燃料，梁上放需要消毒的粪便。如粪便太湿，可混一些干草，以便烧毁。

9. 人员、衣物等消毒

饲养管理人员进出场舍应洗澡更衣。工作服、靴、帽等，用前先洗干净，然后放入消毒室，用福尔马林 28 ～ 42 毫升/米^3 熏蒸 30 分钟后备用。

（七）影响消毒效果的因素

消毒药的抗菌作用不仅取决于药物的理化性质，还受许多相关因素的影响。

1. 消毒药的浓度

一般说来，消毒药的浓度和消毒效果成正比。也有的当浓度达到一定程度后，消毒药的效力就不再增高，如 75% 的乙醇杀菌效果要比 95% 的乙醇好。因此，使用消毒剂时应选择有效和安全的杀菌浓度。

2. 消毒药的作用时间

一般情况下，消毒药的效力与作用时间成正比，与病原体接触并作用的时间越长，其消毒效果就越好。

3. 病原体对消毒药的敏感性

不同的病原体和处于不同状态的同一种病原体，对同一种消毒药的敏感性不同。如病毒对碱类消毒药很敏感，对酚类消毒药有抵抗力；适当浓度的酚类消毒药对繁殖型细菌消毒效力强，对芽孢消毒效力弱。

4. 温度、湿度

消毒药的杀菌力与环境温度成正相关，温度增高，杀菌力增强；湿度对甲醛熏蒸消毒作用有明显的影响。

5. 酸碱度

环境或组织的 pH 值对有些消毒药的作用影响较大。如新洁尔灭、洗必泰（氯己定）等阳离子消毒药，在碱性环境中消毒作用强；石炭酸、来苏儿等阴离子消毒药在酸性环境中的消毒效果好；含氯消毒药在 pH 值为 5～6 时，杀菌活性最强。

6. 消毒物品表面的有机物

消毒物品表面的有机物与消毒药结合形成不溶性化合物，或者将其吸附，发生化学反应或对微生物起机械性保护作用。因此消毒药物使用前，对消毒场所先进行充分的机械性清扫，对消毒物品先清除表面的有机物，对需要处理的创伤先清除脓汁。

7. 水质硬度

硬水中的 Ca^{2+} 和 Mg^{2+} 能与季铵盐类消毒药、碘伏等结合成不溶性盐，从而降低消毒效力。

8. 消毒药间的拮抗作用

有些消毒药由于理化性质不同，两种消毒药合用时，可能产生拮抗作用，使消毒药药效降低。如阴离子清洁剂肥皂与阳离子清洁剂苯扎溴铵共用时，可发生化学反应而使消毒效果减弱，甚至完全消失。

二、杀虫

蚊、蝇、虻、蜱等节肢动物是动物疫病的重要传播媒介，杀灭这些媒介昆虫和防止它们的出现，在消灭传染源、切断传播途径、阻止疫病流行、保障人和动物健康等方面具有十分重要的意义。

（一）物理杀虫法

物理杀虫法需要根据具体情况选择适当的杀虫方法。在规模化养殖场中对昆虫聚居的墙壁缝隙、用具和垃圾等可用火焰喷灯喷烧杀虫；用沸水或蒸汽烧烫车船、动物圈舍和工作人员衣物上的昆虫或虫卵；机械拍打、捕捉等方法，亦能杀灭部分昆虫。当有害昆虫聚集数量较多时，也可选用电子灭蚊、灭蝇灯具杀虫。

（二）生物杀虫法

生物杀虫法是以昆虫的天敌或病菌及雄虫绝育技术杀灭昆虫的方法。由于具有不造成公害、不产生抗药性等优点，已日益受到各国重视。例如养柳条鱼或草鱼等灭蚊，一天能食孑孓100～200条；利用雄虫绝育控制昆虫繁殖，是近年来研究的新技术，其原理是用辐射使雄性昆虫绝育，然后大量释放，使一定地区内的昆虫繁殖减少；或使用过量激素，抑制昆虫的变态或蜕皮，影响昆虫的生殖；也有利用病原微生物感染昆虫，使其死亡。此外，消灭昆虫滋生繁殖的环境，如填埋死塘，排出积水、污水，清理粪便垃圾，间歇灌溉农田等改造环境的措施，也是有效的杀虫方法。

（三）化学杀虫法

化学杀虫法是指在养殖场舍内外的有害昆虫栖息地、滋生地大面积喷洒化学杀虫剂，以杀灭昆虫成虫、幼虫和虫卵的措施。

1. 杀虫剂的种类

按其作用不同，杀虫剂可分为若干种类。如经昆虫摄食，使虫体中毒死亡的，称胃毒剂；药物直接和虫体接触，由体表进入体内使之中毒死亡，或将其气门闭塞使之窒息而死的，称接触毒剂；通过吸入药物而死亡的，称熏蒸毒剂；有些药物喷于土壤或植物上，能为植物根、茎、叶吸收，并分布于整个植物体，昆虫在摄取含有药物的植物组织或汁液后，发生中毒死亡，这类杀虫药为内吸毒剂。

2. 常用的杀虫剂及其使用

（1）敌百虫　对多种昆虫有很高的毒性，具有胃毒（为主）、接触毒和熏蒸毒的作用。常用剂型有水溶液（为主）、毒饵和烟剂。水溶液常用浓度为0.1%；毒饵可用1%溶液浸泡米饭、面饼等，灭蝇效果较好；烟剂用$0.1 \sim 0.3$克/米^3。

（2）倍硫磷　是一种低毒高效有机磷杀虫剂，具有触杀、胃毒及内吸等作用。主要用于杀灭成蚊、蝇和孑孓等。乳剂喷洒量为$0.5 \sim 1$克/米^2。

（3）马拉硫磷　具有触杀、胃毒和熏蒸毒作用。商品为50%乳剂，能杀灭成蚊、孑孓及蝇蛆等。室内喷洒量2克/米^2，持效$1 \sim 3$个月。0.1%和1%溶液可杀灭蝇蛆和臭虫。

（4）拟除虫菊酯类杀虫剂　具有广谱、高效、击倒快、残留短、毒性低、用量小等特点，对抗药性昆虫有效，为近代杀虫剂的发展方向和新途径。如胺菊酯对蚊、蝇、蟑螂、虱、螨等均有强大的击倒和杀灭作用。室内使用0.3%胺菊酯油剂喷雾，$0.1 \sim 0.2$毫升/米^2，$15 \sim 20$分钟内蚊、蝇全部击倒，12小时全部死亡。0.5克/米^{2}剂量可用于触杀蟑螂。

（5）昆虫生长调节剂　可阻碍或干扰昆虫正常生长发育而致其死亡，不污染环境，对人畜无害，是最有希望的"第三代杀虫剂"。目前应用的有保幼激素和发育抑制剂。前者主要具有抑制幼虫化蛹和蛹羽化的作用，后者抑制表皮基丁化，阻碍表皮形成，导致虫体死亡。

（6）驱避剂　主要用于人畜体表。包括邻苯二甲酸甲酯（DMP）、避蚊胺等。制成液体、膏剂或冷霜直接涂布皮肤；制成浸染剂浸染衣服、纺织品、家畜耳标、项圈或防护网等；制成乳剂喷涂门窗表面。

三、灭鼠

鼠类对人畜健康具有极大的危害。作为人和动物多种共患疫病的传播媒介和传染源，鼠类可以传播的传染病有炭疽、鼠疫、布鲁氏菌病、结核病、野兔热、李氏杆菌病、钩端螺旋体病、伪狂犬病、口蹄疫、猪瘟、猪丹毒、巴氏杆菌病、衣原体病和立克次体病等，因此，灭鼠对兽医防疫和公共卫生都具有重要的现实意义。

（一）鼠类特征

养殖场常见鼠类有3种，小家鼠、黄胸鼠、褐家鼠。

1. 栖息习性

（1）小家鼠　小家鼠个子小，偏素食，紧随人，广分布，毛色灰，个体较小，是家栖性鼠种，经常与人作伴，重20～30克，在常见的三种鼠类中体型最小。主要活动于居民住宅区，常在墙角、墙缝、柜橱、箱盒、抽屉和杂物堆中做窝。

（2）黄胸鼠　黄胸鼠身材苗条，居顶部，善于攀跳，特狡猾，体形比褐家鼠小，一般体重100～300克，尾长耳大，尾长超过体长。体型较褐家鼠小一些，它跟褐家鼠明显的区别就在于尾巴大于体长。黄胸鼠已经适应了现代建筑，广泛分布在我国城市各类建筑中，多栖息于建筑物的上层，如屋顶、天花板、檐瓦间隙等处。

（3）褐家鼠　褐家鼠体格粗壮，嗜荤食，喜阴湿，毛色灰，喜欢在墙根、墙角打洞，一般体重300克左右，大的有900克。属于中小型啮齿动物，体长127～238毫米，尾巴明显短于体长，而且尾部毛发稀疏。它主要栖息在人类住房和各类建筑物中，所处位置一般在建筑物下层比较潮湿的地方，仓库、厨房、住屋、厕所、垃圾堆，下水管道是它主要活动场所。

2. 活动能力

（1）攀爬　家栖鼠善于攀爬其他表面粗糙的物体，通常利用建筑之间的电线和管道做通道快速爬行。老鼠的尾巴是重要的平衡器官，在管道、电线上爬行时，尾巴左右摆动能起到平衡身体的作用，同时爪子也可以弯曲成特殊的弧度，攀爬近乎垂直地面。

（2）打洞　老鼠的牙齿非常尖锐，所以它们可以通过尖锐的门牙去打洞。它们常常会在犄角旮旯儿、仓库、伙房处打洞筑窝。老鼠的门齿可以终生生长，为了不影响进食，老鼠不得不通过啃食坚硬的物体磨牙。

（3）游泳　老鼠是游泳高手，后脚划水，前脚操控方向，尾巴充当方向舵。老鼠扔进水里耐力惊人，能连续踩水3天，而且潜水功夫一流。

（4）跳跃　褐家鼠、黄胸鼠能垂直跳过60厘米，小家鼠跳高30厘米。

3. 感觉器官

（1）视觉　三种常见家鼠都是全色盲，对红光不敏感，人们可以在红光下观察它的活动而不会干扰它。适应夜视，鼠类触须发达，在黑暗中行走主要靠嘴边的触须和全身的刚毛定位活动，并能准确地判断前进路上的障碍物。

（2）听觉　老鼠的听觉非常灵敏。家鼠对突然出现的声音很敏感，对有节奏的无害的声音则能很快适应。家鼠不仅能听到超声，它们还能用超声互相联系。另外，联系的目的不同，所用的频率也会不同。

（3）味觉　鼠类的味觉比较发达，能够区分食物中的微量杂质。能辨出含有极少量杂质和霉菌污染的食物。容易拒食含有成分、浓度不纯的毒饵，尤其是用母液进行自配的毒饵，很难保持成分、浓度和饵料的稳定性。

（4）嗅觉 嗅觉相当灵敏，它们一般会用嗅觉来定位或作为活动场所的记号。老鼠用尿或其他部位的腺体分泌出来的外激素，在自己活动的范围内做记号。既是表明自己势力范围的方法，又是和别的老鼠联系的信号。发情时做的记号可以引诱异性，受惊时做的信号起到警告作用。

4. 活动习性

（1）新物反应 鼠类对熟悉的环境中出现新的物体有回避、恐惧的行为，以黄胸鼠、褐家鼠特别明显。即它们为了保证安全，家鼠会对栖息环境进行探索和巡查，确定食源、水源、隐匿场所和逃跑路径。在家鼠熟悉的环境中放置过去未曾有过的物体（包括食物），它们首先会去探查，多次试探才会慢慢靠近，确定安全了才会去触碰。并且在触碰的时候，也做好了随时可以撤退的打算。

（2）惊疑性 鼠类对过去不良经历会在以后的行为活动中表现出来，产生回避。如急性鼠药、自配成分、浓度不纯的毒谷、粘鼠板、鼠笼和鼠夹导致的痛苦、受伤等症状。回避这种不良经历的物体及场所，可达数月之久，甚至遗传。

（3）适应性 鼠类也很善于汲取"教训"，是长期依附人类为生的重要原因。一旦它吃了毒饵而未被毒死，就能在以后的几个月内牢牢记住毒药的味道，不再触动用这种药配成的毒饵。水池的泄水管和抽水厕所的充满水的弯管，常被家鼠利用。家鼠在几个小时或一两天内，就能通过不断的尝试而学会潜入。一只老鼠学会了，其他老鼠立即效仿。

5. 繁殖性

一对老鼠一年可以产下 5 000 只左右的后代。

家栖鼠类生长发育很快，性成熟早，一般一年可怀孕 5 ～ 7 次，平均每胎 6 ～ 12 只。幼鼠出生 2 ～ 3 个月即可怀孕，妊娠期短，一般 20 天左右，分娩后可立即发情，全年大部分时间都可繁殖，一般有春、秋季两个生殖高峰期。

（二）鼠类隐患排查方法

进行鼠迹监测，即通过观察鼠类各种活动痕迹，可确定一个区域内鼠类密度的过程。

鼠迹识别

九种鼠迹：指反应老鼠存在的九种痕迹，包括活鼠、死鼠、鼠粪、鼠爪印、鼠咬痕、鼠道、鼠洞、鼠窝、盗食。

（1）活鼠　老鼠一般在夜间活动，黄昏和黎明前有两个活动觅食高峰。晚上可以用手电远光照射查看鼠类活动情况，也可通过监控查看。

（2）死鼠　老鼠自然死亡一般会在鼠洞或角落里。吃药后常死亡在夹缝中、配电柜中，有时也在无遮挡地带。

（3）鼠粪　鼠粪是室内发现比较常见的特征，也是现场判断鼠迹的最直观和快速的方法。鼠粪一般出现在老鼠经常觅食、躲藏、饮水的场所以及鼠道上，比如鼠洞口边、老鼠躲藏的墙角、鼠洞沿线。鼠粪的大小和形状不同也可以作为鼠种的判断依据。

通过识别鼠粪的新旧可以判断是否有鼠活动。一般的，新鲜鼠粪外形饱满、色泽光亮、湿软；陈旧鼠粪外表凹凸不平、颜色较暗、干硬、表面附有灰尘。

（4）鼠爪印　在有灰尘覆盖表面形成的鼠道表现为鼠道上有明显鼠足印，甚至在没有灰尘覆盖，如管道上、天花板上。

褐家鼠和黄胸鼠的足印难以区分，只能结合所处鼠道位置判定。

（5）鼠咬痕　鼠有一对十分发达的门齿，由于门齿无齿根，因而可终生生长。鼠经常啃咬硬物，能起到防止门齿徒长的作用。鼠的破坏力极大，不仅能轻而易举地咬破门窗、家具和电缆，而且还能咬穿砖头、铝管等坚硬物质。常见的鼠咬痕可见于木制门窗下沿、木制家具边角、大纸箱、塑料箱、电缆、软管等。

（6）鼠道　鼠在它经常活动的路线上分泌尿液，加上鼠足黏附的水、油，空气中的灰尘以及身体的摩擦等作用而日积月累，在这条线路上形成一条有区别的"道路"，这就是鼠道，这个也是判断室内鼠迹的重要指标。

鼠道主要表现为黑色的油渍，如厨房的管线、货架、墙角。

新鼠道光滑、黑色、有油污、鼠爪印明显、鼠足印明显、伴有鼠尿味。陈旧鼠道表面干燥、无光泽、颜色灰白、鼠足印不明显、表面有灰尘。

（7）鼠洞　老鼠为了觅食、窜行、躲藏、居住等目的，使用它锋利的牙齿（老鼠的门齿硬度可达莫氏5.5级，相当于不锈钢的硬度）咬开木头、水泥、铝板等，并形成圆弧形洞口。

鼠洞是否正在使用的判断方法：用松土或松软物品将鼠洞堵住，过夜后查看，如果鼠洞被打开，说明是正在使用的鼠洞，如果鼠洞没有被打开，说明是陈旧的鼠洞。

（8）鼠窝　老鼠栖息环境特点具有隐蔽性、环境杂乱、不常被人干扰、鼠臭味明显、鼠迹明显，通过以上特征基本就可以判断鼠窝位置。

（9）盗食 诱饵或毒饵置于鼠类活动场所，检查若发现饵料有啃咬痕迹，此即为盗食。

（三）灭鼠方法

灭鼠方法一般可以分为：物理灭鼠法、化学灭鼠法、生物灭鼠法、生态学灭鼠法四种方法。在养殖现场以物理灭鼠法、化学灭鼠法为主。

1. 物理灭鼠法

器械灭鼠即利用各种工具以不同方式扑杀鼠类，如关、夹、压扣、套、翻（草堆）、堵（洞）、挖（洞）、灌（洞）等。此类方法可就地取材，简便易行，包括捕鼠笼、粘鼠板等，应用于不宜使用化学灭鼠的场所或环境。优点是可以反复利用，对人畜安全，死鼠容易清理，不致腐败。缺点是灭鼠不彻底，维护时间成本高，长时间使用后会因为老鼠警惕性提高，而导致效果下降。

（1）捕鼠笼 是常用的捕鼠工具，能反复使用，避免老鼠死于暗处发臭；踏板式捕鼠笼的捕鼠效果优于挂式。捕鼠笼靠墙根放置，每月检查一次灵敏性，保持捕鼠笼内卫生，建筑物内发现有风险时，在捕鼠笼内增加诱饵。

（2）粘鼠板 具有无色无味、安全、环保等特点，避免老鼠死于暗处发臭。粘鼠板使用方法：当鸡舍发现鼠迹时，设置粘鼠板增加捕鼠概率，置于老鼠经常出没的孔洞前、墙根、角落处，在鸡舍内使用时，需要加上防尘罩，减缓鸡毛黏附速度，增加使用寿命。

2. 化学灭鼠法

化学灭鼠法突出优点是杀灭率高、见效快，适合于大面积及鼠害严重场所，为养殖场、饲料厂常用方法。缺点是对人畜均有一定毒性。

按毒物进入鼠体途径可分为经口灭鼠药和熏蒸灭鼠药两类。经口灭鼠药主要有杀鼠灵、安妥、敌鼠钠盐和氟乙酸钠；熏蒸灭鼠药包括三氯硝基甲烷和灭鼠烟剂等。使用时以器械将药物直接喷入洞内，或吸附在棉花球中投入洞中，并以土封洞口。使用药物灭鼠时应注意安全，防止人畜误食而发生中毒。常用的胃毒剂灭鼠药，包括大隆（抗凝血剂）、优迪王（胆钙化醇）、追踪膏（抗凝血剂）。

（1）毒饵站 根据老鼠喜欢钻洞和在隐蔽场所取食的习性，模拟鼠最喜欢的活动场所，利用不同材料制成有口、能盛放毒饵的小容器，长期供鼠取食毒饵的装置，作为常年灭鼠措施。

（2）大隆 有效成分0.005%溴鼠灵，第二代抗凝血产品，剂型颗粒、蜡丸和穿孔蜡块；内含苦味剂，可有效避免非靶标生物误食。大隆颗粒特点：

适口性好，易被老鼠取食，减少被老鼠拖走储存的风险，容易受潮，适合室内使用，每点 20～30 克；大隆蜡块特点：内含蜡质，潮湿、恶劣天气保存时间更长，5 克无孔蜡块，适合室外使用，每点 2～4 颗，20 克有孔蜡块，适合于需要固定地方使用，如房梁、溜管、桥架等，每点固定 1 块。

（3）胆钙化醇　是绿色环保的灭鼠剂，以维生素 D_3 为有效成分，配备粮食及引诱剂成分，附以蜡质成分作为成型剂加工而成。鼠药胆钙化醇在老鼠体内代谢形成二羟基胆钙化醇，这种物质会增加肠道吸收钙和磷的能力，导致血液中钙含量快速提升，而高血钙浓度对鼠类的心脏、肾脏等器官会造成致命损伤，最终因高钙血症而死亡。

（4）追踪膏　以抗凝血剂为主要成分研制的专用灭鼠膏剂，施药后，当老鼠出来活动时会主动或被动地踏上药膏，药剂粘在老鼠爪子上、皮毛上，老鼠会主动舔舐清理，药剂会渗透四肢及皮下从而中毒死亡。追踪膏的使用方法：当鸡舍发现老鼠时，在老鼠容易经过的管线上涂抹；在追踪膏涂抹前，将物体表面灰尘擦拭干净；宽度与老鼠可经过的物体等宽，长度 20 厘米，厚度不要超过 0.2 厘米；追踪膏不可涂在毒饵站内、配电柜内、粘鼠板上。

第二节　免疫接种

免疫接种是根据特异性免疫的原理，采用人工的方法给动物接种疫苗、类毒素或免疫血清等，可激发动物机体产生特异性免疫力，使易感动物转化为非易感动物的重要手段，是预防和控制动物疫病的重要措施之一。在预防疫病的诸多措施中，免疫预防是最经济、最方便、最有效的手段，对动物以及人类健康均起着积极的作用。免疫接种也是贯彻"预防为主，养防结合，防重于治"的方针。

一、免疫接种的分类

根据免疫接种的时机和目的不同，可将免疫接种分为预防免疫接种、紧急免疫接种、临时免疫接种和免疫隔离屏障。

（一）预防免疫接种

为预防疫病的发生，平时使用疫苗、类毒素等生物制剂有计划地给健康动物群进行的免疫接种，称预防免疫接种。预防接种要有科学性和针对性，具体表现在除国家强制免疫的疫病，养殖场（户）要拟订每年的预防接种计划；因地制宜制订科学合理的免疫程序；免疫接种前要做好准备，如查清被接种动物的种别、数量和健康状况；准备好接种用疫苗、器械；协调领导，组织动物防疫与检疫技术人员，分工负责，做好宣传，确定时间地点；明确接种方法，掌握接种技术。

（二）紧急免疫接种

动物发生疫病时，为迅速控制和扑灭其流行，对疫区和受威胁区内尚未发病动物进行的免疫接种称紧急免疫接种。其目的是建立"免疫带"以包围疫区，阻止疫病向外传播扩散。紧急免疫接种常使用高免血清（或卵黄），具有安全、产生免疫快的特点，但免疫期短，用量大，价格高，不能满足实际使用需求。有些疫病（如口蹄疫、猪瘟、鸡新城疫、鸭瘟、猪繁殖与呼吸综合征等）使用疫苗紧急接种，也可取得较好的效果。紧急免疫接种必须与疫区的隔离、封锁、消毒等综合措施密切配合实施。

（三）临时免疫接种

临时为避免某些动物疫病发生而进行的免疫接种，称临时免疫接种。如引进、外调、运输动物时，为避免途中或到达目的地后暴发某些动物疫病而进行的免疫接种；动物去势、手术时，为防止发生某些动物疫病（如破伤风等），而进行的免疫接种。

（四）免疫隔离屏障

为防止某些动物疫病从有疫情国家向无疫情国家扩散，而对国境线周围动物进行的免疫接种。

二、疫苗类型、保存和运送

（一）疫苗的类型及其特性

疫苗是指由病原微生物或其组分、代谢产物经过特殊处理所制成的、用于人工主动免疫的生物制品。包括由细菌、支原体、螺旋体或其组分等制成的菌苗，由病毒、立克次氏体或其组分制成的疫苗和由某些细菌外毒素脱毒后制成的类毒素。习惯上人们将菌苗、疫苗和类毒素统称为疫苗。按构成成分及其特性，可将其分为活疫苗、灭活疫苗、代谢产物疫苗、亚单位疫苗以及生物技术疫苗。

1. 活疫苗

活疫苗又分为强毒苗、弱毒苗和异源苗。

（1）强毒苗　是应用最早的疫苗种类，如我国古代民间预防天花使用的痂皮粉末就含有强毒。使用强毒进行免疫有较大的风险，免疫的过程就是散毒的过程，所以现在严禁生产应用。

（2）弱毒苗　是指通过人工诱变获得的弱毒株、筛选的天然弱毒株或失去毒力但仍保持抗原性的无毒株所制成的疫苗，是目前使用的最广泛的疫苗。

弱毒苗的优点：①一次接种即可成功，接种途径多样化，可采取注射、饮水、滴鼻、点眼等免疫途径；②可通过母畜禽免疫接种而使幼畜禽获得被动免疫；③可引起局部和全身性免疫应答，免疫力持久，有利于清除野毒；④生产成本低。

弱毒苗的缺点：①散毒问题，如口蹄疫病毒（FMDV）常规疫苗散毒；②残余毒力，弱毒苗残余毒力较强者其保护力也强，但副作用也较明显；③某些弱毒苗或疫苗佐剂可引发接种动物免疫抑制，如犬细小病毒疫苗可诱导犬的免疫抑制；④有返祖危险。

（3）异源苗　是指用具有共同保护性抗原的不同种病毒制成的疫苗。如预防马立克病的火鸡疱疹病毒疫苗和预防鸡痘的鸽痘病毒疫苗等。

2. 灭活苗

灭活苗是指选用免疫原性强的病原体或其弱毒株经人工培养后，用物理或化学方法致死（灭活），使其传染因子被破坏而保留免疫原性所制成的疫苗，又称死苗。灭活苗保留的免疫原性物质在细菌里主要为细胞壁，在病毒里主要为结构蛋白。

灭活苗的优点：①比较安全，无全身毒副作用，无返祖现象；②容易制成联苗、多价苗；③制品稳定，受外界影响小，便于储存和运输；④激发机体产生的抗体持续时间短，利于确定某种传染病是否被消灭。

灭活苗的缺点：①使用剂量大且只能注射免疫，工作量大，不能在体内增殖，免疫期短，常需多次免疫；②不产生局部免疫，引起细胞介导免疫的能力较弱；③免疫力产生较迟，通常2～3周后才能获得良好免疫力，故不适于作紧急免疫使用；④需要佐剂增强免疫效应。

生产实践中还常常使用自家灭活苗和组织灭活苗。自家灭活苗是指用本养殖场分离的病原体制成的灭活苗；组织灭活苗是指将含有病原体的患病或死亡动物脏器制成乳剂经过灭活后制成的疫苗。主要用于本养殖场传染病的控制。

3.代谢产物

细菌的代谢产物如毒素、酶等都可制成疫苗，如破伤风毒素、白喉毒素、肉毒毒素经甲醛灭活后制成的类毒素有良好的免疫原性，可作为主动免疫制剂。另外，致病性大肠杆菌肠毒素，也可用作代谢产物疫苗，如大肠杆菌K88、K99二联疫苗用于口服，可阻止致病性大肠杆菌在肠黏膜表面的黏附，对大肠杆菌病的防治有一定作用。

4.亚单位疫苗

亚单位疫苗是微生物经物理和化学方法处理后，提取其保护性抗原成分制备的疫苗。微生物保护性抗原包括大多数细菌的荚膜多糖、菌毛黏附素、多数病毒的囊膜、衣壳蛋白等，以上成分经提取后即可制备不同的亚单位疫苗。此类疫苗由于去除了病原体中与激发保护性免疫无关的成分，没有微生物的遗传物质，因而无不良反应，使用安全，效果较好。口蹄疫、伪狂犬病、狂犬病等亚单位疫苗及大肠杆菌菌毛疫苗、沙门氏菌共同抗原疫苗已有成功的应用报道。亚单位疫苗的不足之处是制备困难，价格昂贵。

5.生物技术疫苗

生物技术疫苗是利用生物技术制备的分子水平的疫苗，包括基因工程亚单位疫苗、合成肽疫苗、抗独特型疫苗、基因工程活疫苗等。生物技术疫苗通常包括以下几种。

（1）基因工程亚单位苗 基因工程亚单位苗是用DNA重组技术，将编码病原微生物保护性抗原的基因导入受体菌（如大肠杆菌）或细胞，使其在受体细胞中高效表达，分泌保护性抗原肽链，提取保护性抗原肽链，加入佐剂制成。预防仔猪和犊牛下痢的大肠杆菌菌毛基因工程疫苗是一个成功的例子。此类疫苗安全性好，稳定性好，便于保存和运输，产生的免疫应答可以与感染产生的免疫应答相区别。但因该类疫苗的免疫原性较弱，往往达不到常规疫苗的免疫水平，且生产工艺复杂，尚未被广泛使用。

（2）合成肽苗 合成肽苗是用化学合成法人工合成病原微生物的保护性多肽，并将其连接到大分子载体上，再加入佐剂制成的疫苗。该疫苗的优点是可在同一载体上连接多种保护性肽链或多个血清型的保护性抗原肽链，这样只要一次免疫就可预防几种传染病或几个血清型。缺点是免疫原性一般较弱、合成成本昂贵。

（3）抗独特型疫苗 抗独特型疫苗是根据免疫调节网络学说设计的疫苗。抗独特型抗体可以模拟抗原物质，可刺激机体产生与抗原特异性抗体具有同等免疫效应的抗体，由此制成的疫苗称为抗独特型疫苗或内影像疫苗。该类疫苗不仅能诱导体液免疫，亦能诱导细胞免疫，具有广谱性，即对易发生抗原性变异的病原能提供良好的保护力。如抗猪带绦虫六钩蚴独特型抗体疫苗、兔源抗鸡传染性法氏囊病毒（IBDV）独特型抗体疫苗等。

（4）基因工程活载体苗 基因工程活载体苗是指将病原微生物的保护性抗原基因，插入病毒疫苗株等活载体的基因组或细菌质粒中，利用这种能表达该抗原但不影响载体抗原性和复制能力的重组病毒或质粒制成的疫苗。该类活载体疫苗具有容量大、可以插入多个外源基因、应用剂量小而安全、能同时激发体液免疫和细胞免疫、生产和使用方便、成本低等优点，它是目前生物工程疫苗研究的主要方向之一，并已有多种产品成功地用于生产实践。如生长抑素基因工程活载体苗。

（5）基因缺失苗 基因缺失苗是指通过基因工程技术将强毒株毒力相关的基因敲除构建的活疫苗。基因缺失苗安全性好，不易返祖；其免疫接种与强毒株感染相似，机体对多种病毒产生免疫应答；免疫力坚实，免疫期长。目前生产中使用的有伪狂犬病基因缺失苗。

（6）DNA 疫苗 这是一种最新的分子水平的生物技术疫苗，将编码保护性抗原的基因与能在真核细胞中表达的载体 DNA 重组，重组的 DNA 可直接注射（接种）到动物（如小鼠）体内，目的基因可在动物体内表达，刺激机体产生体液免疫和细胞免疫。DNA 疫苗在预防细菌性、病毒性及寄生虫性疾病方面已经显示出广泛的应用前景，被称为疫苗发展史上的一次革命。目前研制中的有禽流感 H7 亚型 DNA 疫苗、鸡传染性支气管炎 DNA 疫苗、猪瘟病毒 E2 基因 DNA 疫苗等。

（7）多价苗与联苗 多价苗是指将同一种细菌或病毒的不同血清型混合制成的疫苗。如巴氏杆菌多价苗、大肠杆菌 K88、K99、987P 三价苗等。联苗是指由两种以上的细菌或病毒联合制成的疫苗，一次免疫可达到预防几种疾病的目的。如猪瘟 – 猪丹毒 – 猪肺疫三联苗、新城疫 – 减蛋综合征 – 传染性法氏囊病三联苗等。应用联苗或多价苗，可减少接种次数，节约人力和物力，减少应激，故很多国家都在大力研发联苗及多价苗。但联苗如想达到与单苗完全相同甚至更好的免疫效果，必须解决抗原含量及免疫时的相互干扰问题。

（二）疫苗的运输、保存和使用注意事项

1. 疫苗的运输

运输前，药品要逐瓶包装，衬以厚纸或软草然后装箱，防止碰坏瓶子和散播活的弱毒病原体。运送途中避免高温、暴晒和冻融。若是活苗需要低温保存，可将药品装入盛有冰块的保温瓶或保温箱内运送；北方寒冷地区要避

免液体制剂冻结，尤其要避免由于温度高低不定而引起的反复冻融。切忌把疫苗放在衣袋内，以免由于体温较高而降低疫苗的效力。大批量运输的生物制品应放在冷藏箱内，用冷藏车运输则更好，要以最快速度运送生物制品。

2. 疫苗的保存

各种疫苗应保存在低温、阴暗及干燥的场所。灭活苗和类毒素等应保存在 2～8℃的环境中，防止冻结；大多数弱毒苗应放在 -15℃以下冻结保存。不同温度条件下，不得超过所规定的期限。如猪瘟兔化弱毒冻干苗，在 -15℃可保存 1 年以上，0～8℃只能保存 6 个月，若放在 25℃左右，最多10 天即失去效力。一些国家的冻干苗因使用耐热保护剂而保存于 4～6℃；多数活湿苗只能现制现用，在 2～8℃仅短期保存。

3. 疫苗使用的注意事项

（1）用前检查　使用前，应对疫苗进行认真检查，有下列情形者，不得使用。无标签或标签内容模糊不清，无产地、批号、有效期等说明；疫苗质量与说明书不符，如色泽、性状有变化，疫苗内有异物、发霉和有异味的；瓶塞松动或瓶壁破裂；未按规定方法和要求保存的，过期失效的。

（2）摇匀与稀释　疫苗使用前，湿苗要充分摇匀；冻干苗按瓶签规定进行稀释，充分溶解后使用。

（3）疫苗的吸取　吸取疫苗时，先除去封口上的火漆、石蜡或铝箔，用酒精棉球消毒瓶塞表面，然后用灭菌注射器吸取。如一次不能吸完，则不要把针头拔出，以便继续吸取。

（4）动物健康状况　接种时要注意动物的营养和健康状况。凡疑似患病动物和发热动物不进行免疫接种，待病愈后补种。妊娠后期的动物应谨慎使用，以免流产和对胎儿产生毒害作用。

（5）混用情况　同时接种两种以上的不同疫苗时，应分别选择各自的途径、不同部位进行免疫。注射器、针头、疫苗不得混合使用。

（6）活疫苗使用　使用活疫苗时，严防泄漏，凡污染之处，均要消毒。用过的空瓶及废弃的疫苗应高压消毒后深埋。

（7）登记与补种　免疫接种后要有详细登记，如疫苗的种类、接种日期、头数、接种方法、使用剂量以及接种后的反应等，还应注明对漏免者补种的时间。

三、免疫接种的方法

科学合理的免疫接种途径可以充分发挥体液免疫和细胞免疫的作用，大大提高动物机体的免疫应答能力。常用的免疫接种方法有以下几种。

（一）注射免疫法

适用于灭活苗和弱毒苗的免疫接种。可分为皮下注射、皮内注射、肌内注射和静脉注射。注射接种剂量准确、免疫密度高、效果确实可靠，在实践中应用广泛。但费时费力，消毒不严格时容易造成病原体人为传播和局部感染，而且捕捉动物时易出现应激反应。

1. 皮下注射

多用于灭活苗的接种。选择皮薄、被毛少、皮肤松弛、皮下血管少的部位。马、牛等大家畜宜在颈侧中 1/3 部位，猪在耳根后或股内侧，犬、羊宜在股内侧，家禽在胸部、大腿内侧。注射部位消毒后，注射者右手持注射器，左手食指与拇指将皮肤提起呈三角形，沿三角形基部刺入皮下约注射针头的 2/3 处，将左手放开，再推动注射器活塞将疫苗徐徐注入。然后用酒精棉球按住注射部位，将针头拔出。

优点：操作简单，吸收较皮内注射为快。缺点：使用剂量多，且同一疫苗接种反应较皮内注射大。大部分常用的疫苗和免疫血清，一般均采用皮下注射。

2. 皮内注射

选择皮肤致密、被毛少的部位。牛、羊在颈侧，也可在尾根腹侧或肩胛中央部位；马在颈侧、眼睑部位；猪大多在耳根后；鸡在肉髯部位。左手将皮肤捏起形成皱褶或以左手绷紧固定皮肤，右手持注射器，将针斜面朝上，针头几乎与皮面平行轻轻刺入皮内 0.5 厘米左右，放松左手，左手在针头和针筒交接处固定针头，右手持注射器，徐徐注入药液。如针头确在皮内，则注射时感觉阻力较大，且注射处形成一个圆丘，突起于皮肤表面。皮内注射疫苗的使用剂量和局部副作用小，相同剂量疫苗产生的免疫力比皮下注射高。生产中仅有绵羊痘和山羊痘弱毒苗、猪瘟结晶紫疫苗等少数制品进行皮内注射，其他均属于诊断、检疫注射。

优点：使用药液少，同样的疫苗皮内注射较之于皮下注射反应小。同时真皮层的组织比较致密，神经末梢分布广泛，特别是猪的耳根皮内比其他部位容易保持清洁。同时药液皮内接种时所产生的免疫力较皮下注射为高。缺点：操作比较麻烦。

3. 肌内注射

肌内注射操作简单、应用广泛、副作用较小、药液吸收快、免疫效果较好。应选择肌肉丰满、血管少、远离神经干的部位。猪、马、牛、羊一律采用臀部和颈部两个部位；鸡胸肌部接种。多用于一些弱毒疫苗的免疫接种，如猪瘟兔化弱毒疫苗。

优点：药液吸收快，注射方法也较简便。缺点：在一个部位不能大量注射，同时臀部接种如部位不当易引起跛行。

4. 静脉注射

主要用于抗血清紧急免疫预防或治疗。马、牛、羊在颈静脉；猪在耳静脉；鸡在翼下静脉。疫苗、菌苗、诊断液一般不作静脉注射。

优点：可使用大剂量，奏效快，可以及时抢救病畜。缺点：操作比较麻烦，如设备与技术不完备时，难以进行。此外，如所用的血清为异种动物者，可能引起过敏反应（血清病）。

（二）口服免疫法

口服免疫法效率高、操作方便、省时省力，全群动物能在同一时间内共同被接种，且对群体的应激反应小，但动物群中产生的抗体滴度不均匀，免疫持续期短，免疫效果易受到其他多种因素的影响。分饮水免疫和喂食免疫两种。接种疫苗时必需用活苗，灭活苗免疫力差，不适于口服。加入的水量要适中，保证在最短的时间内饮用完毕，并在饮水中加入适当浓度的疫苗保护剂。选用的水质要清洁，禁用含漂白粉的自来水，且水温不宜过高，以免影响抗原的活性。免疫前应根据季节和天气情况停饮或停喂 2 ～ 4 小时，以保证免疫时动物摄入足够剂量的疫苗，饮完后经 1 ～ 2 小时再正常供水。饮水与喂食相比，饮水免疫效果好些，因为饮水并非只进入消化道，还与口腔黏膜、扁桃体等淋巴样组织接触。

优点：省时、省力，能产生局部免疫，适用规模化动物养殖场的免疫。缺点：由于动物的饮水量或采食量多少不一，因此进入每一动物体内的疫苗量也不同，免疫后动物的抗体水平不均匀，无法达到理想的精确程度。

（三）气雾免疫法

气雾免疫法是利用气泵产生的压缩空气通过气雾发生器，将稀释的疫苗喷出去，使疫苗形成直径 0.01 ～ 10 微米的雾化粒子，均匀地浮游在空气之中，动物通过呼吸道吸入肺内，达到免疫目的。气雾免疫时，如雾化粒子过大或过小、温度过高、湿度过高或过低，均可影响免疫效果。

优点：省时省力，全群动物可在同一短暂时间内获得同步免疫，尤其适于大群动物的免疫。缺点：需要的疫苗数量较多，容易激发潜在的呼吸道疾病。

（四）滴鼻、点眼免疫法

鼻腔黏膜下有丰富的淋巴样组织，禽类眼部有哈德氏腺，对抗原的刺激都能产生很强的免疫应答反应。操作时用乳头滴管吸取疫苗滴于鼻孔内或眼内。

（五）刺种免疫法

常用于禽痘、禽脑脊髓炎等疫病的弱毒疫苗接种。将疫苗稀释后，用接种针或蘸水笔尖蘸取疫苗液并刺入禽类翅膀内侧翼膜下的无血管处即可。刺种免疫操作相对较为烦琐，应用范围较小。

（六）其他免疫法

如鸡传染性喉气管炎的擦肛免疫接种法、皮肤涂擦免疫接种等，目前很少使用。

四、疫苗接种反应及疫苗的联合使用

（一）疫苗接种反应的类型

对动物机体来说，疫苗是外源性物质，接种后会出现一些不良反应，反应的性质和强度因疫苗及动物机体的不同也有所不同，按照反应的强度和性质可将其分为三个类型。

1. 正常反应

正常反应是指由于疫苗本身的特性而引起的反应。少数疫苗接种后，常常出现一过性的精神沉郁、食欲下降、注射部位的短时轻度炎症等局部性或全身性异常表现。如果这种反应的动物数量少、反应程度轻、维持时间短暂属于正常反应，一般也不用处理。

2. 严重反应

严重反应是指与正常反应在性质上相似，但反应程度重或出现反应的动物数量较多。其原因通常是由于疫苗质量低劣或毒（菌）株的毒力偏强、使用剂量过大、操作不正确、接种途径错误或使用对象不正确等因素引起。通过严格控制疫苗的质量，并按照疫苗使用说明书操作，常常可避免或减少发生的频率。

3. 过敏反应

过敏反应是指由于疫苗本身或其培养液中某些过敏原的存在，导致疫苗接种后动物迅速出现过敏性反应的现象。发生过敏反应的动物表现为黏膜发绀、缺氧、严重的呼吸困难、呕吐、腹泻、虚脱或惊厥等全身性反应和过敏性休克症状。过敏反应在以异源细胞或血清制备的疫苗接种时经常出现，在实践中应密切关注接种后的反应。

（二）疫苗的联合使用

有时因防疫需要，往往需在同一时间给动物接种两种或两种以上的疫苗。因此选择疫苗联合接种免疫时，应根据研究结果和试验数据确定哪些疫苗可以联合使用，哪些疫苗在使用时应有一定的时间间隔以及接种的先后顺序等。

研究表明，灭活疫苗联合使用时似乎很少出现相互干扰的现象，甚至某些疫苗还能促进其他疫苗免疫力的产生。但考虑到动物机体的承受能力、疫病危害程度和目前的疫苗生产工艺等因素，常规灭活苗无限制累加联合使用会影响主要疫病的免疫效果，其原因是动物机体对多种外界因素刺激的反应性是有限度的，同时接种疫苗的种类或数量过多时，不仅妨碍动物机体针对主要疫病高水平免疫力的产生，而且有可能出现较剧烈不良反应而削弱机体的抗病能力。因此，对主要动物疫病的免疫预防，应尽量使用单苗或联合较少的疫苗进行免疫接种，以达到预期效果。

随着生物技术的发展，人们将疫苗中与免疫保护作用无关的成分去除，使联合弱毒疫苗或灭活疫苗的质量不断提高、不良反应逐渐减少，这将使动物疫病预防的前景大为改观。

五、强制免疫和强制免疫计划

（一）强制免疫

《动物防疫法》第十六条规定："国家对严重危害养殖业生产和人体健康的动物疫病实施强制免疫"。实施强制免疫可保证动物的健康生长，促进畜牧业稳定健康发展；减少人畜共患病的发生，保证人类不感染或少感染动物传播的疫病；保证人们食用安全的动物产品；保证社会的稳定，创建和谐社会；为我国动物产品的出口创汇奠定基础；是推进美丽乡村建设的有力保证。

1. 强制免疫制度

强制免疫制度是指国家对严重危害养殖业生产和人体健康的动物疫病，采取制订强制免疫计划，确定免疫用生物制品和免疫程序，以及对免疫效果进行监测等一系列预防控制动物疫病的强制性措施，以达到有计划、按步骤地预防、控制、扑灭动物疫病的目标制度。这项制度是动物防疫法制化管理的重要标志，是《动物防疫法》第五条"动物防疫实行预防为主，预防与控制、净化、消灭相结合的方针"的重要体现。

2. 强制免疫的病种名录

实施强制免疫的病种是严重危害养殖业生产和人体健康的动物疫病。《动物防疫法》第十六条规定，国务院农业农村主管部门确定强制免疫的动物疫病病种和区域。国务院兽医主管部门应当根据动物疫病对养殖业生产发展和人体健康的危害程度和疫苗研制水平，抓住重点来具体确定全国范围内强制免疫病种。省、自治区、直辖市人民政府兽医主管部门也可根据本行政区域内动物疫病流行情况增加实施强制免疫的动物疫病病种和区域。目前各地强制免疫的病种和对象不尽相同，农业农村部在 2022 年 1 月制定并发布的《国家动物疫病强制免疫指导意见（2022—2025 年）》中规定的病种范围和对象包括以下几种。

（1）高致病性禽流感　对全国所有鸡、鸭、鹅、鹌鹑等人工饲养的禽类，根据当地实际情况，在科学评估的基础上选择适宜疫苗，进行 H5 亚型和（或）H7 亚型高致病性禽流感免疫。对供研究和疫苗生产用的家禽、进口国（地区）明确要求不得实施高致病性禽流感免疫的出口家禽，以及因其他特殊原因不免疫的，有关养殖场（户）逐级报省级农业农村部门同意后，可不实施免疫。

（2）口蹄疫　对全国有关畜种，根据当地实际情况，在科学评估的基础上选择适宜疫苗，进行 O 型和（或）A 型口蹄疫免疫。对全国所有牛、羊、骆驼、鹿进行 O 型和 A 型口蹄疫免疫；对全国所有猪进行 O 型口蹄疫免疫，各地根据评估结果确定是否对猪实施 A 型口蹄疫免疫。

（3）小反刍兽疫　对全国所有羊进行小反刍兽疫免疫。开展非免疫、无疫区建设的区域，经省级农业农村部门同意后，可不实施免疫。

（4）布鲁氏菌病　对种畜以外的牛羊进行布鲁氏菌病免疫，种畜禁止免疫。各省份根据评估情况，原则上以县为单位确定本省份的免疫区和非免疫区。免疫区内不实施免疫的、非免疫区实施免疫的，养殖场（户）应逐级报省级农业农村部门同意后实施。各省份根据评估结果，自行确定是否对奶畜免疫。确需免疫的，养殖场（户）应逐级报省级农业农村部门同意后实施。免疫区域划分和奶畜免疫等标准由省级农业农村部门确定。

（5）包虫病　内蒙古、四川、西藏、甘肃、青海、宁夏、新疆和新疆生产建设兵团等重点疫区对羊进行免疫；四川、西藏、青海等省份可使用 5 倍剂量的羊棘球蚴病基因工程亚单位疫苗开展牦牛免疫，免疫范围由各省份自行确定。

省级农业农村部门可根据辖区内动物疫病流行情况，对猪瘟、新城疫、猪繁殖与呼吸综合征、牛结节性皮肤病、羊痘、狂犬病、炭疽等疫病实施强制免疫。

3. 强制免疫费用

按照《财政部、农业农村部关于修订印发农业相关转移支付资金管理办法的通知》（财农〔2020〕10号）要求，对国家确定的强制免疫病种，中央财政切块下达补助资金，统筹支持各省份开展强制免疫、免疫效果监测评价、疫病监测和净化、人员防护，以及实施强制免疫计划、购买防疫服务等。

（二）强制免疫计划

《动物防疫法》规定，省、自治区、直辖市人民政府农业农村主管部门制订本行政区域的强制免疫计划；根据本行政区域动物疫病流行情况增加实施强制免疫的动物疫病病种和区域，报本级人民政府批准后执行，并报国务院农业农村主管部门备案。

县级以上地方人民政府农业农村主管部门负责组织实施动物疫病强制免疫计划，并对饲养动物的单位和个人履行强制免疫义务的情况进行监督检查。

乡级人民政府、街道办事处组织本辖区饲养动物的单位和个人做好强制免疫，协助做好监督检查；村民委员会、居民委员会协助做好相关工作。

县级以上地方人民政府农业农村主管部门应当定期对本行政区域的强制免疫计划实施情况和效果进行评估，并向社会公布评估结果。

农业农村部要求，各省份按照《国家动物疫病强制免疫指导意见（2022—2025年）》，结合防控实际（含计划单列市工作需求），制定本辖区的强制免疫计划，报农业农村部畜牧兽医局备案，抄送中国动物疫病预防控制中心，并在省级农业农村部门门户网站公开。对散养动物，采取春秋两季集中免疫与定期补免相结合的方式进行，对规模养殖场（户）及有条件的地方实施程序化免疫。

（三）强制免疫动物的可追溯管理

《动物防疫法》第十七条规定："饲养动物的单位和个人应当履行动物疫病强制免疫义务，按照强制免疫计划和技术规范，对动物实施免疫接种，并按照国家有关规定建立免疫档案、加施畜禽标识，保证可追溯"。

六、免疫程序

根据一定地区或养殖场内不同传染病的流行情况及疫苗特性为特定动物制订的免疫接种方案，称免疫程序。主要包括疫苗名称、类型、接种次序、次数、途径及间隔时间。

（一）制订免疫程序要考虑的因素

目前并没有一个能够适合所有地区或养殖场的标准免疫程序。书本上或其他养殖场的免疫程序只能起参考作用，而且同一养殖场的免疫程序也不是固定不变的。免疫程序的制订，应根据不同动物或不同传染病流行特点和生产实际情况，充分考虑本地区常见多发或威胁大的传染病分布特点、疫苗类型及其免疫效能和母源抗体水平等因素，以便选择适当的免疫时间，有效地发挥疫苗的保护作用。

免疫接种必须按合理的免疫程序进行，制订免疫程序时，要统筹考虑下列因素。

1. 当地疫病的流行情况及严重程度

免疫程序的制订首先要考虑当地疫病的流行情况及严重程度，据此才能决定需要接种什么种类的疫苗，达到什么样的免疫水平。

2. 疫苗特性

疫苗的种类、接种途径、产生免疫力所需的时间、免疫有效期等因素均会影响免疫效果，因此在制订免疫程序时，应进行充分的调查、分析和研究。

3. 动物免疫状况

畜禽体内的抗体水平与免疫效果有直接关系，抗体水平低的要早接种，抗体水平高的推迟接种，免疫效果才会好。畜禽体内的抗体有两大类，一是母源抗体，二是通过后天免疫产生的抗体。制订免疫程序时必须考虑抗体水平的变化规律，免疫选在抗体水平到达临界线前进行较合理。

4. 生产需要

畜禽的用途、饲养时期不同，免疫程序也不同。例如肉用家禽与蛋用家禽免疫程序就不同。蛋用家禽的生产周期长，需要进行多次免疫，且还应考虑接种对产蛋率、孵化率及母源抗体的影响；而肉用家禽生产周期短，免疫疫苗种类及次数就大大减少。

5. 养殖场综合防疫能力

免疫接种是养殖场众多防疫措施之一，养殖场其他防疫措施严密得力，就可减少疫苗种类及次数。

不同地区、不同养殖场可能发生的疫病不同，用来预防这些疫病的疫苗也不尽相同，不同养殖场的综合防疫能力相差较大。因此，不同养殖场没有可供统一使用的免疫程序，应根据本地和本场的实际情况制订合理的免疫程序。

（二）免疫程序制订的方法和程序

1. 掌握威胁本地区或养殖场的主要疫病种类及其分布特点

要根据疫病监测和流行病学调查结果，分析该地区或养殖场内常见多发传染病的危害程度及周围地区威胁较大的传染病流行和分布特征，并根据动物的类别确定哪些传染病需要免疫或终生免疫，哪些传染病需要根据季节或动物年龄进行免疫防治。对本场或本地区从未发生过的疫病，一般不进行免疫接种，有威胁需要时，最好用灭活苗，以免引起人为散毒；对某些季节性较强的传染病，如乙脑，可在流行季节到来前 1～2 个月进行免疫接种；对主要侵害新生动物的疫病，如仔猪黄痢，可在母畜产仔前接种。接种的次数依据疫苗的特性和该病的危害程度决定。

2. 了解疫苗的免疫学特性

疫苗特性是制订免疫程序的重要依据。由于疫苗的种类、适用对象、保存、接种方法、使用剂量、接种后免疫力产生的时间、免疫保护效力及其持续期、最佳接种时机及间隔等疫苗特性是制订免疫程序的重要内容，因此只有在对这些特性进行充分的研究和分析后，才能制订出科学、合理的免疫程序。

3. 充分利用血清学抗体监测结果

由于易感年龄跨度大的传染病需要终生免疫，因此应根据定期测定的抗体消长规律确定首免日龄和加强免疫的时间。初次使用的免疫程序应定期测定免疫动物群的免疫水平，发现问题要及时调整并采取补救措施。新生动物的首免日龄应根据其母源抗体的消长规律来确定，以防止母源抗体的干扰。

七、影响免疫效果的因素和免疫效果的评价

（一）影响免疫效果的因素

影响免疫效果的因素是多方面的，概括来说主要有以下七方面。

1. 免疫动物群的机体状况

动物的品种、年龄、体质、营养状况、接种密度等对免疫效果影响较大。

幼龄、体弱、生长发育差以及患慢性病的动物，疫苗接种后不良反应明显，抗体上升缓慢。若动物群的免疫密度较高时，那些免疫动物在群体中能够形成免疫屏障，从而保护动物群不被感染；相反，若动物群的免疫密度低，由于易感动物集中，病原体一旦传入即可在群体中造成流行传播。但免疫接种疫苗过多，接种过于频繁，会引起动物群出现免疫麻痹，导致免疫失败。

2. 疫苗株与病原体血清型不一致及病原变异

某些病原体的血清型较多且相互之间无交叉保护力，在免疫接种时若使用的疫苗血清型与当地流行毒（菌）株不符，则严重影响免疫效果，如大肠杆菌、传染性支气管炎病毒等。某些病原体又容易发生变异，或毒力增强，或出现新毒株，常造成免疫接种失败，如禽流感、传染性法氏囊病、马立克病等。

3. 外界环境因素

若免疫动物群动物福利程度不高，环境条件恶劣，卫生消毒制度不健全，饲料营养不全面，动物圈舍寒冷、潮湿、闷热、空气污浊、饲养密度大、嘈杂等应激因素存在时，会降低机体的免疫应答反应。

4. 免疫程序不合理

免疫程序不合理包括疫苗的种类、生产厂家、接种时机、接种途径和剂量、接种次数及间隔时间等不适当，容易出现免疫效果差或免疫失败的现象。此外，疫病的分布发生变化时，疫苗的接种时机、接种次数及间隔时间等应作适当调整。

5. 免疫抑制因素的影响

近年来，免疫抑制因素对免疫效果的影响已日益受到重视。某些传染病如猪繁殖与呼吸综合征、猪圆环病毒病、传染性法氏囊病、马立克病、禽白血病、鸡传染性贫血、网状内皮增殖症等感染，或其他如霉菌毒素、营养不全面、某些药物等，会破坏机体的免疫系统，导致动物免疫功能受到抑制或免疫应答能力下降。

6. 母源抗体的干扰

由于动物胎盘的特殊结构，胎儿在母体内不能获得免疫抗体，出生后需经吃初乳才能获得被动免疫。一般来说，新生动物未吃初乳前，血清中免疫球蛋白的含量极低，吮吸初乳后血清免疫球蛋白的水平能够迅速上升并接近母体的水平，出生后24～35小时即可达到高峰，随后逐渐下降，降解速度随动物种类、免疫球蛋白的类别、原始浓度等不同有明显差异。由于初生动物免疫系统发育尚未成熟，此时接种弱毒疫苗时很容易被母源抗体中和而出现免疫干扰现象。

但在生产实践中，可采用有针对性的措施来减轻母源抗体的干扰。如对雏鸡进行新城疫接种，可采用弱毒苗和灭活苗同时接种，或增大疫苗用量，取得了较好的效果。在猪瘟多发地区或养猪场，采取超前免疫取得了较好的防治效果，即仔猪在出生后未吃初乳前接种猪瘟疫苗，间隔 2～3 小时后再吃初乳，以期产生主动免疫。其机理是胎猪在 70 日龄时的免疫系统已能够对抗原的刺激产生免疫应答，新生仔猪吮吸初乳后血清中抗体需要 6～12 小时才能达到高峰，因此在仔猪吃初乳前接种猪瘟疫苗，有足够时间让病毒在仔猪体内扩散、定居和增殖，从而不会被母源抗体所中和。

7. 疫苗质量存在问题

疫苗分为两类，即冻干苗和液体苗。液体苗又分为油乳佐剂苗和水剂苗。其保存和运输方法不同。运输和贮存应严格在冷链系统中，即从生产单位到使用单位的一系列运输、储存直到使用过程中的每个环节，始终使其处于适当的冷藏条件下，并严禁反复冻融。疫苗使用前应认真检查，若发现冻干苗失真空、油乳剂苗沉淀、变质或发霉、有异物、过期，无批准文号、生产日期和有效期的三无产品等情况，应予废弃。使用时应严格按照要求稀释，在规定时间内接种完毕。

（二）疫苗免疫效果的评价

疫苗免疫接种的目的是降低动物对某些疫病的易感性，减少疫病带来的经济损失。因此，某一免疫程序对特定动物群是否达到了预期的效果，需要定期对接种对象的实际发病率和抗体水平进行监测和分析，以评价其是否合理。免疫评价的方法主要有流行病学方法、血清学评价和人工攻毒试验。

1. 流行病学评价方法

通过免疫动物群和非免疫动物群的发病率、死亡率等流行病学指标，来比较和评价不同疫苗或免疫程序的保护效果。保护率越高，免疫效果越好。常用的指标有：

效果指数 = 对照组患病率 / 免疫组患病率

保护率（％）=（对照组患病率 – 免疫组患病率）/ 免疫组患病率 ×100

当效果指数 <2 或保护率 <50% 时，可判定该疫苗或免疫程序无效。

2. 血清学评价

血清学评价是以测定抗体的转化率和几何平均滴度为依据的，但多用血清抗体的几何平均滴度来进行评价，通过比较接种前后滴度升高的幅度及其持续时间来评价疫苗的免疫效果。如果接种后的平均抗体滴度比接种前升高 4 倍以上，即认为免疫效果良好；如果升高小于 4 倍，则认为免疫效果不佳或需要重新进行免疫接种。

3. 人工攻毒试验

通过对免疫动物的人工攻毒试验，可确定疫苗的免疫保护率、安全性、开始产生免疫力的时间、免疫持续期和保护性抗体临界值等指标。

第三节　药物预防

一、药物预防的概念

在平时正常的饲养管理状态下，给动物投服药物以预防疫病的发生，称为药物预防。

动物疫病种类繁多，除部分疫病可用疫苗预防外，有相当多的疫病没有疫苗，或虽有疫苗但应用效果不佳。因此，通过在饲料或饮水中加入抗微生物药、抗寄生虫药及微生态制剂来预防疫病的发生有十分重要的意义。

二、预防用药的选择

临床应用的抗微生物药、抗寄生虫药种类繁多，选择预防用药时应遵循以下原则。

（一）病原体对药物的敏感性

进行药物预防时，应先确定某种或某几种疫病作为预防的对象。针对不同的病原体选择敏感、广谱的药物。为防止产生耐药性，应适时更换药物。

为达到最好的预防效果，在使用药物前，应进行药物敏感性试验，选择高度敏感的药物用于预防。

（二）动物对药物的敏感性

不同种属的动物对药物的敏感性不同，同种动物但年龄、性别不同对药物的敏感性也有差异，因此在做药物预防时应区别对待。例如，可用 3 毫克 / 千克速丹拌料来预防鸡的球虫病，但对鸭、鹅均有毒性，甚至会产生药物中毒而引起死亡。

（三）药物安全性

使用药物预防应以不影响动物产品的品质和消费者的健康为前提，具体使用时应符合《兽药管理条例》《饲料和饲料添加剂管理条例》要求，以及农业农村部发布的禁、限用兽药的规定，不用禁用药物，对待出售的畜禽使用药物时，应注意休药期，以免药物残留。

（四）有效剂量

药物必须达到最低有效剂量，才能收到应有的预防效果。因此，要按规定的剂量，均匀地拌入饲料或完全溶解于饮水中。有些药物的有效剂量与中毒剂量之间距离太近（如马杜拉霉素），掌握不好就会引起中毒。

（五）注意配伍禁忌

两种或两种以上药物配合使用时，有的会产生理化性质改变，使药物产生沉淀或分解、失效甚至产生毒性。如硫酸新霉素、庆大霉素与替米考星、罗红霉素、盐酸多西环素、氟苯尼考配伍时疗效会降低；维生素 C 与磺胺类药物配伍时会沉淀，分解失效。在进行药物预防时，一定要注意配伍禁忌。

（六）药物广谱性

最好是广谱抗菌、抗寄生虫药，可用一种药物预防多种疫病。

（七）药物成本

在集约化养殖场中，预防药物用量大，若药物价格较高，则增加了药物成本。因此，应尽可能地使用价廉而又确有预防作用的药物。

三、预防用药的方法

不同的给药方法可以影响药物的吸收速度、利用程度、药效出现时间及维持时间。药物预防一般采用群体给药法，将药物添加到饲料中，或溶解到饮水中，让动物服用，有时也采用气雾给药法。

（一）拌料给药

拌料给药即将药物均匀地拌入饲料中，让动物在采食时摄入药物而发挥药理效应的给药方法。主要适用于预防性用药，尤其是长期给药。该法简便易行，节省人力，应激小。但对患病动物，当其食欲下降时，不宜应用。拌料给药时应注意以下几点。

1. 准确掌握药量

应严格按照动物群体重，计算并准确称量药物，以免造成药量过小不起作用或药量过大引起中毒。

2. 确保搅拌均匀

通常采用分级混合法，即将全部用量的药物加到少量饲料中，充分混合后，再加到一定量饲料中，再充分混匀，然后再拌入计算所需的全部饲料中。大批量饲料拌药更需多次分级扩充，以达到充分混匀的目的。切忌把全部药量一次性加入所需饲料中简单混合，以避免部分动物药物中毒及大部分动物吃不到药物，影响预防效果。

3. 注意不良反应

某些药物混入饲料后，可与饲料中的某些成分发生拮抗作用。比如饲料中长期混合磺胺类药物，就容易引起鸡 B 族维生素或维生素 K 缺乏。应密切注意并及时纠正不良反应。

（二）饮水给药

饮水给药是指将药物溶解到饮水中，让动物在饮水时饮入药物而发挥药理效应的给药方法。常用于预防和治疗疫病。饮水给药所用的药物应是水溶性的。为了保证全群内绝大部分个体在一定时间内喝到一定量的药水，应考虑动物的品种、畜舍温度、湿度、饲料性质、饲养方法等因素，严格掌握动物一次的饮水量，然后按照药物浓度，准确计算用药剂量，以保证药饮效果。

在水中不易被破坏的药物，可让动物长时间自由饮用；而对于一些容易被破坏或失效的药物，应要求动物在一定时间内全部饮尽。为此，在饮水给药前常停水一段时间，气温较高的季节停水 1～2 小时，以提高动物饮欲。然后给予加有药物的饮水，让动物在一定时间内充分喝到药水。

（三）气雾给药

气雾给药是指用药物气雾器械，将药物弥散到空气中，让畜禽通过呼吸作用吸入体内或作用于畜禽皮肤及黏膜的给药方法。气雾给药时，药物吸收快，作用迅速，节省人力，尤其适用于现代化大型养殖场，但需要一定的气雾设备，且畜舍门窗能满足密闭条件。

能应用于气雾途径的药物应该无刺激性，易溶于水。有刺激性的药物不应通过气雾给药。若欲使药物作用于上呼吸道，应选用吸湿性较强的药物，而欲使药物作用于肺部，就应选用吸湿性较差的药物。

在应用气雾给药时，不要随意套用拌料或饮水给药浓度。应按照畜舍空间和气雾设备，准确计算用药剂量，以免造成不应有的损失。

（四）外用给药

外用给药主要是指为杀死动物体外寄生虫或体外致病微生物所采用的给药方法。包括喷洒、熏蒸和药浴等不同的方法。应注意药物浓度和使用时间。

第四节 药物驱虫

一、驱虫前畜禽寄生虫感染状态的检查

驱虫前，检查并记录动物寄生虫感染状况，包括临床症状；检测体内寄生虫（卵）数。根据动物种类和寄生虫种类不同，选择并确定驱虫药的种类、用量和使用方法。

二、给药驱虫

（一）口服丙硫咪唑驱蛔虫

禁饲一段时间后，将一定量的驱虫药拌入饲料中投服；或者禁饮一段时间后，将面粉加入少量水中溶解，再加药粉搅拌溶解，最后加足水，将驱虫药制成混悬液让猪自由饮用。投药后 3～5 天内，粪便集中消毒处理。

（二）注射伊维菌素驱蛔虫

伊维菌素经皮下注射可以达到驱线虫、外寄生虫的作用。在猪、羊颈侧剪毛消毒后，按剂量皮下注入。

（三）涂擦胺菊酯乳油驱除螨

用胺菊酯乳油涂擦羊的体表。适用于畜禽体表寄生虫的驱虫。

（四）胺菊酯乳油药浴驱除体表寄生虫

主要适用于羊体表寄生虫的驱杀。羊群剪毛后，选择晴朗无风的中午，

羊群充足饮水后，配制好 0.05% 的胺菊酯药液，利用药浴池浸泡 3 分钟或喷淋 4～6 分钟，注意全身都要被浸泡。

三、驱虫效果评价的方法

（一）通过驱虫前后畜禽表现进行效果评定

通过对比驱虫前后的发病率与死亡率、营养状况、临床表现、生产能力等进行效果评定。

（二）通过计算虫卵减少率、虫卵转阴率及驱虫率进行评定

1. 虫卵减少率

为动物服药后粪便内某种虫卵数与服药前的虫卵数相比所下降的百分率。

虫卵减少率（%）=（投药前 1 克粪便中某种蠕虫虫卵数 / 投药后 1 克粪便中该种蠕虫虫卵数）×100

2. 虫卵转阴率

为投药后动物的某种蠕虫感染率比投药前感染率下降的百分率。

虫卵转阴率（%）=（投药前某种蠕虫感染率 – 投药后该种蠕虫感染率）/ 投药前某种蠕虫感染率 ×100

为获得准确驱虫效果，粪便检查时所有器具、粪便数量以及操作方法要完全一致；根据药物作用时效，在驱虫 10～15 天进行粪便检查；驱虫前后粪便检查各进行 3 次，取其平均数。

3. 粗计驱虫率（驱净率）

是投药后驱净某种蠕虫的头数与驱虫前感染头数相比的百分率。

粗计驱虫率（%）=（投药前动物感染数 – 投药后动物感染数）/ 投药前动物感染数 ×100

4. 精计驱虫率（驱虫率）

是动物投药后驱除某种蠕虫平均数与对照动物体内平均虫数相比的百分率。

精计驱虫率（%）=（对照动物体内平均虫数 – 试验动物体内平均虫数）/ 对照动物体内平均虫数 ×100

在驱虫后要及时清理掉排泄物，将其深埋或者烧毁处理，避免存在寄生虫或病原菌。

第五章　动物疫病的诊断和治疗

第一节　动物传染病的诊断和治疗

一、动物传染病的诊断

对已发生和疑似的畜禽传染病，及时而正确的诊断是预防工作的重要环节，是有效组织防控措施的关键。诊断畜禽传染病常用的方法有：临床诊断、流行病学诊断、病理学诊断、微生物学诊断、免疫学诊断、分子生物学诊断等。诊断方法很多，但并不是每一种传染病和每一次诊断工作都需要全面使用这些方法，而是应该根据不同传染病的具体情况，选取一种或几种方法及时作出诊断。

（一）临床诊断

临床诊断就是利用人的感觉器官或借助最简单的器械（体温计、听诊器等）直接对发病动物进行问诊、视诊、触诊、听诊、叩诊等临床检查，有时也要进行血、粪、尿的常规检查和 X 射线透视及摄影、超声波检查和心电图描记等。

有些传染病具有特征性的临床症状，如狂犬病、破伤风等，经过仔细的临床检查，即可得出诊断结论。但是临床诊断具有一定的局限性，对于发病初期，病畜特征性临床症状尚未出现、非典型感染和临床症状有许多相似之处的传染病，就难以作出诊断。因此多数情况下，临床诊断只能提出可疑传染病的范围，进行疑似诊断，要确诊必须结合其他诊断方法。

（二）流行病学诊断

流行病学诊断是在流行病学调查（疫情调查）的基础上进行的，可在临床诊断过程中进行，通过直接询问、查阅资料、现场观察等获得调查资料，然后对调查材料进行统计分析，作出诊断。某些传染病临床症状非常相似，但其流行特点和规律却差异较大。

对疫病进行流行病学调查，其主要内容应包括以下三点。

1. 本次疫病流行的情况

最初发病的时间、地点、随后蔓延的情况，目前的疫情分布；疫区内各种动物的数量和分布情况；发病动物的种类、数量、性别、年龄。查清感染率、发病率、死亡率和病死率。

2. 疫情来源的调查

本地过去是否发生过类似的疫病？何时何地发生？流行情况如何？是否确诊？何时采取过防控措施？效果如何？附近地区是否发生过类似的疫病？本次发病前是否从外地引进过畜禽、畜禽饲料和畜禽用具？输出地有无类似的疫病存在等。

3. 传播途径和方式的调查

本地各类有关动物的饲养管理方法；畜禽流动、收购和卫生防疫情况；交通检疫和市场检疫情况；死亡畜禽尸体处理情况；助长疫病传播蔓延的因素和控制疫病的经验；疫区的地理环境状况；疫区的植被和野生动物、节肢动物的分布活动情况。与疫病的传播蔓延有无关系。

综上所述，疫情调查不仅给流行病学诊断提供依据，而且也能为拟定防控措施提供依据。

（三）病理学诊断

对传染病死亡畜禽的尸体进行剖检，观察其病理变化，一般情况下可作为诊断的依据。如鸡马立克病、猪气喘病等的病理变化有较大的诊断价值。但最急性死亡病例，有的特征性的病变尚未出现，尽可能多检查几只，并选症状比较典型的剖检。有些传染病除肉眼检查外，还需做病理组织学检查。有的还需检查特定的器官组织，如疑似狂犬病时取大脑海马角组织进行包涵体检查。

1. 禽的解剖方法

（1）放血与消毒

①放血。病禽保定用左手拇指与食指抓住鸡翅膀，左手小拇指勾起病鸡腿部，左手食指拇指抓住鸡喙部，使鸡的颈部呈弓状，右手拿剪刀从病鸡耳后无毛区剪开颈静脉和动脉，充分放血至病鸡死亡。注意在放血过程中不要损伤气管和食道，以免影响病理观察。

②消毒。病鸡放血后，为防止病原扩散和影响视野观察，在病理剖检之

前，对病死鸡尸体采用浸泡消毒法进行消毒。

（2）病理剖检方法和术式

①剥皮。用力掰开病鸡双腿，至髋关节脱白，后将翅膀与两腿摊开，或将头、两翅固定在解剖板上。用剪刀沿颈、胸、腹中线剪开皮肤，再剪开腹部并延至两腿内侧皮肤。由剪处向两侧分离皮肤。剥开皮肤后，可看到颈部的气管、食道、嗉囊、胸腺、迷走神经以及胸肌、腹肌、腿部肌肉等。

②剖开胸、腹腔。在病鸡龙骨末端剪开肌肉，沿肋骨弓向前剪开，剪开锁骨向上翻开，便可打开胸腔。再沿腹中线到泄殖腔附近剪开腹腔。

③内脏器官的取出。第一，把肝脏与其他连接器官的韧带剪断，将脾脏、肌囊随同肝脏一同取出。第二，把食道与腺胃交界处剪断，将腺胃、肌胃、肠管一并取出。第三，剪开卵巢系膜，把输卵管与泄殖腔连接处剪断，将其取出。雄禽剪断睾丸系膜，取出睾丸。第四，用钝器从脊椎深处剥离并取出肾脏。第五，剪断心脏的动脉、静脉，取出心脏。第六，用钝器将肺脏从肋骨中剥离并摘出。第七，剪开喙角，打开口腔，先把喉头与气管一同摘除，然后将食道、嗉囊一同摘出。第八，把直肠拉出腹腔，露出位于泄殖腔背面的法氏囊，剪开与泄殖腔连接处，法氏囊便可摘除。

④剪开鼻腔。从鼻孔上部横向剪断上喙部，断面露出鼻腔和鼻甲骨。轻压鼻部可检查鼻腔内是否有内容物。

⑤剪开气管与支气管。将颈部皮肤剪开，即可暴露出气管、支气管，从喉部将其剪开并进行观察。

⑥剪开眶下窦。剪开眼下及嘴角上的皮肤，看到的空腔即是眶下窦。

⑦取脑。剥去头部皮肤，用骨剪剪开顶骨缘，揭开头盖骨，即可露出大脑和小脑。切断脑底部神经，取出大脑。

⑧暴露外部神经。迷走神经在颈椎的两侧，沿食道两旁即可找到。坐骨神经位于大腿两侧，剪去内收肌可露出。肾摘除后露出腰间神经丛。将脊背朝上，剪开肩胛和脊柱之间的皮肤，剥离肌肉，即可看到臂神经。

2. 猪的解剖和取样要点

（1）常规取样要求及材料 分子生物学样品可以选取血液、唾液、肺、淋巴结、小肠等。微生物学样品可以选取脑、肺、小肠等。病理组织样品可以选取心、肝、脾、肺、肾、大脑、小脑、十二指肠、空肠、回肠、淋巴结、结肠。

材料为带柄解剖刀（不要用手术刀片）、剪刀、镊子、无菌保鲜袋、10%甲醛溶液或75%酒精、打火机等。

可以用肺检测各种病毒，包括蓝耳病毒、伪狂犬病毒等，同时要根据猪临床表现取肺做细菌培养，注意细菌培养的组织要取正常组织和病变组织交界处的样本，最好选择没有经过治疗的猪。取固定组织的时候肺组织大小如成年人指甲盖大小，病理组织需要取尖叶、心叶、膈叶，取三个以上的位置点。

不要做详细的分子生物学、微生物学等检测时，对肺的大体观察需要平铺，背面朝上，肺大体观察最重要的标志是看肺能否塌陷褶皱，肺是否能够塌陷，可以大致衡量肺泡形态正常与否。

取脑组织做细菌培养或者病理切片，如果怀疑伪狂犬病毒可以用脑组织做 PCR，如不需要做细菌培养和 PCR 的时候，只取固定样品的时候，取样一定要包括大脑，大脑可以观察是否存在化脓性脑炎或者非化脓性脑炎，这对于判断猪群当下的主要问题非常有意义。

取心、肝、脾、肺、肾、淋巴结。淋巴结可以选择腹股沟淋巴结或者肺门淋巴结作为病理组织，这种组织的体积一般只有成人指甲盖大小，取多种组织做组织病理学是必要的，尤其在面临一些复杂的问题时候。在大多数情况下不需要取心脏、肝脏、脾脏、淋巴结、肾脏做细菌培养，在怀疑败血性沙门氏菌或者母猪诺维氏梭菌的时候，可以用肝脏做培养。

可以选择空肠或者回肠做 PCR，检测病毒性肠炎，如流行性腹泻病毒、轮状病毒等，取空肠或者回肠（长度在 10 厘米左右）做肠道细菌培养，细菌培养的组织并不需要两头扎起来，取十二指肠、空肠、回肠（每段 1~2 厘米）做病理组织，怀疑沙门氏菌的时候可以取结肠组织。病理组织需要冲洗肠道内容物，用 75% 的酒精或者福尔马林溶液进行清洗。

兽医应根据现场的实际情况，选择各种合适的检查方式，如分子生物学、微生物学、病理学检查。在多数情况下，仅分离到病原体并不意味着正确诊断，只有在严格遵循疾病定义的诊断标准才有可能得出准确的结论。

（2）注意事项

①取样先后顺序。先取细菌培养组织，如（脑、肺和小肠），然后取 PCR 组织，如肺和小肠，最后才取病理组织。

②细菌培养的组织要单独放入无菌保鲜袋，如肺单独放进无菌保鲜袋，里面不能有其他组织，肠道需要取空肠或者回肠，无需把整个肠道放入无菌保鲜袋。

③病理组织中肠道需要用 75% 的酒精或甲醛溶液清洗肠道内容物，这点很重要，并且肠道组织不能太长，长度在 1~2 厘米。

④解剖猪一定要取脑组织，特别是病理组织，细菌培养的组织要挑选那些近期没有治疗的猪只。

⑤解剖取样要 2~3 个人完成，其中一人重点负责拍照，尤其对一些组织，如肺、肠道必须拍照，对组织宏观病变的详细分析也是非常必要的。

⑥最佳的固定液为 10% 甲醛溶液，如果现场没有甲醛，可以选择 75% 的酒精。

（四）微生物学诊断

应用兽医微生物学的方法进行病原学检查是诊断传染病的重要方法。

1. 细菌病的诊断方法

（1）检测细菌或其抗原

①直接涂片显微镜检查。自病畜禽标本直接涂片作染色镜检是简便而快速的方法之一。自一定部位采集标本作直接检查需考虑细菌的形态特征及可能存在的细菌数量。脑脊液和淤斑刺破涂片，常可显示在细胞内革兰氏阴性肾形双球菌，有诊断价值；咽部假膜涂片中可见典型的杆菌有时可有异染颗粒，也有参考诊断价值；痰直接或浓集后涂片抗酸染色检出结核杆菌有诊断价值。在少数情况下，也有利用免疫荧光或酶标记抗体染色镜检方法进行快速诊断，如粪便中的霍乱弧菌、痢疾杆菌等，可用这种技术检出。

②培养。大多数病菌的形态与染色并无特征，因此需用培养方法来分离与鉴定细菌。虽然这一方法需要的时间较长，但比较可靠。此外，只有通过这一方法才能获得细菌的纯培养，可用于做药敏试验或毒力试验。应根据不同细菌需要的营养、生长条件（如厌氧或二氧化碳）、菌落生长特征来初步识别细菌。如溶血性链球菌需在血琼脂平板上生长，菌落小而透明，菌落周围有完全溶血圈，可资鉴别。多数细菌欲确定为何种病原菌尚需进一步获得纯培养，及接种各种特殊培养基进行生化反应试验确定其抗原性与致病力等。

③生化反应。细菌的合成与分解代谢过程中，能通过酶利用一些物质或分解一些物质。不同的细菌具有不同的酶，因此各种细菌能够利用与分解的物质也各不相同。利用各种细菌的不同生化反应帮助鉴别细菌，如肠道杆菌，是很重要的步骤。例如肠道杆菌均为革兰氏阴性杆菌。菌落形态亦相似，但对于糖的发酵结果不同，因此可利用不同种糖作为培养基进行生化反应予以区别。

④抗原检测与分析。有些细菌即使使用生化反应也难以区别，但其细菌抗原成分（包括菌体抗原、鞭毛抗原）却不同。利用已知的特异性抗体测定有无相应的细菌抗原可以确定菌种或菌型。常用的方法为玻片凝集反应，用已知的特异性免疫血清与待鉴定的细菌在玻片上做凝集反应，如出现凝集菌团则为阳性，说明该菌有相应的特异性抗原。近年采用了多种检测抗原的敏

感性方法，如对流免疫电泳、放射免疫、酶联免疫、气相色谱等方法，试图直接从患畜禽标本中检测细菌抗原作快速诊断。

（2）检测抗体　畜禽受病菌感染后，经一定时间产生抗体，抗体的量随病菌感染过程而增多，表现为效价升高。因此用已知的细菌或抗原检测畜禽体液（主要为血清）中有无相应抗体及抗体量的动态变化，可辅助诊断。一般采用血清进行试验，故又称为血清学试验。血清学试验适用于抗原性较强的病原菌及病程较长的传染病诊断。

正常畜禽如已经受过某些病原菌隐性感染或近期进行过预防接种，血清中可能含有对该种病原菌的一定量的抗体，因此必须有抗体效价升高或随病程递增才有参考价值。

（3）检测细菌遗传物质　通过检测病原体遗传物质来确认病原体是检查病原体最直接的方法。目前比较成熟的技术包括基因探针技术和 PCR 技术。

①基因探针技术。用标记物标记细菌染色体或质粒 DNA 上的特异性片段制备成细菌探针，待检标本经过短时间培养后，经过点膜、裂解变性、预杂交和杂交后，利用探针上标记物发出的信号可以知道杂交结果并判断病原体的性质。基因探针技术操作比较复杂，加之同位素污染等问题，目前尚不能普及应用。

②PCR 技术。设计病原体基因的特异性引物，细菌标本（不经培养）经过简单裂解、变性后，就可在 PCR 仪上进行扩增反应，经过 25～30 个循环，通过琼脂糖电泳即可观察扩增结果，检出病原体。这种技术的特点是简便、快速。它尤其适用于那些培养时间较长的病原菌的检查，如结核杆菌、支原体等。PCR 高度的敏感性使该技术在病原体诊断过程中极易出现假阳性，避免污染是提高 PCR 诊断准确性的关键环节。

2. 病毒病的诊断方法

（1）病料的采集、保存和运送　病毒病病料采集时要无菌操作，采集的病料可冷冻保存。送样同细菌病病料。

（2）包含体检查　有些病毒能在易感细胞中形成包涵体。将被检材料直接制成涂片、组织切片或冰冻切片，经特殊染色后，用普通光学显微镜检查。

（3）病毒的分离培养　将采集的病料接种动物、高胚或组织细胞，进行病毒的分离培养。

供接种的病料应除菌，除菌方法有过滤除菌、高速离心除菌和用抗生素处理三种。被接种的动物、禽胚或细胞经一定时间后，可用血清学试验等鉴定病毒是否生长。

（4）动物接种试验　取病料或分离到的病毒处理后接种试验动物，观察记录动物的发病时间、临床症状及病变甚至死亡的情况，也可借助实验室的方法来判断病毒的存在。

（五）免疫学诊断

免疫学诊断是诊断传染病和检疫常用的重要方法，包括血清学试验和变态反应两类。

（1）血清学试验　是利用抗原和抗体特异性结合的免疫学反应进行诊断，具有特异性强、检出率高，方法简易快速的特点。可以用已知抗原来测定被检动物血清中的特异性抗体，也可以用已知抗体来测定被检材料中的抗原。血清学试验有中和试验、凝集试验、沉淀试验、溶细胞试验、补体结合试验、免疫标记技术等。

（2）变态反应　结核分枝杆菌、布鲁氏菌等细胞内寄生菌，在传染的过程中，能引起以细胞免疫为主的 NV 型变态反应。这种变态反应以病原微生物或其代谢产物作为变应原，是在传染过程中发生的，因此称为传染性变态反应。临床上对于这些细胞内寄生菌引起的慢性传染病，常利用传染性变态反应来诊断。如利用结核菌素给动物皮内注射，然后根据局部炎症情况判定是否感染结核病。

（六）分子生物学诊断

分子生物学诊断又称基因诊断。主要是针对不同病原微生物所具有的特异性核酸序列和结构进行测定。其特点是反应的灵敏度高、特异性强、检出率高，是目前最先进的诊断技术。

主要方法有核酸探针、PCR 技术和 DNA 芯片技术。

二、动物传染病的治疗

（一）畜禽传染病治疗的意义

畜禽传染病的治疗，一方面是挽救发病畜禽，减少损失；另一方面是消除传染源，是综合性防控措施的重要组成部分。传染病的治疗还应考虑经济问题，用最少的花费取得最佳的治疗效果。目前对有些疫病尚无有效的疗法，当认为发病畜禽无法治愈，或治疗需要时间很长，所用医疗费用过高，或当发病畜禽对周围的人和其他动物有严重的传染威胁时，可以淘汰扑杀。因此，既要反对那种治疗可有可无的偏见，又要反对那种只管治不管防的单纯治疗观点，坚持"预防为主，养防结合，防重于治"的原则。

（二）畜禽传染病治疗的原则

畜禽传染病的治疗与普通病不同，治疗传染病畜禽要注意以下几点。

1. 防止病原体散播

治疗传染病畜禽，必须在严格隔离的条件下进行，务必使治疗的发病畜禽不致成为散播病原体的传染源。

2. 对因治疗和对症治疗相结合

治疗过程中，既要考虑针对病原体，消除其致病作用，又要帮助动物机体增强一般抗病力和调整、恢复生理功能，"急则治其标，缓则治其本"。

3. 局部治疗和全身治疗相结合

4. 中西医治疗相结合

取中西医之长，中西结合，达到最佳治疗效果。

（三）治疗方法

1. 针对病原体的疗法

针对病原体的疗法就是帮助机体杀灭或抑制病原体，或消除其致病作用的疗法。可分为特异性疗法、抗生素疗法和化学疗法等。

（1）特异性疗法　应用针对某种传染病的高免血清、卵黄抗体等特异性生物制品进行治疗，因为这些制品只对某种特定的传染病有效，而对他种病无效，故称为特异性疗法。例如犬瘟热血清只能治疗犬瘟热，鸭病毒性肝炎血清只对鸭病毒性肝炎有效。

（2）抗生素疗法　抗生素是治疗细菌性传染病的主要药物，使用抗生素时应注意以下几点。

①掌握抗生素的适应症。抗生素各有其主要适应症，可根据临床诊断，估计致病菌种，掌握不同抗菌药物的抗菌谱，选用适当药物。最好以分离的病原菌进行药物敏感试验，选择对此菌敏感的药物用于治疗。

②考虑用量、疗程，给药途径，不良反应、经济价值。抗生素在机体内要发挥杀灭或抑制病原菌的作用，必须在靶组织或器官内达到有效的浓度，并维持一定的时间。疗程应根据疾病的类型、病畜的具体情况决定，一般急性感染的疗程不宜过长，可于感染控制后3天左右停药。

同时，血中有效浓度维持时间受药物在体内的吸收、分布、代谢和排泄的影响。因此，应在考虑各药的药物动力学、药效学特征的基础上，结合畜禽的病情、体况，制订合适的给药方案，包括药物种类、给药途径、剂量、

166

间隔时间及疗程等。

③不要滥用抗生素。滥用抗生素不仅对病畜无益，反而会产生多种危害。

④联合用药。联合应用抗菌药的目的主要在于扩大抗菌谱、增强疗效、减少用量、降低或避免毒副作用，减少或延缓耐药菌株的产生。

联合用药在下列情况下应用：用一种药物不能控制的严重感染或混合感染；病因未明而又危及生命的严重感染，先进行联合用药，确诊后再调整用药；容易出现耐药性的细菌感染；需要长期治疗的慢性疾病，为防止耐药菌的出现而进行联合用药。

抗生素的联合应用应结合临床经验减量使用。联合应用时有可能通过协同作用增进疗效，如青霉素与链霉素的合用，土霉素与红霉素合用主要可表现协同作用。但是不适当的联合用药（如青霉素与红霉素合用，土霉素与头孢类合用会产生拮抗作用），不仅不能提高疗效，反而可能影响疗效，而且增加了病菌对多种抗生素的接触机会，更易广泛地产生耐药性。

抗生素和磺胺类药物的联合应用，常用于治疗某些细菌性传染病。如链霉素和磺胺嘧啶的协同作用，可防止病菌迅速产生对链霉素的耐药性。

（3）化学疗法　使用有效的化学药物帮助动物机体消灭或抑制病原体的治疗方法，称为化学疗法。

2.针对动物体的疗法

在畜禽传染病的治疗过程中，既要考虑针对病原体，消除其致病作用，又要考虑如何帮助动物体增强一般抗病能力和调整、恢复生理功能，促使机体战胜疾病，尽快康复。

（1）加强护理　对发病畜禽加强护理，可提高其抗病能力，促进尽快康复。畜禽传染病的治疗，应在严格隔离的畜禽舍中进行；冬季应注意防寒保暖，夏季注意防暑降温。隔离舍必须光线充足、安静舒适、干燥通风，并进行随时严格的消毒，严禁闲人入内。供给发病畜禽充分的清洁饮水，使用单独的饮水用具。给以易于消化的高质量饲料，少喂勤添，必要时可人工灌服。根据病情的需要，亦可注射葡萄糖、维生素或其他营养性物质以维持其生命。此外，应根据当时当地的具体情况、疫病的性质和该发病畜禽的临床特点等加强针对性护理。

（2）对症治疗　在传染病治疗中，为了减缓或消除某些严重的全身性症状，如发热、疼痛、兴奋、心脏衰弱或衰竭、腹泻、机体酸中毒、代谢紊乱等，调节或恢复机体的生理机能而进行的内外科疗法，均称为对症治疗。如退热、止痛、止血、镇静、兴奋、强心、利尿、轻泻、止泻、调理酸碱中毒、调节电解质平衡等，某些急救手术和局部治疗，也属于对症治疗的范畴。

三、三类动物疫病防治规范

农业农村部于 2022 年 6 月 23 日印发了《三类动物疫病防治规范》，对做好中华人民共和国境内三类动物疫病的预防、疫情报告及疫病诊治工作提出了规范化的要求。

（一）适用范围

《三类动物疫病防治规范》中所指的三类动物疫病是《一、二、三类动物疫病病种名录》中所列的三类动物疫病。

（二）疫病预防

从事动物饲养、屠宰、经营、隔离、运输等活动的单位和个人应当加强管理，保持畜禽养殖环境卫生清洁、通风良好、合理的环境温度和湿度。

从事动物饲养、屠宰、经营、隔离、运输等活动的单位和个人应当建立并执行动物防疫消毒制度，科学规范开展消毒工作，及时对病死动物及其排泄物、被污染的饲料、垫料等进行无害化处理。

从事动物饲养、屠宰、经营、隔离等活动的单位和个人应控制车辆、人员、物品等进出，并严格消毒。

动物饲养场和隔离场所、动物屠宰加工场所以及动物和动物产品无害化处理场所应当取得动物防疫条件合格证；经营动物、动物产品的集贸市场应当具备相应动物防疫条件。

应使用营养全面、品质良好的饲料。畜禽养殖应使用清洁饮水，鼓励采取全进全出、自繁自养的饲养方式。

养殖场（户）可根据本地区疫病流行情况，合理制订免疫程序，对危害严重的疫病实施免疫。

养殖场（户）应根据国家和本地区的动物疫病防治要求，主动开展疫病净化工作。

饲养种用、乳用动物的单位和个人，应按照相应动物健康标准等规定，定期开展动物疫病检测；检测不合格的，应当按照国家有关规定处理。

（三）疫情报告

从事动物饲养、屠宰、经营、隔离、运输等活动的单位和个人发现动物患病或疑似患病时，应当立即向所在地农业农村主管部门或者动物疫病预防控制机构报告，并迅速采取消毒、隔离、控制移动等控制措施，防止动物疫情扩散。其他单位和个人发现动物患病或疑似患病时，应当及时报告。

执业兽医、乡村兽医以及从事动物疫病检测、检验检疫、诊疗等活动的单位和个人在开展动物疫病诊断、检测过程中发现动物患病或疑似患病时，应及时将动物疫病发生情况向所在地农业农村主管部门或者动物疫病预防控制机构报告。

县级以上动物疫病预防控制机构应每月汇总本行政区域内动物疫情信息，经同级农业农村主管部门审核后逐级报送，畜禽疫情报中国动物疫病预防控制中心，水生动物疫情报全国水产技术推广总站。中国动物疫病预防控制中心和全国水产技术推广总站按规定报送农业农村部。

三类动物疫病发病率、死亡率、传播速度出现异常升高等情况，或呈暴发性流行时，应当按照动物疫情快报要求进行报告。

（四）疫病诊治

经临床诊断、流行病学调查或实验室检测，综合研判认定为三类动物疫病的，可对患病动物进行治疗。

对于需使用抗菌药、抗病毒药、驱虫和杀虫剂、消毒剂等进行治疗的，应当符合国家兽药管理规定。药物使用应确保精准，严格执行用药时间、剂量、疗程、休药期等规定，建立用药记录，并保存 2 年以上。

治疗畜禽寄生虫病后，应及时收集排出的虫体和粪便，并进行无害化处理。

对患病畜禽应隔离饲养，必要时对患病动物的同群动物采取给药、免疫等预防性措施。

动物疫病诊疗过程中，相关人员应做好个人防护。治疗期间所使用的用具应严格消毒，产生的医疗废弃物等应进行无害化处理。

第二节　寄生虫病的诊断与防治

一、动物寄生虫病的诊断

寄生虫病的诊断要在流行病学调查的基础上，进行临床检查、实验室检查、尸体剖检，发现寄生虫的某一发育虫期，方可确诊。有时，即使生前诊断或尸体剖检时查到了寄生虫，也无法确定该疫病是否由寄生虫感染所致。因此，在判定某种疫病是否由寄生虫感染引起时，需结合流行病学资料、临床症状、病理变化和虫卵、幼虫或虫体计数结果等情况进行综合判断。

（一）流行病学调查

流行病学调查为寄生虫病的诊断提供重要依据，内容包括感染来源、途径、中间宿主和传播媒介的存在与分布等。

（二）临床检查

在临床检查时，根据某些寄生虫病特有的症状，如脑棘球蚴病（脑包虫病）的"原地转圈运动"、疥癣病的"剧痒"等可初步诊断。对于某些外寄生虫病，如牛皮蝇蚴病、虱病、蜱虫病等，发现病原体，可初步诊断。多数病例在临床上仅表现为消化功能障碍、消瘦、贫血和发育不良等慢性消耗性疾病的症状，虽然特征不明显，但可作为诊断寄生虫病的参考依据。

（三）实验室检查

1. 病原学检查

从动物的血液、组织液、排泄物、分泌物或活体组织中检查寄生虫的某一发育虫期，如虫体、虫卵、幼虫、卵囊、包囊。

方法：主要有粪便检查（虫体检查法、虫卵检查法、毛蚴孵化法、幼虫检查法等）、皮肤及其刮取物检查、血液检查、尿液检查、生殖器分泌物检查、肛门周围刮取物检查、痰及鼻液检查和淋巴穿刺物检查等。

2. 免疫学检查

免疫学检查是利用寄生虫和机体之间产生抗原－抗体皮肤及其刮取物的特异性反应进行的检查，是寄生虫病生前诊断重要的辅助方法。

（四）寄生虫病学剖检

寄生虫病学剖检既要检查组织器官的病理变化，又要检查寄生于组织器官的寄生虫，并确定寄生虫的种类和数量，便于确诊。

（五）药物诊断

对可疑患畜，用特效药进行驱虫或治疗，通过查找虫体或观察治疗效果作出的诊断称药物诊断。此法适用于患畜生前不能用实验室检查方法进行诊断的寄生虫病或无条件进行实验室检查的寄生虫病的诊断。

1. 驱虫性诊断

收集驱虫后 3 天以内畜禽排出的粪便，用肉眼查找虫体。适用于绦虫病、线虫病、胃蝇幼虫病等胃肠道寄生虫病的诊断。

2. 治疗性诊断

观察治疗效果，是治愈还是无效，遂可作出确诊。

二、动物寄生虫病的防治措施

（一）消除感染源

通过治疗患病动物或减少患病动物和带虫者向外界散播病原体来消除感染源。

1. 预防性驱虫

按寄生虫病的流行规律定时投药，实施成虫期前驱虫。如北方地区防治绵羊螨虫病时，多采取一年春秋 2 次驱虫，春季驱虫在放牧前进行，防止牧场被污染，秋季在转入舍饲后进行，驱除已经感染的寄生虫，并及时收集驱虫后的粪便堆积发酵，防止发生寄生虫病畜在群体内部散播病原体。

2. 消除保虫宿主

某些寄生虫病的流行，与犬、猫、野生动物和鼠类等保虫宿主关系密切。因此，应对犬和猫严加管理，积极搞好灭鼠工作，防止野生动物闯入养殖场所。

3. 加强肉品卫生检验检疫

某些寄生虫病可以通过被感染的动物源性食品传播给人类，如猪囊尾蚴病、旋毛虫病等。因此，要加强肉品卫生检验检疫，防止病原体扩散。

4. 外界环境除虫

环境是易被寄生虫污染的场所，也是宿主遭受感染的场所，搞好环境卫生是减少或预防寄生虫感染的重要环节。环境卫生有两方面的内容：一是尽可能地减少宿主与感染源接触的机会，例如及时清除粪便，打扫厩舍；二是设法杀灭外界环境中的病原体，例如粪便堆积发酵，利用生物热杀灭虫卵或幼虫。环境杀虫灭蝇，填埋死水塘，清除寄生虫的中间宿主或媒介等。

（二）切断传播途径

1. 划区轮牧

利用寄生虫的某些生物学特性可以设计划区轮牧方案。如绵羊线虫的幼虫在夏季牧场上需要多长时间发育到感染阶段，前一天可以转移到新的牧场。假如感染是 7 天，那么便可以让羊群在第 6 天离开，转移到新的牧场；原来的牧场可以放牧马，因为绵羊线虫不感染马。而那些绵羊线虫的感染幼虫在夏季牧场上只能保持感染力一个半月，那么一个半月后，羊群便可返回牧场。

2. 避蜱放牧

传播牛环形泰勒虫病的残缘璃眼蜱是圈舍蜱，在内蒙古成蜱每年 5 月出现，与环形泰勒虫病的暴发同步，均为每年一次。可使牛群于每年 4 月中、下旬离圈放牧，便可避开蜱的叮咬和疾病的暴发，又可在空圈时灭蜱。

3. 消灭中间宿主和传播媒介

中间宿主和传播媒介是较难控制的，可以利用它们的习性，设法回避或加以控制。如羊莫尼茨绦虫的中间宿主是地螨，地螨畏强光，怕干燥；潮湿和草高而密的地带数量多，黎明和日暮时活跃。据此可采取避螨措施以减少绦虫的感染。在小型人工牧场上，应尽可能改善环境卫生，创造不利于各种寄生虫中间宿主（蚂蚁、甲虫、蚯蚓、蜗牛等）隐匿和滋生的条件。

（三）保护易感动物

1. 提高动物自身抵抗力

这是必不可少的措施，如给予全价饲料，改善管理，减少应激因素等。

2. 免疫预防

寄生虫病的免疫预防尚不普遍。蠕虫病中，牛肺线虫的致弱苗使用历史较长。原虫病中，鸡球虫有强毒苗和弱毒苗；兔球虫个别虫种有早熟减毒苗；牛泰勒原虫和巴贝斯原虫也都有弱毒虫苗；近几年也有几种基因工程苗进入临床应用，如微小牛蜱、细粒棘球绦虫、猪囊虫、鸡球虫等的基因工程重组苗。

寄生虫的发育史复杂，必须针对其发育史和流行病学中的各个关键性环节，采取综合措施才能收到防治效果。单一驱虫和杀虫的做法常不能奏效，有时甚至是有害的。

第六章　动物疫病防治药物的应用

第一节　抗微生物药的应用

抗微生物药是指能选择性地抑制或杀灭病原微生物的药物。抗微生物药种类很多，主要有抗生素、化学合成抗菌药、抗真菌药和抗病毒药等。

一、抗生素的应用

（一）抗生素的作用机制

根据抗生素对细菌结构及功能干扰环节的不同，其作用机制分为四种，即：抑制细菌细胞壁的合成、与细胞膜相互作用、干扰蛋白质的合成以及抑制核酸的复制和转录。

1. 抑制细胞壁的合成

细菌的细胞壁主要由多糖、蛋白质和类脂类构成，具有维持形态、抵抗渗透压变化的重要功能。因此，抑制细胞壁的合成会导致细菌细胞破裂死亡；而哺乳动物的细胞因为没有细胞壁，所以不受这些药物的影响。这一作用的达成依赖于细菌细胞壁的一种蛋白，通常称为青霉素结合蛋白（PBPs），β 内酰胺类抗生素能和这种蛋白结合从而抑制细胞壁的合成，所以 PBPs 也是这类药物的作用靶点。以这种方式作用的抗菌药物包括青霉素类和头孢菌素类等 β 内酰胺类抗生素，能抑制革兰氏阳性菌细胞壁黏肽的合成，使细菌失去屏障而崩解死亡，但是频繁地使用会导致细菌的抗药性增强。

2. 与细胞膜相互作用

一些抗生素（如多黏菌素等多肽类抗生素、两性霉素等多烯类抗生素）与细胞的细胞膜相互作用而影响膜的渗透性，使菌体内盐类离子、蛋白质、核酸和氨基酸等重要物质外漏，这对细胞具有致命的作用，从而引起革兰氏阴性菌和真菌死亡。

3. 干扰蛋白质的合成

干扰蛋白质的合成意味着细胞存活所必需的酶不能被合成。蛋白质的合成是在核糖体上进行的，其核糖体由 50S 和 30S 两个亚基组成。其中，氨基糖苷类和四环素类抗生素作用于 30S 亚基，而大环内酯类、林可胺类等主要作用于 50S 亚基，抑制蛋白质合成的起始反应、肽链延长过程和终止反应，破坏细菌核蛋白体循环，导致菌体蛋白质合成受阻而死亡。

4. 抑制核酸复制和转录

核酸具有调控蛋白质合成的功能。某些抗生素如克霉唑、制霉菌素等和多种抗肿瘤抗生素能抑制或阻碍 DNA、RNA 的转录和复制，进而阻止细胞分裂和（或）所需酶的合成，从而引起细菌死亡。主要用于抗真菌感染。

（二）抗生素的耐药性

病原微生物对抗生素或其他抗菌药物从敏感变为不敏感，称为耐药性。可分为天然耐药性和获得耐药性两种。天然耐药性属细菌的遗传特征，例如铜绿假单胞菌对大多数抗生素不敏感；极少数金黄色葡萄球菌（简称金葡菌）对青霉素亦具有天然耐药性。获得耐药性是指病原菌与抗生素多次接触后，对药物的敏感性逐渐降低，甚至消失。某种病原菌对一种药物产生耐药性后，往往对同一类的药物也具有耐药性，这种现象称为交叉耐药性。

（三）抗生素的计量单位

抗生素的计量单位目前统一采用"U"（单位）计算。青霉素 1 单位等于 0.6 微克（μg）的纯结晶青霉素 G 钠（或钾），所以 1 毫克的青霉素 G 钠（或钾）就含有 1 667 单位。链霉素、土霉素、红霉素等以纯游离碱重量 1 微克作为 1 单位，所以 1 克（g）等于 100 万单位。四环素以纯盐酸盐重量 1 微克作为 1 单位，80 毫克就是 8 万单位。

（四）临床常用的抗生素

抗生素的种类繁多，按化学结构分，可将临床上较常用的几十种抗生素分为以下六类。

1. β-内酰胺类抗生素

β-内酰胺类抗生素包括青霉素类抗生素、头孢菌素类抗生素等。

（1）青霉素类抗生素　兽医临床上常用的青霉素类抗生素主要有青霉素、邻氯青霉素、氨苄青霉素和羟氨苄青霉素等。

①青霉素

【抗菌谱及适应症】属窄谱杀菌性抗生素，对大多数革兰氏阳性菌、少数革兰氏阴性球菌（巴氏杆菌、脑膜炎双球菌）、放线菌和钩端螺旋体等敏感。应用于炭疽、破伤风、猪丹毒、链球菌病、禽霍乱等病。

【用法与用量】内服易被胃酸和消化酶破坏，仅少量吸收，一般肌内注射，一次量，每千克体重，马、牛1万～2万单位，猪、羊、牛2万～3万单位，犬、猫3万～4万单位，禽5万单位，2～3次/天，连用2～3天。

常用制剂有：注射液青霉素钾（钠）、普鲁卡因青霉素注射液、注射用苄星青霉素等。

②氯唑西林（邻氯青霉素）

【抗菌谱及适应症】本品耐酸、耐酶，对青霉素耐药的菌株有效，尤其是对金黄色葡萄球菌。用于耐青霉素葡萄球菌感染的乳腺炎。

【用法与用量】内服或肌注均易吸收。内服，一次量，每千克体重，家畜10～20毫克；犬、猫20～40毫克，3次/天，连用2～3天；注射，一次量，每千克体重，家畜5～10毫克；犬、猫10～20毫克，3次/天，连用2～3天。乳管注入时，奶牛每乳管200毫克。

常用制剂有：注射用氯唑西林钠、苄星氯唑西林乳房注入剂、注射用氨苄西林钠氯唑西林钠等。

氨苄西林（氨苄青霉素）

【抗菌谱及适应症】广谱杀菌剂，对大多数革兰氏阳性菌、革兰氏阴性菌、放线菌、螺旋体有效。应用于畜禽大肠杆菌病、畜禽沙门氏菌病、猪传染性胸膜肺炎、禽霍乱、鸭传染性浆膜炎等对氨苄西林敏感菌的感染。

【用法与用量】内服或肌注均易吸收。内服，一次量，每千克体重，畜、禽20～40毫克；犬、猫20～30毫克，2～3次/天，连用2～3天；注射，一次量，每千克体重10～20毫克，2～3次/天，连用2～3天。

常用制剂有：注射用氨苄西林钠、氨苄西林钠可溶性粉、复方氨苄西林粉、注射用氨苄西林钠氯唑西林钠等。

③阿莫西林（羟氨苄青霉素）

【抗菌谱及适应症】与氨苄青霉素基本相似，作用更强，尤其是对大肠杆菌和沙门氏菌。

【用法与用量】内服或肌注均易吸收。内服，一次量，鸡每千克体重0.4～0.6克，连用5天；混饮，鸡每1升水1.2克（5%阿莫西林可溶性粉），连用3～5天；犬、猫10～20毫克，家畜20～30毫克，2次/天，连用2～3天；注射，一次量，家畜每千克体重，5～10毫克；犬、猫5～15毫克，2次/天，连用5天。

常用制剂有：阿莫西林可溶性粉、注射用阿莫西林、复方阿莫西林粉、阿莫西林片等。

（2）头孢菌素类抗生素　头孢菌素类又称先锋霉素类，按发现时间的先后，可分为一、二、三、四代头孢菌素类。头孢菌素类抗生素具有杀菌力强、抗菌谱广、毒性小、过敏反应少、对酸和β-内酰胺酶较青霉素稳定等优点。各代代表药物如下。

第一代头孢菌素：头孢氨苄（先锋霉素Ⅳ）、头孢羟氨苄、头孢唑啉（先锋霉素Ⅴ）、头孢拉定（先锋霉素Ⅵ）等。

第二代头孢菌素：头孢呋辛、头孢西丁、头孢克洛等。

第三代头孢菌素：头孢噻肟、头孢曲松、头孢噻呋等。

第四代头孢菌素：头孢唑喃、头孢吡肟、头孢喹诺等。

【抗菌谱及适应症】与氨苄青霉素相似，其中第一代和第二代头孢菌素，对厌氧菌、铜绿假单胞菌作用弱；第三代和第四代头孢菌素，对厌氧菌、铜绿假单胞菌作用强。

【用法与用量】头孢氨苄、头孢羟氨苄、头孢拉定可以内服，其他的常注射用。

头孢羟氨苄：内服，一次量，每千克体重10～30毫克，2～3次/天，连用2～3天。

头孢氨苄：内服，一次量，每千克体重10～30毫克，2～3次/天，连用2～3天。

头孢噻呋：注射，一次量，每千克体重1～5毫克，1次/天，连用3天。

头孢喹诺：注射，一次量，每千克体重1～2毫克，1次/天，连用3天。

常用制剂有：硫酸头孢噻肟乳房注入剂、硫酸头孢噻肟注射液、头孢噻呋注射液、注射用硫酸头孢噻肟、头孢氨苄注射液等。

2. 氨基糖苷类抗生素

（1）链霉素

【抗菌谱及适应症】抗菌谱较广，主要对结核杆菌和大多数革兰氏阴性菌及革兰氏阳性球菌有效，对钩端螺旋体、支原体也有效。应用于结核病、鸡传染性鼻炎、大肠杆菌病、牛出血性败血病、猪肺疫、禽霍乱、鸡毒支原体感染等。

【用法与用量】内服难吸收，肌注吸收迅速而完全。肌内注射，一次量，每千克体重家畜10～15毫克；家禽20～30毫克，2次/天，连用2～3天。

常用制剂有：注射液硫酸链霉素等。

（2）卡那霉素

【抗菌谱及适应症】与链霉素相似，抗菌活性稍强，对铜绿假单胞菌无效。主要用于治疗多数革兰氏阴性杆菌病，亦可治疗猪气喘病、猪萎缩性鼻炎、鸡慢性呼吸道病等。

【用法与用量】内服难吸收，肌注吸收迅速而完全。肌内注射，一次量，每千克体重家畜5～15毫克；家禽10～15毫克，2次/天，连用2～3天。

常用制剂有：硫酸卡那霉素注射液、注射用硫酸卡那霉素等。

（3）庆大霉素

【抗菌谱及适应症】本品抗菌谱广，抗菌活性强。对革兰氏阴性菌和革兰氏阳性菌均有较强作用，特别对铜绿假单胞菌及耐药性金黄色葡萄球菌的作用强，对支原体亦有作用。主要用于治疗耐药性金黄色葡萄球菌、副嗜血杆菌、铜绿假单胞菌、大肠杆菌、沙门氏菌等引起的各种疾病。

【用法与用量】本品内服难吸收，肠内浓度较高，肌注后吸收快而完全。内服，一次量，每千克体重5～10毫克，2次/天，连用2～3天；注射，一次量，每千克体重家畜2～4毫克；犬、猫3～5毫克；家禽5～7.5毫克，2次/天，连用2～3天。

常用制剂有：硫酸庆大霉素注射液、硫酸庆大霉素可溶性粉等。

（4）阿米卡星（丁胺卡那霉素）

【抗菌谱及适应症】抗菌谱与庆大霉素相似，对耐庆大霉素、卡那霉素的铜绿假单胞菌，大肠杆菌、变形杆菌等亦有效；对金黄色葡萄球菌亦有较好的作用。主要用于治疗大肠杆菌病、铜绿假单胞菌病、禽霍乱、猪肺疫、牛出血性败血病、鸭里默菌病、沙门氏菌病、猪喘气病等。

【用法与用量】本品内服难吸收，肌注后吸收快而完全。肌内注射，一次量，每千克体重5～7.5毫克，2次/天，连用2～3天。

常用制剂有：注射用硫酸阿米卡星等。

（5）安普霉素

【抗菌谱及适应症】抗菌谱广，对革兰氏阴性菌（大肠杆菌、沙门氏菌、变形杆菌等），革兰氏阳性菌（某些链球菌）、螺旋体、支原体有较好的作用。主要用于治疗大肠杆菌病、沙门氏菌病、猪痢疾和支原体病。

【用法与用量】本品内服难吸收，肌注后吸收快而完全。家禽混饮，0.025%～0.05%，连用5天；注射，一次量，每千克体重家畜20毫克，2次/天，连用3天。

常用制剂有：硫酸安普霉素可溶性粉、硫酸安普霉素预混剂、硫酸安普霉素注射液等。

3. 大环内酯类抗生素

（1）红霉素

【抗菌谱及适应症】对革兰氏阳性菌有较强的抗菌作用，对部分革兰氏阴性菌（布鲁氏菌、巴氏杆菌等）、立克次氏体、钩端螺旋体、衣原体、支原体等也有抑制作用，但对肠道革兰氏阴性杆菌（如大肠杆菌、变形杆菌、沙门氏菌）不敏感。主要用于治疗耐青霉素的革兰氏阳性菌感染、畜禽支原体感染等。

【用法与用量】内服，一次量，每千克体重 10～20 毫克，2 次/天，连用 3～5 天；静脉注射，一次量，每千克体重家畜 3～5 毫克；犬、猫 5～10 毫克，2 次/天，连用 2～3 天。

常用制剂有：硫氰酸红霉素可溶性粉、红霉素片、注射用乳糖酸红霉素、红霉素软膏等。

（2）泰乐菌素

【抗菌谱及适应症】对革兰氏阳性菌（比红霉素弱）、螺旋体、支原体和一些阴性菌有抑制作用，对支原体的抑制作用强。主要用于治疗慢性呼吸道病、鸡传染性鼻炎、猪传染性胸膜肺炎等。

【用法与用量】混饮，禽 0.05%，猪 0.02%～0.05%，连用 3～5 天；注射，一次量，每千克体重猪、禽 5～13 毫克；牛 10～20 毫克，1～2 次/天，连用 5～7 天。

常用制剂有：酒石酸泰乐菌素可溶性粉、磷酸泰乐菌素预混剂、注射用酒石酸泰乐菌素等。

（3）阿奇霉素

【抗菌谱及适应症】除保留了对红霉素敏感的革兰氏阳性菌敏感外，还对革兰氏阴性菌、厌氧菌有效，尤其是对副嗜血杆菌、支原体、衣原体作用更强。主要用于治疗以呼吸道症状为主的疾病，如鸡传染性鼻炎、鸡慢性呼吸道病、大肠杆菌的呼吸道感染、猪萎缩性鼻炎、猪肺疫、猪喘气病、猪传染性胸膜肺炎等。

【用法与用量】内服，一次量，每千克体重 10～15 毫克，1 次/天，连用 2～3 天；注射，一次量，每千克体重 10 毫克，1 次/天，连用 2～3 天。

常用制剂有：阿奇霉素（分散）片、注射用阿奇霉素等。

（4）替米考星

【抗菌谱及适应症】对革兰氏阳性菌、某些革兰氏阴性菌、支原体、螺旋体均有抑制作用，尤其是胸膜肺炎放线杆菌、巴氏杆菌及畜禽支原体比泰乐菌素有更强的抗菌活性。主要用于治疗家畜肺炎（胸膜肺炎放线杆菌、巴氏杆菌、支原体等）引起、鸡慢性呼吸道病等。

【用法与用蛋】混饮，家禽 0.075%，连用 3 天；混饲，每千克饲料猪 200 ～ 400 毫克，连用 7 ～ 14 天。

常用制剂有：替米考星可溶性粉、替米考星预混剂、替米考星溶液等。

4. 四环素类抗生素

（1）土霉素

【抗菌谱及适应症】光谱抑菌剂。除对革兰氏阳性菌和阴性菌有作用外，对立克次氏体、衣原体、支原体、螺旋体、放线菌和某些原虫（如球虫）亦有抑制作用。但对革兰氏阳性菌的作用不如青霉素类和头孢菌素类；对革兰氏阴性菌作用不如氨基糖苷类。主要用于治疗猪肺疫、猪喘气病、猪胸膜肺炎、猪附红细胞体病、禽霍乱、大肠杆菌病、坏死杆菌病、球虫病、泰勒虫病、钩端螺旋体病等。

【用法与用量】内服，一次量，每千克体重家畜 10 ～ 25 毫克；家禽 25 ～ 50 毫克；犬 15 ～ 50 毫克，2 ～ 3 次 / 天，连用 3 ～ 5 天；注射，一次量，每千克体重家畜 5 ～ 10 毫克，1 ～ 2 次 / 天，连用 2 ～ 3 天。

常用制剂有：土霉素片、注射用盐酸土霉素、土霉素注射液等。

（2）四环素

【抗菌谱及适应症】与土霉素相似。但对革兰氏阴性菌作用较好，对革兰氏阳性球菌的效力则不如金霉素。

【用法与用量】内服，一次量，每千克体重家畜 10 ～ 25 毫克；家禽 25 ～ 50 毫克；犬 15 ～ 50 毫克，2 ～ 3 次 / 天，连用 3 ～ 5 天：静脉注射，一次量，每千克体重家畜 5 ～ 10 毫克，2 次 / 天，连用 2 ～ 3 天。

常用制剂有：注射液盐酸四环素、四环素片等。

（3）金霉素

【抗菌谱及适应症】与土霉素相似。对耐青霉素金黄色葡萄球菌的效果优于土霉素和四环素。

【用法与用量】内服，一次量，每千克体重家畜 10 ～ 25 毫克，2 次 / 天，连用 2 ～ 3 天。

常用制剂有：金霉素预混剂、盐酸金霉素可溶性粉等。

（4）多西环素（强力霉素）

【抗菌谱及适应症】与其他四环素类相似，抗菌活性较土霉素、四环素强。

【用法与用量】内服，一次量，每千克体重家畜 3 ～ 5 毫克；犬、猫 5 ～ 10 毫克；家禽 15 ～ 25 毫克，1 次 / 天，连用 3 ～ 5 天。

常用制剂有：盐酸多西环素片、盐酸多西环素可溶性粉等。

5. 氯霉素类抗生素

该类抗生素包括氯霉素、甲砜霉素及其衍生物氟苯尼考（氟甲砜霉素）等，它们均属广谱抗生素。当前，临床上主要应用氟苯尼考。除氟苯尼考，其余氯霉素类抗生素均禁用于食品动物。

氟苯尼考

【抗菌谱及适应症】广谱杀菌剂，对革兰氏阳性菌、革兰氏阴性菌、厌氧菌等敏感，抗菌活性优于氯霉素和甲砜霉素。主要用于治疗大肠杆菌病、沙门氏菌病、猪胸膜肺炎、坏死杆菌病、鸭传染性浆膜炎等。

【用法与用量】内服，一次量，每千克体重猪、鸡 20 ～ 30 毫克，2 次/天，连用 3 ～ 5 天；肌内注射，一次量，每千克体重猪、鸡 20 毫克，1 次/2天，连用 2 次。

常用制剂有：氟苯尼考粉、氟苯尼考溶液、氟苯尼考注射液、氟苯尼考甲硝唑滴耳液等。

6. 林可胺类抗生素

（1）林可霉素（洁霉素）

【抗菌谱及适应症】抗菌谱与大环内酯类相似。对革兰氏阳性菌（葡萄球菌、溶血性链球菌等）有较强的抗菌作用，对某些厌氧菌（破伤风梭菌、产气荚膜芽孢杆菌）、支原体也有抑制作用；但对革兰氏阴性菌无效。主要用于治疗金黄色葡萄球菌、链球菌、厌氧菌和支原体的感染。

【用法与用量】内服，一次量，每千克体重牛 6 ～ 10 毫克；猪、羊 10 ～ 15 毫克；犬、猫 15 ～ 25 毫克，鸡 20 ～ 30 毫克，1 ～ 2 次/天，连用 2 ～ 3 天；肌内注射，一次量，每千克体重猪 10 毫克；犬、猫 10 ～ 15 毫克，2 次/天，连用 3 ～ 5 天。

常用制剂有：盐酸大观霉素盐酸林可霉素可溶性粉、盐酸林可霉素片、盐酸林可霉素注射液等。

（2）克林霉素

【抗菌谱及适应症】与林可霉素相同，抗菌效力较林可霉素强 4 ～ 8 倍。

【用法与用量】内服或肌内注射，一次量，每千克体重 5 ～ 15 毫克，2次/天，连用 2 ～ 3 天。

常用制剂有：盐酸克林霉素注射液、克林霉素磷酸酯片等。

二、化学合成抗菌药的应用

（一）磺胺类药物

磺胺类药物是最早人工合成的一类抗菌药物，具有抗菌谱广、使用简便、性质稳定、价格低廉等许多优点。不良反应主要表现为肾毒性、肝毒性、溶血性贫血。

1. 抗菌机制

对磺胺类药物敏感的细菌，在生长繁殖过程中，要利用对氨基苯甲酸（PABA）和二氢蝶啶在菌体内经二氢叶酸合成酶的作用合成二氢叶酸，再经二氢叶酸还原酶的作用生成四氢叶酸，四氢叶酸参与核酸的合成，而核酸是菌体核蛋白的主要成分。磺胺类药物的基本化学结构与 PABA 相似，能与 PABA 竞争二氢叶酸合成酶，阻碍二氢叶酸的合成，菌体的核蛋白就不能形成，使细菌的生长繁殖停止而达到抑菌的目的。由于细菌的酶系统与 PABA 的亲和力比对磺胺类药物的亲和力强，为了保证磺胺类药物与 PABA 竞争的优势，必须使磺胺类药物的浓度显著高于 PABA 的浓度才有效果。因此使用本类药物时，首次用量要加倍，动物机体能直接利用饲料中的叶酸，不需自身合成，故其代谢不受磺胺影响。

2. 抗菌谱

磺胺类药物抗菌谱较广，对磺胺类药物高度敏感的细菌有链球菌、沙门氏菌、化脓棒状杆菌、副鸡嗜血杆菌等；中度敏感的细菌有葡萄球菌、大肠杆菌、炭疽杆菌、巴氏杆菌、产气荚膜梭菌、变形杆菌、痢疾杆菌、李氏杆菌等。某些磺胺类药物还对球虫、住白细胞原虫、弓形虫等有效，但对螺旋体、立克次氏体、结核分枝杆菌、支原体等无效。

不同磺胺类药物对病原菌的抑制作用亦有差异。一般来说，其抗菌谱强度的顺序为 SMM>SMZ>SD>SDM>SMD>SM_2>SDM'>SN。

3. 常用的磺胺类药物的应用

根据磺胺类药物内服吸收情况不同，可将其分为肠道易吸收、肠道难吸收及局部外用三类，其简称、适应症、用法用量分别见表 6-1、表 6-2 和表 6-3。

表 6-1　肠道易吸收磺胺类药物的应用

药名	简称	适应症	用法与用量
磺胺嘧啶	SD	敏感菌引起的全身感染和脑脊髓感染	内服：100 毫克 / 千克体重，肌注、静注：70 毫克 / 千克体重
磺胺二甲嘧啶	SM_2	敏感菌引起的感染和球虫病等	内服：100 毫克 / 千克体重，肌注、静注：70 毫克 / 千克体重
磺胺甲基异噁唑（新诺明）	SMZ	敏感菌引起的全身感染	内服：70 毫克 / 千克体重（与等量碳酸氢钠合用）
磺胺 -2，6- 二甲氧嘧啶	SDM	敏感菌引起的全身感染、鸡传染性鼻炎等	内服：70 毫克 / 千克体重（与等量碳酸氢钠合用）
磺胺间甲氧嘧啶（制菌磺）	SMM	敏感菌引起的全身感染、泌尿道感染、猪弓形虫病等	内服：70 毫克 / 千克体重肌注、静注：50 毫克 / 千克体重
磺胺对甲氧嘧啶（消炎磺）	SMD	敏感菌引起的全身感染、泌尿道感染、猪弓形虫病等	内服：50 毫克 / 千克体重
磺胺 -5，6- 二甲氧嘧啶（周效磺胺）	SDM'	敏感菌引起的全身感染、猪弓形虫病等	内服：50 毫克 / 千克体重
磺胺喹噁啉	SQ	住白细胞原虫病、球虫病等	混饮：0.04%
磺胺氯吡嗪		住白细胞原虫病、球虫病等	混饮：0.03%

表 6-2　肠道难吸收磺胺类药物的应用

药名	简称	适应症	用法与用量
磺胺脒	SG	敏感菌引起的肠道感染	内服：150 毫克 / 千克体重
肽磺胺噻唑	PST	敏感菌引起的肠道感染和球虫病等	内服：120 毫克 / 千克体重
琥珀酰磺胺噻唑	SST	敏感菌引起的肠道感染	内服：150 毫克 / 千克体重

表 6-3　外用磺胺类药物的应用

药名	简称	适应症	用法与用量
磺胺嘧啶银（烧伤宁）	SD-Ag	局部伤口尤其烧伤	撒布于创面或配成 2% 悬液湿敷
醋酸磺胺米隆	SML	局部伤口和化脓疮	5% ～ 10% 悬液湿敷
磺胺醋酰	SA	眼部感染	15% 滴眼液

4. 体内过程

（1）吸收　内服易吸收的磺胺类药物，其生物利用度大小因药物和动物种类而有差异。其顺序分别为：SM_2> SDM' >SN>SMD>SD；禽 > 犬 > 猪 >

马＞羊＞牛。一般而言，肉食动物内服后 3 ～ 4 小时，草食动物 4 ～ 6 小时，反刍动物 12 ～ 24 小时，血药浓度达峰值。

（2）分布　吸收后分布于全身各组织和体液中。以血液、肝、肾含量较高，可进入乳腺、胎盘、胸膜、腹膜及滑膜腔。吸收后，一部分与血浆蛋白结合（结合型的药物无抗菌作用，只有分离后才有），但结合疏松，可逐渐释出游离型药物。磺胺类药物中以 SD 与血浆蛋白的结合率较低，因而进入脑脊液的浓度较高，故可作脑部细菌感染的首选药。磺胺类药物的蛋白结合率因药物和动物种类的不同而有很大差异，通常以牛为最高，羊、猪、马等次之。一般来说，血浆蛋白结合率高的磺胺药排泄较缓慢，血中有效药物浓度维持时间也较长。SM_2 进入乳腺的量最多，所以是乳腺炎的首选药，SDM 进入鼻腔的量最多，所以是鸡传染性鼻炎的首选药。

（3）代谢　被吸收的磺胺类药物主要在肝中代谢，最常见的方式是对位氨基的乙酰化，成为失去抗菌活性的乙酰化磺胺。有的磺胺类药物经乙酰化后溶解度降低，易在肾小管中析出结晶而损伤肾，但在碱性溶液中溶解度加大，故内服某些磺胺药时要合用等量碳酸氢钠。

（4）排泄　内服难吸收的磺胺类药物主要从粪便中排出，易吸收的磺胺类药物主要通过肾排泄，少量经乳汁、消化液或其他分泌物排出。排泄的快慢主要取决于通过肾小管时被重吸收的程度。凡重吸收少者，排泄快，消除半衰期短，有效血药浓度维持时间短（如 SD）；而重吸收多者，排泄慢，消除半衰期长，有效血药浓度维持时间较长（如 SM_2、SMM、SDM）。当肾功能损害时，药物的消除半衰期明显延长，毒性可能增加，临床使用时应注意。

5. 耐药性

细菌对磺胺类药物较易产生耐药性。用量不足、不按疗程用药都会促使细菌产生耐药性。各磺胺类药物之间可产生程度不同的交叉耐药性，但与其他抗菌药之间无交叉耐药现象。

6. 使用原则

（1）选药原则　全身感染时，宜选用肠道易吸收类药物；肠道感染时，宜选用肠道难吸收类药物；治疗创伤烧伤时，宜选用外用磺胺类药物，尤其是铜绿假单胞菌感染时，选用 SD–Ag（烧伤宁）最好；泌尿道感染时首选乙酰化低的药物，如 SMM。

（2）剂量原则　为了保证血液中磺胺类药物的浓度显著高于对氨基苯甲酸的浓度，除采取首次突击量外，在主要症状消失后，仍需继续用药 2 ～ 3 天，以免复发。

7. 注意事项

①磺胺类药物钠盐水溶液呈强碱性，忌与酸性药（B族维生素、维生素C、青霉素、四环素类、氯化钙、盐酸麻黄素等）混合应用。

②外用本类药物时，应彻底清除创面的脓汁、黏液和坏死组织等，也不宜与普鲁卡因同时应用，因普鲁卡因可水解出对氨基苯甲酸而影响疗效。

③幼畜、杂食或肉食动物使用磺胺类药物时（尤其是禽），宜与碳酸氢钠同服，以碱化尿液，同时充分饮水，增加尿量，促进排出。

④蛋鸡产蛋期禁用磺胺类药物，肝、肾功能不全的动物慎用或不用磺胺药。

（二）抗菌增效剂

抗菌增效剂不仅自身具有抗菌作用，还能增强磺胺类药物和多种抗生素的疗效。国内常用甲氧苄胺嘧啶（TMP）和二甲氧苄胺嘧啶（DVD）即敌菌净两种抗菌增效剂。

1. 作用机制

抑制二氢叶酸还原酶，使二氢叶酸不能还原成四氢叶酸，从而妨碍菌体核酸合成。TMP 或 DVD 与磺胺类药物合用时，可从两个不同环节同时阻断叶酸合成而起双重阻断作用，抗菌作用可增强数倍至几十倍，甚至使抑菌作用变为杀菌作用。

2. 抗菌谱

抗菌谱广，对多种革兰氏阳性菌及阴性菌均有抗菌活性，其中较敏感的有溶血性链球菌、葡萄球菌、大肠杆菌、变形杆菌、巴氏杆菌和沙门氏菌等。但对铜绿假单胞菌、结核分枝杆菌、丹毒杆菌、钩端螺旋体无效。

3. 临床应用

TMP 内服、肌注，吸收迅速而完全；DVD 内服吸收很少，但在胃肠道内的浓度较高，故用作肠道抗菌增效剂比 TMP 好。但单用 TMP 或 DVD 易产生耐药性，一般不单独作抗菌药使用。

TMP 与 SMD、SMM、SMZ、SD、SM_2、SQ 等磺胺药按 1∶5 或 TMP 与抗生素（青霉素、红霉素、庆大霉素、四环素类等）按 1∶4 合用。主要用于治疗敏感菌引起的呼吸道、泌尿道感染及蜂窝织炎、腹膜炎、乳腺炎、创伤感染等，亦用于治疗幼畜肠道感染、猪萎缩性鼻炎、猪传染性胸膜肺炎、禽大肠杆菌病、鸡白痢、鸡传染性鼻炎等。

DVD 常与 SQ 等合用（复方敌菌净），主要防治禽、兔球虫病及畜禽肠道感染。

（三）喹噁啉类

喹噁啉类包括卡巴氧、乙酰甲喹、喹乙醇和喹烯酮等，当前临床上主要应用乙酰甲喹。卡巴氧及其盐、酯及制剂均禁用于食品动物；喹乙醇因可能对动物产品质量安全、公共卫生安全和生态安全存在风险隐患，也于2018年5月1日起禁用于食品动物。

乙酰甲喹（痢菌净）

【抗菌谱及适应症】具有广谱抗菌作用，对革兰氏阴性菌的作用强于革兰氏阳性菌，对猪痢疾短螺旋体的作用尤为突出；对大肠杆菌、巴氏杆菌、猪霍乱沙门菌、鼠伤寒沙门菌、变形杆菌的作用较强。主要用于治疗猪痢疾、仔猪黄白痢、犊牛副伤寒等。

【用法与用量】内服和肌注给药均易吸收。内服，一次量，每千克体重牛、猪5～10毫克，2次/天，连用3天；肌内注射，一次量，每千克体重牛、猪2.5～5毫克，2次/天，连用3天。

（四）喹诺酮类

1. 作用机制

通过抑制细菌DNA回旋酶，阻碍DNA合成而导致细菌死亡。

2. 耐药性

耐药菌株随着该类药物的广泛应用而逐渐增多，常见的耐药菌有金黄色葡萄球菌、大肠杆菌、沙门氏菌等。

3. 常用喹诺酮类药物

食品动物中停止使用洛美沙星、培氟沙星、氧氟沙星、诺氟沙星4种兽药，同时洛美沙星、培氟沙星、氧氟沙星、诺氟沙星等4种原料药的各种盐、脂及其各种制剂也禁止在食品动物中使用。

（1）恩诺沙星

【抗菌谱及适应症】广谱杀菌药，对支原体有特效。对大肠杆菌、沙门氏菌、巴氏杆菌、克雷伯菌、变形杆菌、铜绿假单胞菌、嗜血杆菌、波氏杆菌、丹毒杆菌、金黄色葡萄球菌、链球菌、化脓棒状杆菌等均敏感。主要用于治疗敏感菌或支原体所导致的消化系统、呼吸系统及泌尿生殖系统疾病。

【用法与用量】内服，一次量，每千克体重家畜2.5～5毫克；家禽5～7.5毫克，2次/天，连用3～5天；肌内注射，一次量，每千克体重牛、羊、猪2.5毫克，犬、猫、兔2.5～5毫克，1～2次/天，连用2～3天。

常用制剂有：恩诺沙星溶液、恩诺沙星可溶性粉、恩诺沙星注射液等。

（2）环丙沙星

【抗菌谱及适应症】广谱杀菌药。对革兰氏阴性菌的作用强，对革兰氏阳性菌亦有较强的抗菌作用。主要用于敏感菌对消化道、呼吸道、泌尿生殖道、皮肤软组织的感染。

【用法与用量】内服，一次量，每千克体重家畜 5～15 毫克，2 次/天，连用 2～3 天；家禽混饮，浓度 0.005%，连用 2～3 天；肌内注射，一次量，每千克体重家畜 2.5 毫克；家禽 5 毫克，2 次/天，连用 2～3 天。

常用制剂有：乳酸环丙沙星可溶性粉、乳酸环丙沙星注射液等。

（3）达氟沙星（单诺沙星）

【抗菌谱及适应症】抗菌谱与恩诺沙星相似，尤其对呼吸道致病菌有良好的作用。主要用于治疗牛巴氏杆菌病、猪传染性胸膜肺炎、猪支原体肺炎、禽大肠杆菌病、禽霍乱、鸡毒支原体感染等。

【用法与用量】家禽混饮，0.002 5%～0.005%，1 次/天，连用 3 天：肌内注射，一次量，每千克体重家畜 1.25～2.5 毫克，1 次/天，连用 3 天。

常用制剂有：甲磺酸达氟沙星溶液、甲磺酸达氟沙星粉、甲磺酸达氟沙星注射液等。

三、抗真菌药的应用

1. 制霉菌素

【抗菌谱及适应症】广谱抗真菌药。对隐球菌、球孢子菌、白色念珠菌、芽生菌等都有效。临床主要用其内服治疗胃肠道真菌感染，如犊牛真菌性胃炎、禽念珠菌病；局部应用治疗皮肤黏膜的真菌感染，如念珠菌病和曲霉菌所致的乳腺炎、子宫炎；也可用于治疗禽曲霉菌性肺炎。

【用法与用量】内服不易吸收。雏鸡曲霉菌病，每 100 只 50 万单位拌料，2 次/天，连用 2～4 天；禽念珠菌病，每千克饲料 50 万～100 万单位，连用 1～3 周；乳管内注入，一次量，每一乳室牛 10 万单位；子宫灌注，马、牛 150 万～200 万单位。

常用制剂有：制霉菌素粉、制霉菌素片、复方制霉菌素软膏等。

2. 克霉唑

【抗菌谱及适应症】对各种皮肤真菌（小孢子菌、表皮癣菌、毛发癣菌）有强大的抑菌作用。对深部真菌作用较差。主要用于治疗体表真菌病（毛体癣、鸡冠和耳的各种癣病）、禽曲霉菌病等。

【用法与用量】混饲，每 100 只雏鸡 1 克；内服，一次量，马、牛 5～10

克；猪、羊 1 ～ 1.5 克，2 次 / 天。

常用制剂有：克霉唑溶液、克霉唑片、复方克霉唑软膏等。

3. 酮康唑

【抗菌谱及适应症】广谱抗真菌药，对全身及浅表真菌感染均有效，但对曲霉菌作用弱，对白色念珠菌无效。主要用于治疗孢子菌病、隐球菌病、芽生菌病及其他皮肤真菌病。

【用法与用量】内服，一次量，每千克体重家畜 5 ～ 10 毫克；犬 5 ～ 20 毫克，2 次 / 天。

常用制剂有：酮康唑片、复方酮康唑软膏等。

四、抗生素的减量替代

为切实加强兽用抗菌药综合治理，有效遏制动物源细菌耐药性、整治兽药残留超标，全面提升畜禽绿色健康养殖水平，促进畜牧业高质量发展，有力维护畜牧业生产安全、动物源性食品安全、公共卫生安全和生物安全，农业农村部于 2021 年 10 月制定了《全国兽用抗菌药使用减量化行动方案（2021—2025 年）》。

（一）目的

以生猪、蛋鸡、肉鸡、肉鸭、奶牛、肉牛、肉羊等畜禽品种为重点，稳步推进兽用抗菌药使用减量化行动（以下简称"减抗"）行动，切实提高畜禽养殖环节兽用抗菌药安全、规范、科学使用的能力和水平，确保"十四五"时期全国产出每吨动物产品兽用抗菌药的使用量保持下降趋势，肉蛋奶等畜禽产品的兽药残留监督抽检合格率稳定保持在 98% 以上，动物源细菌耐药性趋势得到有效遏制。

到 2025 年末，50% 以上的规模养殖场实施养殖减抗行动，建立完善并严格执行兽药安全使用管理制度，做到规范科学用药，全面落实兽用处方药制度、兽药休药期制度和"兽药规范使用"承诺制度。

（二）行动任务

1. 强化兽用抗菌药全链条监管

（1）加强兽用抗菌药生产经营监管 严格实施《兽药生产质量管理规范（2020 年修订）》，严禁兽药生产经营企业制售促生长类抗菌药物饲料添加剂。加大兽用抗菌药质量监督抽检力度，实施"检打联动"，严查隐性添加禁用成分或其他成分。严格落实兽药二维码追溯制度，确保兽药产品全部赋码上市，兽药生产经营企业产品入库、出库追溯数据全部准确上传至国家兽药产品追溯系统。加强原料药管理，防止非法流入养殖环节。强化兽药网络销售平台监督，会同工业和信息化部门严厉打击通过互联网违法销售假劣兽药行为。

（2）加强兽用抗菌药使用监管　加强饲料生产经营企业监管，完善饲料中非法添加兽药成分检测方法标准，组织开展非法添加药物及违禁物质专项监测，严肃查处违法违规行为。加强养殖场（户）用药监管，除允许在商品饲料中使用的抗球虫类和中药类药物以外，严禁在自配料中添加其他任何兽药。压实养殖场（户）规范用药主体责任，督促指导养殖场（户）建立完善兽药采购、存储、使用等管理制度，严格执行兽药使用记录制度、兽用处方药制度、兽药休药期制度等安全使用规定，准确真实记录兽药使用情况，严禁超范围、超剂量用药。创新兽药使用管理制度，建立实施养殖场（户）"兽药规范使用"承诺制，将其作为自主开具食用农产品达标合格证的重要依据。在养殖场（户）出售畜禽及其产品时，有关部门要按照动物产地检疫规程等规定，对用药记录等养殖档案进行查验核对。加大惩戒力度，对违规用药行为依法从重处罚，涉嫌犯罪的，移交公安部门立案查处。

2. 加强兽用抗菌药使用风险控制

（1）监测兽用抗菌药使用量　充分利用国家兽药产品追溯系统，监测分析兽用抗菌药应用种类、数量、流向等情况，分析变化趋势，及时提出针对性预防措施。

（2）实施畜禽产品兽药残留监控　结合辖区内生产实际，制订实施年度畜禽产品兽药残留监控计划，加大检测力度，及时掌握风险因子，控制残留风险。

（3）开展动物源细菌耐药性监测　建立完善动物源细菌耐药性监测实验室，健全动物源细菌耐药性监测体系。制订实施年度动物源细菌耐药性监测计划，组织开展耐药性监测，提升耐药性风险管控能力。

3. 支持兽用抗菌药替代产品应用

（1）促进兽用中药产业健康发展　创新完善兽用中药准入政策，建立符合兽用中药特点和产业发展实际的注册制度。支持对疗效确切的传统兽用中药进行"二次开发"，简化源自经典名方的复方制剂注册审批。将兽用中药生产企业纳入农业产业化龙头企业支持范围，享受农产品加工相关支持政策。

（2）遴选推广替代产品　组织相关教学科研单位、减抗达标养殖场（户）等，开展安全高效低残留兽用抗菌药替代产品筛选评价工作，引导养殖场（户）正确选用替代产品。支持绿色养殖技术推广和产品研发，鼓励各地统筹基层动物防疫补助经费等相关项目资金，对推广使用兽用中药等替代产品力度大、成效好的养殖场（户）给予奖励。

4.加强兽用抗菌药使用减量化技术指导服务

（1）强化从业人员宣传教育　强化养殖主体、畜牧兽医技术服务人员的培训教育，将兽用抗菌药减量使用相关技术规范纳入高素质农民培育项目课程体系，并作为乡村兽医、基层动物防疫队伍培训的重要内容。充分利用各种媒体，科普宣传规范用药知识、轮换用药原则、精准用药方法等，提高从业人员规范用药意识和水平。

（2）开展技术服务　实施"科学使用兽用抗菌药"公益接力行动，发挥中国兽药协会、中国畜牧业协会以及地方相关行业组织的作用，组织引导兽药生产经营企业和养殖龙头企业，以公司带农户方式，邀请专家进村入户进行现场技术指导，逐场逐户推广普及科学用药知识和技术，力争"十四五"末实现对规模养殖场技术指导服务全覆盖。

（三）兽用抗菌药使用减量化指导原则

养殖场（户）应根据畜禽养殖环节动物疫病发生流行特点和预防、诊断、治疗的实际需要，树立健康养殖、预防为主、综合治理的理念，从"养、防、规、慎、替"五个方面，建立完善管理制度、采取有效管控措施、狠抓落实落地，提高饲养管理和生物安全防护水平，推动实现本场（户）养殖减抗目标。

一是"养"，即精准把好养殖管理"三个关口"。把好饲养模式关，明确不同畜禽品种的饲养方式，精细管理饲养环境条件；把好种源关，有条件的应选取优良品种和品牌厂家的畜禽，要按批次严格检查检测苗种健康状况，防止携带垂直传播的病原微生物；把好营养关，根据畜禽不同阶段的营养需求，制订科学合理的饲料配方，保证营养充足均衡，实现提高畜禽个体抵抗力和群体健康水平的目的。

二是"防"，即全面防范动物疫病发生传播风险。落实动物防疫主体责任，牢固树立生物安全理念，着力改善养殖场所物理隔离、消毒设施等动物防疫条件，严格执行生物安全防护制度和措施，按计划积极实施疫病免疫和消杀灭源，从源头减少病毒性、细菌性等动物疫病影响。

三是"规"，即严格规范使用兽用抗菌药。严格执行兽药安全使用各项规定，严禁使用禁止使用的药品和其他化合物、停用兽药、人用药品、假劣兽药；严格执行兽用处方药、休药期等制度，按照兽药标签说明书标注事项，对症治疗、用法正确、用量准确，实现"用好药"。

四是"慎",即科学审慎使用兽用抗菌药。高度重视细菌耐药问题,清楚掌握兽用抗菌药类别,坚持审慎用药、分级分类用药原则,根据执业兽医治疗意见、药敏试验检测结果等,精准选择敏感性强、效果好的兽用抗菌药产品;谨慎联合使用抗菌药,能用一种抗菌药治疗绝不同时使用多种抗菌药;分类分级选择用药品种,能用一般级别抗菌药治疗绝不使用更高级别抗菌药,能用窄谱抗菌药就不用广谱抗菌药;增加动物个体精准治疗用药,减少动物群体预防治疗用药,实现"少用药"。

五是"替",即积极应用兽用抗菌药替代产品。以高效、休药期短、低残留的兽药品种,逐步替代低效、休药期长、易残留的兽药品种。根据养殖管理和防疫实际,推广应用兽用中药、微生态制剂等无残留的绿色兽药,替代部分兽用抗菌药品种,并逐步提高使用比例,实现畜禽产品生态绿色。

五、抗病毒中兽药的应用

以前常用的金刚烷胺、金刚乙胺、阿昔洛韦、吗啉(双)胍(病毒灵)、利巴韦林等及其盐、酯及单、复方制剂等抗病毒药,现在已全面禁止畜禽应用。目前,畜禽常用的抗病毒药只有中兽药制剂。

(一)散剂

1. 解表剂

(1)荆防败毒散

【主要成分】荆芥、防风、羌活、独活、柴胡等。

【性状】本品为淡灰黄色至淡灰棕色的粉末;气微香,味甘苦、微辛。

【功能】辛温解表,疏风祛湿。

【主治】风寒感冒,流感。

证见恶寒颤抖明显,发热较轻,耳聋头低,腰弓毛乍,鼻流清涕,咳嗽,口津润滑,舌苔薄白,脉象浮紧。

【用法与用量】马、牛 250 ~ 400 克,羊、猪 40 ~ 80 克,兔、鸡 1 ~ 3 克。

【不良反应】按规定剂量使用,暂未见不良反应。

【注意事项】本品为治疗风寒感冒之剂,外感风热者不宜使用。

(2)银翘散

【主要成分】金银花、连翘、薄荷、荆芥、淡豆豉等。

【性状】本品为棕褐色粉末;气香,味微甘、苦、辛。

【功能】辛凉解表，清热解毒。

【主治】风热感冒，咽喉肿痛，疮痈初起。

风热感冒：证见发热重，恶寒轻，咳嗽，咽喉肿痛，口干微红，舌苔薄黄，脉浮数。

疮痈初起：证见局部红肿热痛明显，兼见发热，口干微红，舌苔薄黄，脉浮数等风热表征证候。

【用法与用量】马、牛 250～400 克，羊、猪 50～80 克，兔、鸡 1～3 克。

【不良反应】按规定剂量使用，暂未见不良反应。

【注意事项】本品为治疗风热感冒之剂，外感风寒者不宜使用。

（3）小柴胡散

【主要成分】柴胡、黄芩、姜半夏、党参、甘草。

【性状】本品为黄色的粉末；气微香，味甘、微苦。

【功能】和解少阳，扶正祛邪，解热。

【主治】少阳证，寒热往来，不欲饮食，口津少，反胃呕吐。

证见精神时好时差，不欲饮食，寒热往来，耳鼻时冷时热，口干津少，苔薄白，脉弦。

【用法与用量】马、牛 100～250 克，羊、猪 30～60 克。

【不良反应】按规定剂量使用，暂未见不良反应。

【注意事项】暂无规定。

（4）柴葛解肌散

【主要成分】柴胡、葛根、甘草、黄芩、羌活等。

【性状】本品为灰黄色的粉末；气微香，味辛、甘。

【功能】解肌清热。

【主治】感冒发热。

证见恶寒发热，四肢不展，皮紧腰硬，精神不振，食欲减退，口色青白或微红，脉浮紧或浮数。

【用法与用量】马、牛 200～300 克，羊、猪 30～60 克。

【不良反应】按规定剂量使用，暂未见不良反应。

【注意事项】暂无规定。

（5）桑菊散

【主要成分】桑叶、菊花、连翘、薄荷、苦杏仁、桔梗、甘草、芦根。

【性状】本品为棕褐色的粉末；气微香，味微苦。

【功能】疏风清热，宣肺止咳。

【主治】外感风热，咳嗽。

【用法与用量】马、牛 200～300，羊、猪 30～60 克，犬、猫 5～15 克。

【不良反应】按规定剂量使用，暂未见不良反应。

【注意事项】暂无规定。

2. 清热方

（1）黄连解毒散

【主要成分】黄连、黄芩、黄柏、栀子。

【性状】本品为黄褐色的粉末；味苦。

【功能】泻火解毒。

【主治】三焦实热，疮黄肿毒。

证见体温升高，血热发斑，或疮黄疔毒，舌红口干，苔黄，脉数有力，狂躁不安等。

【用法与用量】马、牛 150～250 克，羊、猪 30～50 克，兔、禽 1～2 克。

【不良反应】按规定剂量使用，暂未见不良反应。

【注意事项】本方集大苦大寒之品于一方，泻火解毒之功效专一，但苦寒之品易于化燥伤阴，故热伤阴液者不宜使用。

（2）清瘟败毒散

【主要成分】石膏、地黄、水牛角、黄连、栀子等。

【性状】本品为灰黄色片（或糖衣片）；味苦、微甜。

【功能】泻火解毒，凉血。

【主治】热毒发斑，高热神昏。

证见大热躁动，口渴，昏狂，发斑，舌绛，脉数。

【用法与用量】马、牛 300～450 克，羊、猪 50～100 克，兔、禽 1～3 克。

【不良反应】按规定剂量使用，暂未见不良反应。

【注意事项】热毒证后期无实热证候者慎用。

（3）止痢散

【主要成分】雄黄、藿香、滑石。

【性状】本品为浅棕红色的粉末；气香，味辛、微苦。

【功能】清热解毒，化湿止痢。

【主治】仔猪白痢。

【用法与用量】马、牛 300～450 克，羊、猪 50～100 克，兔、禽 1～3 克。

【不良反应】按规定剂量使用，暂未见不良反应。

【注意事项】雄黄有毒，不能超量或长期服用。

（4）公英散

【主要成分】蒲公英、金银花、连翘、丝瓜络、通草等。

【性状】本品为黄棕色的粉末；味微甘、苦。

【功能】清热解毒，消肿散痈。

【主治】乳痈初起，红肿热痛。

证见乳汁分泌不畅，乳量减少或停止，乳汁稀薄或呈水样，并含有絮状物；患侧乳房肿胀，变硬，增温，疼痛，不愿或拒绝哺乳；体温升高，精神不振，食欲减少，站立时两后肢开张，行走缓慢；口色红燥，舌苔黄，脉象洪数。

【用法与用量】马、牛 250 ～ 300 克，羊、猪 30 ～ 60 克。

【不良反应】按规定剂量使用，暂未见不良反应。

【注意事项】对中、后期乳腺炎可配合其它敏感抗菌药治疗。

（5）龙胆泻肝散

【主要成分】龙胆、车前子、柴胡、当归、栀子等。

【性状】本品为淡黄褐色的粉末；气清香，味苦，微甘。

【功能】泻肝胆实火，清三焦湿热。

【主治】目赤肿痛，淋浊，带下。

目赤肿痛：证见结膜潮红、充血、肿胀、疼痛、眵盛难睁及羞明流泪。

淋浊：证见排尿困难，疼痛不安，弓腰努责，尿量少，频频排尿姿势，淋沥不断，尿色白浊，或赤黄，或鲜红带血，气味臊臭。

带下：证见阴道流出大量污浊或棕黄色黏液脓性分泌物，分泌物中常含有絮状物或胎衣碎片，腥臭，精神沉郁，食欲不振，口色红赤，苔黄厚腻，脉象洪数。

【用法与用量】马、牛 250 ～ 350 克；羊、猪 30 ～ 60 克。

【不良反应】按规定剂量使用，暂未见不良反应。

【注意事项】脾胃虚寒者禁用。

（6）白龙散

【主要成分】白头翁、龙胆、黄连。

【性状】本品为浅棕黄色的粉末；气微，味苦。

【功能】清热燥湿，凉血止痢。

【主治】湿热泻痢，热毒血痢。

湿热泻痢：证见精神沉郁，发热，食欲减少或废绝，口渴多饮，有时轻微腹痛，蜷腰卧地，排粪次数明显增多，频频努责，里急后重，泻粪稀薄或呈水样，腥臭甚至恶臭，尿短赤，口色红，舌苔黄厚，口臭，脉象沉数。

热毒血痢：证见湿热泻痢症状，粪中混有大量血液。

【用法与用量】马、牛40～60克；羊、猪10～20克，兔、禽1～3克。

【不良反应】按规定剂量使用，暂未见不良反应。

【注意事项】脾胃虚寒者禁用。

（7）白头翁散

【主要成分】白头翁、黄连、黄柏、秦皮。

【性状】本品为浅灰黄色的粉末；气香，味苦。

【功能】清热解毒，凉血止痢。

【主治】湿热泄泻，下痢脓血。

证见精神沉郁，体温升高，食欲不振或废绝，口渴多饮，有时轻微腹痛，排粪次数明显增多，频频努责，里急后重，泻粪稀薄或呈水样，混有脓血黏液，腥臭甚至恶臭，尿短赤，口色红，舌苔黄厚，脉象沉数。

【用法与用量】马、牛150～250克，羊、猪30～45克，兔、禽2～3克。

【不良反应】按规定剂量使用，暂未见不良反应。

【注意事项】脾胃虚寒者禁用。

（8）郁金散

【主要成分】郁金、诃子、黄芩、大黄、黄连等。

【性状】本品为灰黄色的粉末；气清香，味苦。

【功能】清热解毒，燥湿止泻。

【主治】肠黄，湿热泻痢。

证见耳鼻、全身温热，食欲减退，粪便稀溏或有脓血，腹痛，尿液短赤，口色红，苔黄腻。

【用法与用量】马、牛250～350克；羊、猪45～60克。

【不良反应】按规定剂量使用，暂未见不良反应。

【注意事项】暂无规定。

（9）清肺散

【主要成分】板蓝根、葶苈子、浙贝母、桔梗、甘草。

【性状】本品为浅棕黄色的粉末；气清香，味微甘。

【功能】清肺平喘，化痰止咳。

【主治】肺热咳喘，咽喉肿痛。

证见咳声洪亮，气促喘粗，鼻翼扇动，鼻涕黄而黏稠，咽喉肿痛，粪便干燥，尿短赤，口渴贪饮，口色赤红，苔黄燥，脉洪数。

【用法与用量】马、牛 200 ～ 300 克；羊、猪 30 ～ 50 克。

【不良反应】按规定剂量使用，暂未见不良反应。

【注意事项】本方适用于肺热实喘，虚喘不宜。

（二）口服液

1. 白头翁口服液

【主要成分】白头翁、黄连、秦皮、黄柏。

【性状】本品为棕红色的液体；味苦。

【功能】清热解毒，凉血止痢。

【主治】湿热泄泻，下痢脓血。

【用法与用量】马、牛 150 ～ 250 毫升，羊、猪 30 ～ 45 毫升，兔、禽 2 ～ 3 毫升。

【不良反应】按规定剂量使用，暂未见不良反应。

2. 杨树花口服液

【主要成分】杨树花。

【性状】本品为红棕色的澄明液体。

【功能】化湿止痢。

【主治】痢疾，肠炎。

痢疾：证见精神短少，蜷腰卧地，食欲减少甚至废绝，鼻镜干燥；弓腰努责，泻粪不爽，里急后重，下痢稀糊，赤白相杂，或呈白色胶冻状，口色赤红，舌苔黄腻，脉数。

肠炎：证见发热，精神沉郁，食欲减少或废绝，口渴多饮，有时轻微腹痛，蜷腰卧地，泻粪稀薄，黏腻腥臭，尿赤短，口色赤红，舌苔黄腻，口臭，脉象沉数。

【用法与用量】马、牛 50 ～ 100 毫升，羊、猪 10 ～ 25 毫升，兔、禽 1 ～ 2 毫升。

【不良反应】按规定剂量使用，暂未见不良反应。

【注意事项】暂无规定。

3. 藿香正气口服液

【主要成分】广藿香油、紫苏叶油、茯苓、白芷、大腹皮等。

【性状】本品为棕色的澄清液体；味辛、微甜。

【功能】解表祛暑，化湿和中。

【主治】外感风寒，内伤湿滞，夏伤暑湿，胃肠型感冒。

【用法与用量】每升饮水羊、猪 3 毫升；鸡 2 毫升，连用 3 ～ 5 天。

【不良反应】按规定剂量使用，暂未见不良反应。

【注意事项】暂无规定。

（三）颗粒剂

1. 连参止痢颗粒

【主要成分】黄连、苦参、白头翁、诃子、甘草。

【性状】本品为黄色至黄棕色的颗粒；味苦。

【功能】清热燥湿，凉血止痢。

【主治】用于沙门氏菌感染所致的泻痢。

【用法与用量】一次量，每千克体重鸡、猪1克，2次／天。

【不良反应】按规定剂量使用，暂未见不良反应。

【注意事项】暂无规定。

2. 北芪五加颗粒

【主要成分】黄芪、刺五加。

【性状】本品为棕色颗粒；味甜、微苦。

【功能】益气健脾。

【主治】用于增强猪对猪瘟疫苗的免疫应答。

【用法与用量】混饲，每千克饲料猪4克，连用7天。

【不良反应】按规定剂量使用，暂未发现不良反应。

【注意事项】暂无规定。

3. 苦参止痢颗粒

【主要成分】苦参、白芍、木香。

【性状】本品为黄棕色至棕色颗粒。

【功能】清热燥湿，止痢。

【主治】主治仔猪白痢。

【用法与用量】灌服：每千克体重仔猪0.2克，连用5天。

【不良反应】按规定剂量使用，暂未发现不良反应。

【注意事项】暂无规定。

4. 石香颗粒

【主要成分】苍术、关黄柏、石膏、广藿香、木香等。

【性状】本品为棕色至棕褐色的颗粒；气微香，味苦。

【功能】清热泻火，化湿健脾。

【主治】高温引起的精神委顿、食欲不振、生产性能下降。

【用法与用量】每千克体重猪、牛0.15克，连用7天；预防量减半。

【不良反应】按规定剂量使用，暂未见不良反应。

5. 板蓝根颗粒

【主要成分】板蓝根。

【功能】清热解毒，凉血利咽。

【主治】风热感冒，咽喉肿痛，口舌生疮，疮黄肿毒。主治鸡传染性法氏囊病等。

【用法与用量】混饮，每升水鸡 3 克，猪 15 ～ 30 克，连用 3 天。

【不良反应】暂未发现不良反应。

【注意事项】暂无规定。

6. 紫锥菊颗粒

【主要成分】紫锥菊。

【功能】清热解毒，凉血利咽。

【主治】①可以解决母猪的病毒性感染问题。通过抑制病毒在体内的复制，净化机体内的病毒。如圆环病毒、蓝耳病毒、猪瘟病毒等。并且可以改善母猪母源抗体水平，改善母乳品质。

②提高仔猪的健康和抵抗力。紫锥菊可促进 T 淋巴细胞、B 淋巴细胞和巨噬细胞的免疫活性，增强机体的免疫应答和免疫水平，提高整个猪群的健康水平和抗应激能力。

③辅助治疗各种病毒性疾病。对无名高热、猪瘟病毒、蓝耳病病毒、圆环病毒等感染具有很强的辅助治疗作用。

【用法与用量】①改善母猪的各种问题：每吨料添加 1 千克，可全程添加。

②提高仔猪的健康和抵抗力：在断奶、转群等高强度应激时每吨料添加 1 千克。

③辅助治疗各种病毒性疾病：每吨料添加 1 ～ 2 千克。

【不良反应】暂未发现不良反应。

【注意事项】暂无规定。

（四）注射液

1. 穿心莲注射液

【主要成分】穿心莲，含穿心莲内酯、脱水穿心莲内酯、14– 去氧穿心莲内酯等。

【性状】本品为黄色至黄棕色的澄明液体。

【功能】清热解毒。

【主治】肠炎、肺炎、仔猪白痢。

【用法与用量】肌内注射：马、牛30～50毫升，羊、猪5～15毫升，犬、猫1～3毫升。

【不良反应】过敏性休克、药疹、过敏性心肌损伤等。

【注意事项】脾胃虚寒慎用。

2. 板蓝根注射液

【主要成分】板蓝根。

【性状】本品为棕色澄明灭菌溶液。

【功能】抗菌。

【主治】流感、仔猪白痢、肺炎及某些发热性疾患。

【用法与用量】肌内注射：马、牛40～80毫升，羊、猪10～25毫升。

【不良反应】按规定剂量使用，未见不良反应。

【注意事项】①不可与碱性药物合用。

②有少量沉淀，加热溶解后使用，不影响疗效。

3. 柴胡注射液

【主要成分】柴胡。

【性状】本品为无色或微乳白色的澄明液体；气芳香。

【功能】解热。

【主治】感冒发热。

【用法与用量】肌内注射：马、牛20～40毫升，羊、猪5～10毫升，犬、猫1～3毫升。

【不良反应】按规定剂量使用，暂未见不良反应。

【注意事项】本品为退热解表药，无发热者不宜。

4. 鱼腥草注射液

【主要成分】鱼腥草，含癸酰乙醛、总黄酮等。

【性状】本品为无色或微黄色的澄明液体；有鱼腥味。

【功能】清热解毒，消肿排脓，利尿通淋。

【主治】肺痈（肺炎、肺脓肿），痢疾，乳痈（乳腺炎），淋浊。

肺痈：证见高热不退，咳喘频繁，鼻流脓涕或带血丝，舌红苔黄，脉数。

痢疾：证见下痢脓血，里急后重，泻粪黏腻，时有腹痛，口色红，苔黄，脉数。

乳痈：证见乳房胀痛，乳汁变性，混有凝乳块或血丝。

淋浊：证见尿频、尿急、尿痛、排尿不畅、淋漓不尽，或者尿中有血丝或砂石。

【用法与用量】肌内注射：马、牛 20 ～ 40 毫升，羊、猪 5 ～ 10 毫升，犬 2 ～ 5 毫升，猫 0.5 ～ 2 毫升。

【不良反应】可出现恶心、呕吐、呼吸困难、皮疹、寒战、高热、过敏性休克、局部静脉炎等。

【注意事项】暂无规定。

5. 黄芪多糖注射液

【主要成分】黄芪多糖。

【性状】本品为黄色至黄褐色澄明液体，长久贮存或冷冻后有沉淀析出。

【功能】益气固本，诱导产生干扰素，调节机体免疫功能，促进抗体形成。

【主治】用于猪病毒性疾病、无名高热病及混合感染，特别对急性病例能迅速得到控制。猪无名高热病（蓝耳病变异株）、圆环病毒病、蓝耳病（繁殖与呼吸综合征）、猪传染性胃肠炎、猪病毒性腹泻、温和型及非典型猪瘟等。

【用法与用量】肌内或皮下注射：猪 0.1 ～ 0.2 毫升，鸡每千克体重 2 毫升，一日 1 次，连用 2 天。

【不良反应】按规定剂量使用，暂未见不良反应。

【注意事项】暂无规定。

6. 双黄连注射液

【主要成分】金银花、黄芩、连翘。

【性状】本品为棕红色的澄明液体。

【功能】清热解毒，疏风解表。

【主治】外感风热，肺热咳喘。

【用法与用量】肌内注射，牛 20 ～ 40 毫升，猪 10 ～ 20 毫升。

【不良反应】按规定剂量使用，暂未见不良反应。

7. 银黄注射液

【主要成分】金银花、黄芩。

【性状】本品为浅棕至红棕色的澄清液体。

【功能】清热解毒，宣肺燥湿。

【主治】热毒壅盛，用于猪肺疫、猪喘气病的治疗。

【用法与用量】肌内注射：一次量，每千克体重猪 0.15 毫升，2 次 / 天，连用 5 天。

【不良反应】按规定剂量使用，暂未见不良反应。

8. 苦参注射液

【主要成分】苦参。

【性状】本品为黄色至棕黄色澄明液体。

【功能】清热燥湿。

【主治】湿热泻痢。

【用法与用量】肌内注射：猪 0.2 毫升 / 千克体重，2 次 / 天，连用 4 天。

【不良反应】按规定剂量使用，暂未见不良反应。

9. 博落回注射液

【主要成分】博落回。

【性状】本品为棕红色的澄明液体。

【功能】抗菌消炎。

【主治】仔猪白痢、黄痢。

【用法与用量】肌内注射：一次量，猪体重 10 千克以下，2 ～ 5 毫升；体重 10 ～ 50 千克，5 ～ 10 毫升，2 ～ 3 次 / 天。

【不良反应】口服或肌内注射均能引起严重心律失常至心源性脑缺血综合征。

【注意事项】一次用量不得超过 15 毫升。

10. 硫酸小檗碱注射液

【主要成分】硫酸小檗碱。

【性状】本品为黄色的澄明液体。

【功能】抗菌药。

【主治】用于肠道细菌性感染。

【用法与用量】肌内注射：马、牛 15 ～ 40 毫升，羊、猪 5 ～ 10 毫升。

【不良反应】按规定的用法与用量使用尚未见不良反应

【注意事项】本品不能静脉注射。遇冷析出结晶，用前浸入热水中，用力振摇，溶解成澄明液体并晾至与体温相同时使用。

六、畜禽常用给药途径

（一）注射给药法

1. 皮下注射

将药物注入皮下疏松结缔组织内，经毛细血管、淋巴管吸收进入血液循环。因皮下有脂肪，吸收较慢，一般经 10 ～ 15 分钟呈现药效。

（1）注射部位　应选择皮下组织较多、皮肤松弛的部位。牛、马多在颈侧；猪在耳根的后方或肘后，也可在股内侧；禽多在颈背部。

（2）注射方法　用左手食指和拇指捏起注射部位的皮肤，右手持注射器，使针头与皮肤成45°，迅速刺入捏起的皮肤皱褶的皮下，然后用左手夹住注射器针头的尾部，右手推注药液。

2. 皮内注射

多用于诊断结核病、假性结核及鼻疽病等的变态反应诊断或作药敏试验、预防接种等。

注射部位可根据不同动物选择在颈侧中部或尾根内侧。注射时，左手拇指与食指将皮肤捏起皱襞，右手持注射器使针头与皮肤呈30°角刺入皮内0.1～0.3厘米，深达真皮层，即可注射规定量的药液。正确注入的标志是注射局部形成稍硬的豆粒大隆起，并感到推药时有一定阻力，如误入皮下则无此现象。

3. 肌内注射

用注射器将药液注入肌肉组织内，因肌肉内的血管丰富，药物的吸收和药物的效应都比较稳定。水、油溶液均可肌内注射，略有刺激的可深部肌内注射。注射药液多时可分点注射。

（1）注射部位　应选择肌肉较发达的部位，马、牛一般在臀部或颈部；猪在颈侧较为方便；禽在胸肌。

（2）注射方法　一种方法是用左手固定注射部位的皮肤，右手持注射器垂直刺入肌肉后，用左手夹住注射器针头尾部，右手将注射器活塞回抽一下，检查有无血液，如无回血，即可注入；另一种方法是将针头取下，用右手拇指、食指和中指紧握针尾，对准注射部位迅速刺入肌肉，然后接上注射器注入药液。

4. 静脉注射

以注射器（或输液器）将药液直接注入静脉血管内的给药方法。静脉注射时，药物见效快、分布广、剂量控制准确，并可注入大量药液，适用于抢救危急病畜，畜禽机体脱水而需要补充大量药液时，或某些剂量要求严格的药物给药。

（1）注射部位　马、牛、羊多在颈静脉沟上1/3和中1/3交界处的颈静脉；猪在耳静脉。

（2）注射方法　在病畜左侧颈静脉注射时，局部剪毛消毒后，用左手在注射点近心端10厘米处，以拇指紧压于颈静脉上（必要时可用绳、橡皮管捆住注射部位下方约10厘米处）使颈静脉鼓起，然后以右手拇指、食指、中指持针头，对准静脉管与针头成 30°～45° 角刺入。如刺入血管，则有血流出。这时可松开按压静脉的手或绳，迅速接上注射器，如注射器内有回血，即可注入药液。猪耳静脉注射时，先用一橡皮管或绳捆扎耳根部，也可用手紧握耳根部，即见静脉鼓起，选择较大的耳静脉注射。针刺时，以左手食指垫在静脉的耳下，用拇指固定耳缘。针刺后接上注射器，如有血液回流，松开手或绳。注射者用左手拇指、食指固定针头，右手推动注射器活塞，注入药液。

静脉输液时，如果用盐水瓶输液，先在盐水瓶胶塞上插进 16 号针头 2 个，一个作通气用，另一个接输液胶管，胶管另端连着玻璃接头（最好在胶管中段切断，装上长约 6 厘米的玻璃接头管，以检查有无空气进入胶管）。然后把药瓶倒置过来，等药水驱尽胶管中的空气后，即把玻璃接头插入已经刺入血管的针头上，将瓶中药液输入静脉内。也可以用一次性输液器，直接刺入药液瓶中，倒置药瓶，当药液从针头中流出时，把接头插入已经刺入血管的针头上。将针头、胶管用胶布条、小止血钳固定在畜体上。

（3）注意事项　一般油类制剂不能进行静脉注射；如果注射有刺激性的药（如钙剂、砷剂、高渗葡萄糖溶液等），则不能将药液漏出血管外；如果发生漏注，应在局部热敷，并换另侧血管注射。静脉输液速度可由药瓶放置的高低来调节，不要输得过快，尤其是体况衰竭的病畜；静脉输液前，应把药液加热到与体温相同的温度，在冬季输液数量较多时，更应注意这一点。输液完毕，应先捏住胶管，再拔出针头，消毒局部。

5. 腹腔内注射

腹腔内注射就是利用药物的局部作用和腹膜的吸收作用，将药液注入腹腔内的一种注射方法。当静脉管不宜输液时可用该法。腹腔内注射在大动物较少应用，而对小动物的治疗经常采用。在犬、猫也可注入麻醉剂。该法还可用于腹水的治疗，利用穿刺排出腹腔内的积液，借以冲洗、治疗腹膜炎。

（1）注射部位　牛在右侧肷窝部；马在右侧肷窝部；犬、猪、猫则宜在两侧后腹部。

（2）注射方法　牛、马可选择肷部中央。先进行剪毛消毒处理，然后术者一手把握腹侧壁，另一手持连接针头的注射器在距耻骨前缘 3～5 厘米处的中线旁，垂直刺入。刺入腹腔后，摇动针头有空虚感，即可注射。注入药物后，局部消毒处理。

6. 注射时的注意事项

①首先检查注射器及针头是否能用，针头是否锐利，针头与针筒能否牢固结合。

②将注射器及针头洗净，并进行煮沸或蒸汽消毒。煮沸消毒注射器时，

应将各部螺旋拧松。

③先将病畜保定牢固，然后在注射部位剪毛。注射前及注射后局部都应该用酒精或碘酒棉球消毒。

④吸取药液前，应先将注射器各部螺旋拧紧。必须用酒精棉球消毒安瓿颈部、药瓶盖子，然后仔细查看药品的浓度、有无变质、药瓶有无破裂、是否过期失效等。吸取药液的剂量要准确，同时吸药姿势应正确。

⑤注射前应将针筒内的空气排尽，对静脉注射更应特别注意。

⑥注射完毕，用药棉久压针孔，以免出血。最后解除保定。

⑦注射时如发生断针事故，应立即用手或镊子夹出断针头。必要时，可行手术切开，取出断针头。

（二）经口给药法

1. 灌药器投药

利用灌药器将药物从口角灌入口内，是投服少量药液时常用的方法，多适用于猪、犬、猫等中小动物，其次是牛、马等大动物。

2. 胃管投药

用胃管经鼻腔插入胃内，将药液投入胃内，是投服大量药液或刺激性药液常用的方法，适用于马、骡，其次为牛、羊、猪、犬等动物。

3. 混饲给药

将药物均匀混拌在饲料中，让畜禽采食时连同药物一起食入胃内。此法简便易行，适用于集约化养禽场、养猪场的预防性给药，或发病后的药物治疗。拌料时首先确定混饲药物的浓度，然后按平时每顿饲喂饲料量的50%～60%拌料。拌料应尽量均匀，混合的方法是先将药物和少量的饲料混合均匀，然后将混合物倒入大批饲料中充分混合均匀。若使用全价颗粒料，可先将药物溶解在水中，将颗粒料倒在大块的塑料布上，边搅拌边用喷雾器将药物均匀地喷洒在饲料上，喷水量应掌握为使颗粒料不发生粉化为宜。这种方法尤其适合于那些饮水给药适口性较差的药物和颗粒料的混用。畜禽给药前应禁食，以确保含药的饲料能够在 1 小时内吃完，吃完后再投给不含药物的饲料让其自由采食。

4. 饮水给药

将药物溶解在畜禽饮水中，让畜禽饮水时饮入药物而发挥药效。该法相对于混饲给药更容易混合均匀，而且节省人力和物力，是生产中常用的一种给药方法，适合于预防给药和治疗疾病，特别是对于发病后食欲降低但仍能饮水的畜禽群。给药前应先估算出畜禽每日饮水量，然后根据药物的使用说明计算出每天用药的量、次数及间隔时间等。一般情况下，可以按全天饮水量的 1/4～1/3 加药，混合均匀后任其自由饮用，药液饮完后再供给不含药物的清洁饮水。使用在水中稳定性较差的药物时，可提前停止供水 1～2 小时，以促其在较短时间内饮完。为了提高药物的适口性，降低应激反应，可以在饮水中加入葡萄糖和电解多维等同时饮用。

饮水给药应注意以下几个方面。

①配制药液的水质应该清洁，以深井水为好，水槽要事先刷洗干净，然后加入药液。

②饮水给药时一定要根据畜禽群的每日饮水量按比例给药，供水量太少了，饮水不均匀，且浓度过大，会致多饮者中毒；供水量太多，在一定的时间内喝不完，同样达不到药效。

③饮水中投给抗生素类药物时一定要现用现配，有些药物在水中不稳定，时间长了药效会下降，甚至会失去药效。

④饮水给药时应注意配伍禁忌，有些药物相互之间具有协同作用，合用可以增强疗效。如环丙沙星和林可霉素、多西环素。有些药物合用会发生中和、沉淀、分解或药效降低等，如磺胺药和酸性药物（如维生素 C、B 族维生素、青霉素和盐酸四环素等）合用会析出沉淀。

5. 气雾给药

适用于治疗一些呼吸道疾病。用药期间畜舍应密闭。通过呼吸系统给药时，要求药物必须能溶解于水，对黏膜无刺激，同时还要根据空间大小和畜禽数量准确计算药物用量和水量，控制雾滴大小。

6. 体表给药

用于畜禽体表的消毒或外伤处理，以杀灭体表的寄生虫或病原微生物，如生产中常用的带禽消毒。操作时将药直接喷洒在体表或涂擦在患部周围。

7. 灌肠给药

将药物用器械灌入肠道内，使其通过黏膜吸收。

（三）经鼻给药法

1. 大动物经鼻给药法

牛、马等大动物灌服多量水剂、可溶于水的药品以及带有特殊气味、经口不易投服的药品。用特制的胃管，用前用温水清洗干净，排出管内残水，前端涂以润滑剂（如液状石蜡、凡士林等）。

将动物在柱栏内站立保定并使头部适当抬高，投药者站在动物右（左）侧，用左（右）手掀开右（左）侧鼻翼，右（左）手持胃管经鼻腔送至咽喉部，待吞咽时乘机送入食道，当判定已插入食道无误时再适当插入漏斗灌药。灌完后，取下漏斗并用力吹气使胃管内药液排尽，再堵捏管口拔出胃管。

2. 小动物经鼻给药法

（1）犬的胃管投药　对犬、猫先进行安全保定后装上开口器。用较细的投药管经舌背面缓缓向咽腔插入，然后继续向深部插入即可顺利进入食管内，用连接胃导管的气球打气，可观察到颈部的波动，压扁气球后气球不会鼓起即可证明插入正确。连接漏斗灌入药液。

（2）猪的胃管投药　猪侧卧保定，先给猪装上开口器，胃导管经口腔插入，经舌背部向咽腔插入食管内 15～20 厘米，其判定方法同犬的判定方法，插入正确后灌入药液。

3. 插胃管的注意事项

插入胃导管灌药前，必须判断胃导管正确插入后方可灌入药液（表6-4）。若胃导管误插入气管内灌入药液将导致动物窒息或形成异物性肺炎。经鼻插入胃导管，插入动作要轻，严防损伤鼻道黏膜。若黏膜损伤出血时，应拔出胃导管，将动物头部抬高，并用冷水浇头，可自然止血。

表 6-4　胃管插入食管或气管的鉴别方法

鉴别方法	插入食管	插入气管
胃管前送的感觉	稍有阻力感，动物安静并有吞咽动作	无吞咽动作，无阻力，多数可导致强烈咳嗽
胃管后端突然充气	左侧颈沟有随气流进入而产生的明显波动	无波动
胃管后端听诊	不规则咕噜声或水泡音，无气流冲击耳边	随呼吸有气流冲击耳边
胃管后端浸入水中	水内无气泡	随呼吸动作水内出现水泡
触摸颈沟部	手摸颈沟区感到有一坚硬索状物	无
胃管后端嗅诊	有胃内酸臭味	无

（四）直肠给药法

常用于出现严重呕吐症状的犬、猫，如经口投药，药液常随呕吐物损失而难以起到药物作用。

抓住犬、猫两后肢，抬高后躯，将尾拉向一侧，用 12～18 号导尿管，猫经肛门向直肠内插入 3～5 厘米，犬插入 8～10 厘米；用注射器吸取药液后，经导管灌入直肠，一般情况下，猫灌入 30～45 毫升，犬灌入 30～100毫升。拔下导管，将尾根压迫在肛门上片刻，防止努责，然后松解保定。

（五）穿刺法

1. 马骡喉囊穿刺

对侧外眼角的方向缓慢进针，当针进入肌肉时稍有抵抗感，达喉囊后抵抗力立即消减，拔出套管内的针芯，然后连接洗涤器送入空气，如空气自鼻孔逆出而发生特有的声响时除去洗涤器，再连接注射器，吸出喉囊内炎性渗出物或脓液。如以治疗为目的，可在排脓洗涤后注入药液，喉囊洗涤后再灌入汞溴红洗液，经喉囊自鼻孔流出后，拔去套管。

2. 牛心包穿刺

牛心包穿刺往往用于心包炎（特别是创伤性网胃心包炎）或心包积液的诊断，有时用于心包内冲洗，并注入某些药物以防感染。穿刺部位在左侧第4或第5肋间隙，肩端水平线下方约2厘米处，心叩诊呈浊音部，注意避开胸外静脉。病牛站立保定，并使左前肢向前跨一步或向前方提举呈伸展状态，以充分显露心区。

穿刺部剪毛，常规消毒，严格无菌操作，先在术部用手术刀作1厘米左右的小切口，然后用灭菌的18号10厘米长的穿刺针，针尾端接一段橡胶管或塑料管，并用夹子将其夹住，以防空气进入胸腔，于肋骨前缘将穿刺针刺入皮下，去掉夹子，接上10～20毫升的注射器，再向前下方刺入，刺入深度因水牛、黄牛、乳牛、牦牛等而不同，最好是边刺边抽为宜。

如阻力骤减，则可能已刺入心包或胸腔刺入心包时，针头随心脏的搏动而摆动，此时可抽出针芯，心包液即从针孔流出，若刺入过深则会刺进心肌，此时除针头随心跳而摆动外，并从针孔流出血液。若刺入心室内，可见由针孔向外喷血，这种情况下应迅速后退针头以调整深度，必要时可重新刺针，但切忌乱刺，严防感染和漏入空气。

抽液或冲洗完毕，用一手紧压胸壁刺入点，一手拔针，并必须对刺入点及其周围严格消毒，切口结节缝合。心包穿刺中严防牛骚动，否则可发生气胸，针头要垂直进出，避免左右摇摆，以防划破心肌。心包穿刺后如果牛食欲废绝或心搏增效，可给予强心药。

3. 胸腔穿刺

排出胸腔积液，或洗涤胸腔及注入药液；多用于胸膜炎、胸膜内出血、胸水的治疗以及排出胸腔内积气。也可用于检查胸腔内有无积液及积液的采取，供鉴别诊断。

马穿刺部位在左胸侧第7肋间，右胸侧第6肋间；反刍动物和猪在左胸侧第6肋间，右胸侧第5肋间；犬在左胸侧第7肋间，右胸侧第6肋间，胸外静脉上方。穿刺时局部剪毛消毒，左手将术部皮肤稍向上方移 1～2 厘米，右手持套管针用指头控制 3～5 厘米处，在靠近肋骨前缘垂直刺入，即可流出积液或血液。放液不宜过急，以免胸腔减压过急而影响心肺功能。放完积液后可通过穿刺针进行胸腔洗涤，或注入治疗性药物。

4. 腹腔穿刺术

主要用于诊断胃肠破裂、肠变位、内脏出血等；腹膜炎时放液冲洗注药；小动物腹腔麻醉和补液。

大动物一般站立保定；中、小动物横卧或倒提保定。

马在下腹剑状软骨后方 10～15 厘米、腹白线两侧 2～3 厘米处，也可在左下腹部，即由髋结节到脐部的连线与通过膝盖骨的水平线所形成的交点处。牛可在下腹部，定位同马。但要避开瘤胃，在右下腹部而不在左下腹部。犬、猫、猪等中、小动物在脐部稍后方腹白线线上或稍旁开腹白线。

术部剪毛消毒后，垂直皮肤将针刺入，针入腹腔时有落空感。腹腔内如有液体，即可自行放出，不能自行放出时可用注射器抽吸，或用吸引器吸引。完毕拔针涂碘酊。保定要确实，以免动物移动针头损伤内脏。大量放液时应缓慢，并注意心脏状态。

5. 瘤胃穿刺术

瘤胃发生急性臌气或向瘤胃内注入药液。

一般采取站立保定。在左肷窝部，由髋结节向最后肋骨所引水平线中点，距离腰椎横突 10～20 厘米处。牛羊均可在左肷窝部膨胀最明显处。

术部剪毛消毒后，在术部作 1 厘米长的皮肤切口，将消毒过的套管针尖置于皮肤切口内，对准右侧肘头方向迅速刺入 10～12 厘米，固定套管，拔出针芯，用手指堵住管口间歇放气。气体排出后，为防止复发，可经套管针向胃内注入 5% 克辽林液 200 毫升或 0.5%～1% 福尔马林液 500 毫升。将针芯插入套管中，左手紧压腹壁，右手迅速拔出套管针。皮肤切口进行一针结节缝合，创口涂以碘酊，装以火胶棉绷带，如需再次穿刺，应避开原来的穿刺孔。

6. 瓣胃穿刺术

用于瓣胃秘结时注射药物进行治疗。

站立保定。注射部位在右侧第 8～10 肋间（第 9 肋间最合适）与肩端水平线的交点。

术部剪毛消毒。用 15～20 厘米长的穿刺针垂直皮肤并向前下方刺入 10～12 厘米，当刺入瓣胃时，有硬、实的感觉。为慎重起见，可先注入 30～50 毫升生理盐水并迅速回抽，回抽液如果混浊并带有草屑，证明刺入正确。然后在瓣胃内注入 25%～30% 硫酸钠溶液 300～450 毫升或温生理盐水

2 000毫升。注射完毕，用注射器将针体内液体全部打入瓣胃，然后用手堵住穿刺针孔，迅速拔出针头，术部用碘酊消毒。

7. 肠管穿刺术

用于排出盲肠、结肠内的气体和向肠腔内直接注入防腐药液。

一般站立保定。马的盲肠穿刺部位在右肷窝的中心处，即从髋结节中央点到最后肋骨所引水平线的中点前方1～2厘米处。马的结肠穿刺部位在左侧腹部膨胀最明显处。

术部剪毛消毒后，盲肠穿刺时，右手持消毒的穿刺针，由穿刺点向着对侧肘头或剑状软骨部，刺入6～10厘米。固定套管拔出内针，气体由套管排出。排气结束后，为防止疾病复发，可经套管向盲肠内注入防腐止酵剂。将内针还入套管后，术者左手用酒精棉球紧压术部皮肤，使腹壁与肠管贴近，右手迅速拔出针头。术部碘酊消毒并用火棉胶封闭针孔。结肠穿针时，封闭针头与皮肤垂直，刺入3～4厘米。穿刺时动作要迅速，手术完毕拔针孔时，如果针孔内有液体，则应先用空注射器向穿刺针头内打气，以防止针内容物落入皮下或筋膜下造成感染。

8. 膀胱穿刺术

用于因尿道阻塞引起的急性尿潴留。

小动物仰卧保定，大动物六柱栏内站立保定。小动物在耻骨前缘3～5厘米处腹白线左（右）侧腹底壁上；大动物通过直肠穿刺。

大动物应先用温水灌肠后，术者用右手拇指、食指、中指保护针尖，将针带入直肠内。手进入直肠后，感觉膀胱的轮廓，在膀胱体部进行穿刺。穿刺时让针尖从拇指与示指间露出，针尖垂直直肠壁刺入膀胱内，然后手在直肠内固定针头，防止针头随肠蠕动而脱出。尿液经针头、胶管流出体外。小动物穿刺时，术部剪毛消毒。用左手隔着腹壁固定膀胱，右手持针头使其穿过皮肤、肌肉、腹膜和膀胱壁而刺入膀胱，用手将针固定，尿液经针头排除。穿刺完毕后拔下针头，局部用碘酊消毒。

第二节　抗寄生虫药的应用

抗寄生虫药就是用来杀灭或驱除畜禽体内外寄生虫的药物。寄生虫病多为群发性，在使用抗寄生虫药物时，应考虑选用低毒、高效、广谱、便于给药（混饲、熏蒸、药浴等）、价格低以及无残留的药物。

一、抗蠕虫药的应用

（一）驱线虫药

1. 伊维菌素

【作用与应用】高效、广谱、低毒的大环内酯类抗寄生虫药，对线虫、昆虫等均有驱杀作用，对吸虫、绦虫和原虫无效。用于防治动物消化道和呼吸道线虫，犬、猫钩口线虫，犬恶丝虫，动物螨、虱病等。

【用法与用量】皮下注射，一次量，每千克体重猪0.3毫克；牛、羊0.2毫克，用1次。

常用制剂有：伊维菌素片、伊维菌素溶液、伊维菌素注射液、阿苯达唑伊维菌素片、阿苯达唑伊维菌素预混剂等。

2. 阿维菌素

其作用、应用、用法与用量基本同伊维菌素，毒性稍强。

常用制剂有：乙酰氨基阿维菌素注射液、阿苯达唑阿维菌素片、阿维菌素粉、阿维菌素透皮溶液等。

3. 阿苯达唑

【作用与应用】抗蠕虫药。用于猪线虫病、绦虫病和吸虫病。阿苯达唑具有广谱驱虫作用。线虫对其敏感，对绦虫、吸虫也有较强作用（但需较大剂量），对血吸虫无效。作用机理主要是与线虫的微管蛋白结合发挥作用。阿苯达唑对线虫微管蛋白的亲和力显著高于哺乳动物的微管蛋白，因此对哺乳动物的毒性很小。本品不但对成虫作用强，对未成熟虫体和幼虫也有较强作用，还有杀虫卵作用。

用于畜禽线虫病、绦虫病和吸虫病。

【用法与用量】内服：一次量，每10千克体重马0.05～0.1克；牛、羊0.1～0.15克；猪0.05～0.1克。

常用制剂有：阿苯达唑片、阿苯达唑粉、阿苯达唑混悬液等。

4. 芬苯达唑

【作用与应用】抗蠕虫药。芬苯达唑为苯并咪唑类抗蠕虫药，抗虫谱不如阿苯达唑广，作用略强。用于畜禽线虫病和绦虫病。

【用法与用量】内服：一次量，每千克体重马、牛、羊、猪0.1～0.15克；禽0.2～1克；犬、猫0.5～1克。连用3天。

常用制剂有：芬苯达唑片、芬苯达唑粉、芬苯达唑颗粒等。

5. 多拉菌素

【作用与应用】多拉菌素是广谱抗寄生虫药。对体内外寄生虫特别是某些线虫（圆虫）和节肢动物具有良好的驱杀作用，但对绦虫、吸虫及原生动物无效。其作用机制主要是增加虫体的抑制性递质 γ - 氨基丁酸（GABA）的释放，从而阻断神经信号的传递，使肌肉细胞失去收缩能力，而导致虫体死亡。哺乳动物的外周神经递质为乙酰胆碱，不会受到多拉菌素的影响。多拉菌素不易透过血脑屏障，对中枢神经系统损害极小，对猪比较安全。

【用法与用量】肌内注射：一次量，每33千克体重猪1毫升。

常用制剂有：多拉菌素注射液。

6. 哌嗪

【作用与应用】哌嗪对敏感线虫产生箭毒样作用，使虫体麻痹，从粪便排出。哌嗪对寄生于猪体内的某些特定线虫有效，如对蛔虫、结节虫等具有优良的驱虫效果。

【用法与用量】内服：一次量，每10千克体重马、猪2～2.5克；犬、猫0.7～1克；禽2～5克。

常用制剂有：枸橼酸哌嗪片、磷酸哌嗪片等。

7. 左旋咪唑（左咪唑）

【作用与应用】属咪唑并噻唑类抗线虫药，对牛、绵羊、猪、犬和鸡的大多数线虫具有活性。其驱虫作用机理是兴奋敏感蠕虫的副交感和交感神经节，总体表现为烟碱样作用；高浓度时，左旋咪唑通过阻断延胡索酸还原和琥珀酸氧化作用，干扰线虫糖代谢，最终对蠕虫起麻痹作用，排出活虫体。

除具有驱虫活性外，还能明显提高免疫反应。目前尚不明确其免疫促进作用机理，可恢复外周T淋巴细胞的细胞介导免疫功能，兴奋单核细胞的吞噬作用，对免疫功能受损动物作用更明显。

具有烟碱作用的药物如噻嘧啶、甲噻嘧啶、乙胺嗪，胆碱酯酶抑制药如有机磷、新斯的明可增加左旋咪唑的毒性，不宜联用。

【用法与用量】内服：一次量，每10千克体重牛、羊、猪75毫克；犬、猫100毫克；禽250毫克。

常用制剂有：盐酸左旋咪唑片、盐酸左旋咪唑粉、盐酸左旋咪唑注射液等。

（二）驱绦虫药

氯硝柳胺（灭绦灵）

【作用与应用】广谱驱绦虫药，对牛羊多种绦虫、鸡绦虫以及反刍动物前后盘吸虫等均有高效，对犬、猫绦虫也有明显驱杀作用。此外，氯硝柳胺还有杀钉螺的作用。

【用法与用量】内服，一次量，每10千克体重牛0.4～0.6克；羊0.6～0.7克；禽0.5～0.6克；犬、猫0.8～1克。

常用制剂有：氯硝柳胺片等。

（三）驱吸虫药

1. 硝氯酚（拜耳9015）

【作用与应用】是牛、羊肝片吸虫较理想的驱虫药，对前后盘未成熟的虫体也有较强的杀灭作用，对其他未成熟的虫体无作用。

【用法与用量】内服，一次量，每千克体重黄牛3～7毫克；水牛1～3毫克；羊3～4毫克；猪3～6毫克，用1次。

常用制剂有：硝氯酚片、硝氯酚伊维菌素片、阿苯达唑硝氯酚片、硝氯酚注射液等。

2. 三氯苯达唑（三氯苯咪唑）

【作用与应用】对各日龄的肝片吸虫均有杀灭效果，主要用于治疗牛、羊肝片吸虫病。

【用法与用量】内服，一次量，每千克体重牛12毫克；羊10毫克，用1次。治疗急性肝片吸虫病，应在5周后重复用药一次。

常用制剂有：三氯苯达唑颗粒、三氯苯达唑片等。

（四）驱血吸虫药

吡喹酮

【作用与应用】广谱驱绦虫药、抗血吸虫药和驱吸虫药，对多数成虫、幼虫都有效。主要用于防治日本分体吸虫病，也用于绦虫病和囊尾蚴病。

【用法与用量】内服，一次量，每千克体重牛、羊、猪10～35毫克；犬、猫2.5～5毫克；禽10～20毫克。

常用制剂有：吡喹酮片、吡喹酮粉等。

二、抗原虫药的应用

（一）抗球虫药

在畜禽球虫病中，以鸡、兔的球虫病危害最大。目前常用的抗球虫药大体分为两类：一类是聚醚类离子载体抗生素，另一类是化学合成的抗球虫药。

1. 聚醚类离子载体抗生素

此类药物能使钠、钾离子在虫体内的量增加，渗透压提高，导致死亡。此类药物对子孢子和第一代裂殖生殖阶段的初期虫体具有杀灭作用，对裂殖生殖后期和配子生殖阶段虫体的作用小。

（1）马度霉素（马度米星）

【作用与应用】抗球虫谱广，对鸡的 6 种艾美耳球虫都有效。主要用于预防鸡球虫病。

【用法与用量】混饲，每千克饲料鸡 5 毫克。

常用制剂：马度米星铵预混剂、复方马度米星铵预混剂等。

（2）莫能菌素（莫能霉素、瘤胃素）

【用法与用量】混饲，每千克饲料鸡 90 ～ 110 毫克；兔 20 ～ 40 毫克。

【作用与应用】抗球虫谱广，对鸡的 6 种艾美耳球虫都有效。主要用于预防鸡、兔球虫病。

常用制剂有：莫能菌素预混剂等。

（3）盐霉素

【作用与应用】能杀灭多种鸡球虫，但对巨型艾美耳球虫和布氏艾美耳球虫作用弱。主要用于预防鸡球虫病。

【用法与用量】混饲，每千克饲料鸡 60 毫克。

常用制剂有：盐霉素预混剂、盐霉素钠预混剂等。

（4）拉沙菌素（拉沙洛西）

【作用与应用】二价离子载体类抗生素，与其他离子载体类抗生素无交叉耐药性。能杀灭柔嫩艾美耳球虫等多种鸡球虫，但对毒害艾美耳球虫和堆型艾美耳球虫作用弱。主要用于预防鸡球虫病。

【用法与用量】混饲，每吨饲料鸡 75 ～ 125 克。

常用制剂有：拉沙洛西钠预混剂（球安）。

2. 化学合成的抗球虫药

（1）二硝托胺（球痢灵）

【作用与应用】本品作用于第 1 代和第 2 代裂殖体。对多种球虫有抑制作用，对堆型艾美耳球虫效果差。主要用于预防和治疗畜禽球虫病。

【用法与用量】混饲，每千克饲料预防用药量 125 毫克，治疗量加倍。

常用制剂有：二硝托胺预混剂等。

（2）氨丙啉

【作用与应用】本品作用于第一代裂殖体，对子孢子和配子生殖阶段虫体也有一定的抑制作用。对鸡各种球虫有效，对柔嫩艾美耳球虫、堆型艾美耳球虫效果最好，对毒害艾美耳球虫、布氏艾美耳球虫和巨型艾美耳球虫作用稍弱，最好联合用药。主要用于治疗鸡球虫病。

【用法与用量】混饲，每千克饲料治疗用 250 毫克，连用 3 ～ 5 天。

常用制剂有：盐酸氨丙啉乙氧酰胺苯甲酯磺胺喹噁啉预混剂、盐酸氨丙啉乙氧酰胺苯甲酯预混剂、盐酸氨丙啉磺胺喹噁啉钠可溶性粉等。

（3）氯羟吡啶

【作用与应用】本品对鸡各种球虫有效，对柔嫩艾美耳球虫效果最好。作用于子孢子，能抑制子孢子在肠上皮细胞发育达 60 天。主要用于预防鸡、兔球虫病。

【用法与用量】混饲预防，每千克饲料鸡 125 毫克；兔 200 毫克。

常用制剂有：氯羟吡啶预混剂等。

（4）地克珠利

【作用与应用】均三嗪类广谱抗球虫药，对鸡各种球虫有效，主要作用于子孢子和第一代裂殖体。用于预防和治疗畜禽各种球虫病。

【用法与用量】混饲，每千克饲料兔、禽 1 毫克，混饮，禽 0.000 05% ～ 0.000 1%。

常用制剂有：地克珠利预混剂、地克珠利颗粒等。

（5）托曲珠利

【作用与应用】广谱抗球虫药，对鸡各种球虫有效，作用于球虫在机体内的各个发育阶段。用于预防和治疗鸡各种球虫病。

【用法与用量】混饲，每千克饲料禽 50 毫克，混饮，禽 0.002 5%。

常用制剂有：托曲珠利混悬液等。

（6）磺胺喹噁啉（SQ）

【作用与应用】对鸡各种球虫有效，主要作用于第二代裂殖体。与氨丙啉或 TMP 有协同作用，主要用于治疗鸡各种球虫病、住白细胞原虫病。

【用法与用量】混饮治疗，鸡 0.04%，连用 3 天。

常用制剂有：磺胺喹噁啉钠可溶性粉等。

（7）磺胺氯吡嗪

【作用与应用】对各种球虫有效，主要作用于第二代裂殖体。主要用于治疗鸡住白细胞原虫病，鸡、兔球虫病。

【用法与用量】混饮治疗，鸡 0.03%，连用 3 天；内服治疗，每千克体重，兔 5 毫克，1 次 / 天，连用 10 天。

常用制剂有：磺胺氯吡嗪钠可溶性粉、磺胺氯吡嗪钠预混剂等。

（二）抗梨形虫药（抗焦虫药）

三氮脒（贝尼尔、血虫净）

【作用与应用】对家畜锥虫、梨形虫、边虫（无形体）、附红细胞体均有效。主要用于治疗家畜巴贝斯梨形虫病、泰勒梨形虫病、伊氏锥虫病、附红细胞体病、媾疫锥虫病等。

【用法与用量】肌内注射，一次量，每千克体重马3～4毫克；牛、羊、猪3～5毫克；犬3.5毫克。临用前配成5%～7%溶液。1次/天，连用3天。

常用制剂有：三氮脒注射液等。

三、杀虫药的应用

杀虫药指对体外寄生虫具有杀灭作用的药物。

（一）有机磷类

作为体外抗虫药，有机磷类杀虫药具有杀虫谱广、残效期短、作用强的特点。有触毒、胃毒、内吸毒作用。但安全范围小，尤其是对禽类。

1.二嗪农

【作用与应用】新型有机磷杀虫、杀螨剂，有触毒、胃毒、无内吸毒作用。外用效果佳，可杀虱、螨、蜱。

【用法与用量】药浴。绵羊，每升水加25%二嗪农溶液1毫升（初液）或3毫升（补充液）；牛，每升水加本品2.5毫升（初液）或6毫升（补充液）。

常用制剂有：25%二嗪农溶液等。

2.倍硫磷

【作用与应用】本品是一种速效、高效、低毒、广谱的杀虫药。是防治牛皮蝇蛆的首选药物。

【用法与用量】0.25%溶液喷淋。

常用制剂：倍硫磷乳油。

3.敌百虫

【作用与应用】精制敌百虫属于广谱杀虫药，不仅对消化道线虫有效，而且对某些吸虫如姜片吸虫、血吸虫等有一定的疗效。其作用机理是与虫体的胆碱酯酶结合，抑制胆碱酯酶的活性，使乙酰胆碱大量蓄积，干扰虫体的神经肌肉的兴奋传递，导致敏感寄生虫麻痹而死亡。

与其他有机磷杀虫剂、胆碱酯酶抑制剂和肌松药合用时，可增强对宿主的毒性。碱性物质能使敌百虫迅速分解成毒性更大的敌敌畏，因此忌用碱性水质配制药液，并禁与碱性药物合用。

【用法与用量】内服：一次量，每千克体重80～100毫克。外用：每1片（0.3克）兑水30毫升配成1%溶液（以敌百虫计）。

常用制剂有：精制敌百虫片、精制敌百虫粉等。

（二）拟菊酯类

拟菊酯类杀虫药具有杀虫谱广、高效、降解快、残毒低、无污染等优点，对各种昆虫及外寄生虫均有杀灭作用。

1. 溴氰菊酯（敌杀死）

【作用与应用】本品对虫体有触毒、胃毒、无内吸毒作用。外用可杀虱、螨、蜱和厩舍内蚊蝇。

【用法与用量】药浴，0.001 5%；喷淋，0.003%。

常用制剂有：溴氰菊酯溶液等。

2. 氰戊菊酯

【作用与应用】用于驱杀虱、螨、蜱、虻等畜禽体表寄生虫和厩舍内蚊、蝇等。

【用法与用量】药浴，0.002%；喷淋，0.005%。

常用制剂有：氰戊菊酯溶液等。

（三）其他类

双甲脒

【作用与应用】杀虫药。主要用于杀螨；亦可用于杀灭蜱、虱等体外寄生虫。

双甲脒为广谱杀虫药，对各种螨、蜱、蝇、虱等均有效，主要为接触毒，兼有胃毒和内吸毒作用。双甲脒的杀虫作用在某种程度上与其抑制单氨氧化酶有关，而后者是参与蜱、螨等虫体神经系统胺类神经递质的代谢酶。因双甲脒的作用，吸血节肢昆虫过度兴奋，以致不能吸附动物体表而掉落。本品产生杀虫作用较慢，一般在用药后24小时才能使虱、蜱等解体，48小时可使螨从患部皮肤自行脱落。一次用药可维持药效6～8周，保护猪不再受外寄生虫的侵袭。此外，对大蜂螨和小蜂螨也有较强的杀虫作用。

【用法与用量】药浴、喷洒或涂擦。配成0.025%～0.05%的溶液。

常用制剂有：双甲脒溶液等。

第三节　消毒防腐药的应用

消毒防腐药是杀灭病原微生物或抑制其生长繁殖的一类药物。其中，消毒药指能杀灭病原微生物的药物，主要用于环境、厩舍、排泄物、用具和器械等非生物物质表面的消毒；防腐药指能抑制病原微生物生长繁殖的药物，主要用于抑制局部皮肤、黏膜和创伤等生物体表微生物，也用于食品、生物制品的防腐。二者没有绝对的界限，高浓度的防腐药也具有杀菌作用，低浓度的消毒药也具有抑菌作用。

一、酚类

（一）苯酚（酚或石炭酸）

苯酚为原浆毒，使菌体蛋白凝固变性而呈现杀菌作用。0.1%～1%溶液有抑菌作用，1%～2%溶液有杀灭细菌和真菌作用，5%溶液可在48小时内杀死炭疽芽孢，对病毒的作用较弱。碱性环境、脂类和皂类等能减弱其杀菌作用。

【作用与用途】消毒防腐药。用于用具、器械和环境等消毒。

【用法用量】配成2%～5%溶液

【注意事项】①由于苯酚对动物和人有较强的毒性，不能用于创面和皮肤的消毒。

②忌与碘、溴、高锰酸钾、过氧化氢等配伍应用。

（二）复合酚

本品为原浆毒，使菌体蛋白凝固变性而呈现杀菌作用。0.1%～1%溶液有抑菌作用，1%～2%溶液有杀灭细菌和真菌作用，5%溶液可在48小时内杀死炭疽芽孢，对病毒的作用较弱。碱性环境、脂类和皂类等能减弱其杀菌作用。由于苯酚对动物和人有较强的毒性，不能用于创面和皮肤的消毒。

【作用与用途】消毒防腐药。用于猪舍及器具等的消毒。

【用法与用量】喷洒：配成0.3%～1%的水溶液。浸涤：配成1.6%的水溶液。

【注意事项】①本品对皮肤、黏膜有刺激性和腐蚀性，对动物和人又较强的毒性，不能用于创面和皮肤的消毒。

②禁与碱性药物或其他消毒剂混用。

（三）甲酚皂溶液

甲酚为原浆毒消毒药，使菌体蛋白凝固变性而呈现杀菌作用。抗菌作用比苯酚强 3 ～ 10 倍，毒性大致相等，但消毒用量比苯酚低，故较苯酚安全。可杀灭一般繁殖型病原菌，对芽孢无效，对病毒作用较弱，是酚类中最常用的消毒药。

由于甲酚的水溶性较低，通常都用肥皂乳化配成 50% 甲酚皂溶液。甲酚皂溶液的杀菌性能与苯酚相似，其苯酚系数随成分与菌种不同而介于1.6 ～ 5.0。常用浓度可破坏肉毒梭菌毒素，能杀灭包括铜绿假单胞菌在内的细菌繁殖体，对结核杆菌和真菌有一定杀灭能力，能杀死亲脂性病毒，但对亲水性病毒无效。

【作用与用途】消毒防腐药。用于器械、厩舍、场地、排泄物消毒。

【用法与用量】喷洒或浸泡：配成 5% ～ 10% 的水溶液。

【注意事项】①甲酚有特臭，不宜在肉联厂、乳牛厩舍、乳品加工车间和食品加工厂等应用，以免影响食品质量。

②本品对皮肤有刺激性，注意保护使用者的皮肤。

二、醛类

（一）甲醛溶液

甲醛能杀死细菌繁殖体、芽孢（如炭疽芽孢）、结核杆菌、病毒及真菌等。甲醛对皮肤和黏膜的刺激性很强，但不会损坏金属、皮毛、纺织物和橡胶等。甲醛的穿透力差，不易透入物品深部发挥作用。甲醛具滞留性，消毒结束后即应通风或用水冲洗，甲醛的刺激性气味不易散失，故消毒时空间仅需相对密闭。

常用福尔马林，含甲醛不少于 36%（克 / 克）。

【作用与用途】主要用于猪舍熏蒸消毒，标本、尸体防腐。

【用法与用量】首先对空猪舍进行彻底清扫，高压水冲洗，晾干。按甲醛计。熏蒸消毒：每立方米空间 12.5 ～ 50 毫升的剂量，加等量水一起加热蒸发。也可加入高锰酸钾（30 克 / 米^3）即可产生高热蒸发，熏蒸消毒 12 ～ 14 小时。然后开窗通风 24 小时。

【注意事项】①对动物皮肤、黏膜有强刺激性。药液污染皮肤，应立即用肥皂和水清洗。

②消毒后在物体表面形成一层具腐蚀作用的薄膜。

③甲醛气体有强致癌作用，尤其是肺癌。

④动物误服甲醛溶液，应迅速灌服稀氨水解毒。

（二）复方甲醛溶液

为甲醛、乙二醛、戊二醛和苯扎氯铵与适宜辅料配制而成。

【作用与用途】用于猪舍及器具消毒。

【用法与用量】将所需消毒的物体表面彻底清洁，然后按下面方法使用：常规情况下，1 :（200～400）倍稀释作猪舍的地板、墙壁及物品、运输工具等的消毒；发生疫病时，1 :（100～200）倍稀释消毒。

【注意事项】①对皮肤和黏膜有一定的刺激性，操作人员要做好防护措施。

②温度低于5℃时，可适当提高使用浓度。

③不宜与肥皂、阴离子表面活性剂、碘化物、过氧化物合用。

（三）浓戊二醛溶液

戊二醛为灭菌剂，具有广谱、高效和速效消毒作用。对革兰氏阳性和阴性细菌均有迅速的杀灭作用，对细菌繁殖体、芽孢、病毒、结核杆菌和真菌等均有很好的杀灭作用。水溶液 pH 值为 7.5～7.8 时，杀菌作用最佳。

【作用与用途】消毒防腐药。用于猪舍及器具消毒。

【用法与用量】以戊二醛计。喷洒、浸泡消毒：配成2%溶液，消毒10～20分钟或放置至干。

【注意事项】①避免与皮肤、黏膜接触，如接触后应立即用水清洗干净。

②使用过程中不应接触金属器具。

（四）戊二醛溶液

【作用与用途】用于猪舍及器具的消毒。

【用法与用量】以戊二醛计。喷洒使浸透：配成 0.78% 溶液，保持 5 分钟或放置至干。

【注意事项】①避免与皮肤、黏膜接触。如接触，应及时用水冲洗干净。

②不应接触金属器具。

（五）稀戊二醛溶液

【作用与用途】用于猪舍及器具的消毒。

【用法与用量】以戊二醛计。喷洒使浸透：配成 0.78% 溶液，保持 5 分钟或放置至干。

【注意事项】避免与皮肤、黏膜接触。如接触，应及时用水冲洗干净。

（六）复方戊二醛溶液

为戊二醛和苯扎氯铵配制而成。

【作用与用途】用于猪舍及器具的消毒。

【用法与用量】喷洒：1∶150 倍稀释，9 毫升 / 米^2；涂刷：1∶150 倍稀释，无孔材料表面 100 毫升 / 米^2，有孔材料表面 300 毫升 / 米^2。

【注意事项】①易燃为避免被灼烧，避免接触皮肤和黏膜，避免吸入，使用时需谨慎，应配备防护衣、手套、护面和护眼用具等。

②禁与阴离子表面活性剂及盐类消毒剂合用。

（七）季铵盐戊二醛溶液

为苯扎溴铵、葵甲溴铵和戊二醛配制而成。配有无水碳酸钠。

【作用与用途】用于猪舍日常环境消毒。可杀灭病毒、细菌、芽孢。

【用法与用量】以本品计。临用前，将消毒液碱化，每 100 毫升消毒液加无水碳酸钠 2 克，搅拌至无水碳酸钠完全溶解，再用自来水将碱化液稀释后喷雾或喷洒：200 毫升 / 米^2，消毒 1 小时。日常消毒：1∶（250～500）倍稀释；杀灭病毒，1∶（100～200）倍稀释；杀灭芽孢，1∶（1～2）倍稀释。

【注意事项】①使用前，彻底清理猪舍。

②对具有碳钢或铝设备的猪舍进行消毒时，需在消毒 1 小时后及时清洗残留的消毒液。

③消毒液碱化后 3 天内用完。

④产品发生冻结时，用前进行解冻，并充分摇匀。

三、季铵盐类

（一）辛氨乙甘酸溶液

为双性离子表面活性剂。对化脓球菌、肠道杆菌等及真菌有良好的杀灭作用，对细菌芽孢无杀灭作用。具有低毒、无残留的特点，有较好的渗透性。

【作用与用途】用于猪舍、环境、器械和手的消毒。

【用法与用量】猪舍、环境、器械消毒：1∶（100～200）倍稀释；手消毒：1∶1 000倍稀释

【注意事项】①忌与其他消毒药合用。

②不宜用于粪便、污秽物及污水的消毒。

（二）苯扎溴铵溶液

苯扎溴铵为阳离子表面活性剂，对细菌如化脓杆菌、肠道菌等有较好的杀灭作用，对革兰氏阳性菌的杀灭能力比革兰氏阴性菌为强。对病毒的作用较弱，对亲脂性病毒如流感病毒有一定杀灭作用，对亲水性病毒无效；对结核杆菌与真菌的杀灭效果甚微；对细菌芽孢只能起到抑制作用。

【作用与用途】用于手术器械、皮肤和创面消毒。

【用法用量】以苯扎溴铵计。创面消毒：配成0.01%溶液；皮肤、手术器械消毒：配成0.1%溶液。

【注意事项】①禁与肥皂及其他阴离子活性剂、盐类消毒剂、碘化物和过氧化物等合用，术者用肥皂洗手后，务必用水冲净后再用本品。

②不宜用于眼科器械和合成橡胶制品的消毒。

③配制手术器械消毒液时，需加0.5%亚硝酸钠以防生锈，其水溶液不得贮存于聚乙烯制作的容器内，以避免与增塑剂起反应而使药液失效。

④不适用于粪便、污水和皮革等的消毒。

⑤可引起人的药物过敏反应。

（三）癸甲溴铵（百毒杀）

为双链季铵盐类表面活性剂。本品对细菌有强大杀灭作用，但对病毒的杀灭作用弱。0.002 5%～0.005%溶液用于饮水消毒和预防水塔、水管、饮水器污染；0.015%溶液可用于舍内、环境喷洒或设备器具浸泡消毒。

四、碱类

（一）氢氧化钠（苛性钠、火碱、烧碱）

为一种高效消毒剂。属原浆毒，能杀灭细菌、芽孢和病毒。2%～4%溶液可杀死病毒和细菌。30%溶液10分钟可杀死芽孢；4%溶液45分钟可杀死

芽孢。

【作用与用途】用于厩舍、仓库地面、墙壁、工作间、入口处、运输车船和饲饮具等消毒。

【用法与用量】消毒：配成 1% ～ 2% 热溶液用于喷洒或洗刷消毒。2% ～ 4% 溶液用于病毒、细菌的消毒。5% 溶液用于养殖场消毒池及对进出车辆的消毒。

【注意事项】①遇有机物可使其杀灭病原微生物的能力下降。

②消毒猪舍前应将猪赶出圈舍。

③对组织有强腐蚀性，能损坏织物和铝制品等。

④消毒剂应注意防护，消毒后适时用清水冲洗。

（二）石灰乳

【作用与用途】石灰乳对一般病原体具有杀灭作用，但对芽孢和结核杆菌无效。

【用法与用量】10% ～ 20% 的石灰乳主要用于圈舍墙壁、地面、粪渠、污水沟和外部环境消毒；也可用 1 千克生石灰加 350 毫升水制成粉末，撒布在阴湿地面、粪池周围及污水沟等处进行消毒。

【注意事项】由于石灰乳可吸收空气中二氧化碳生成碳酸钙，在使用石灰乳时，应现用现配，以免失效浪费。

五、卤素类

（一）含氯石灰（漂白粉）

遇水生成次氯酸并释放活性氯和新生态氧而呈现杀菌作用。杀菌作用强，但不持久。含氯石灰对细菌繁殖体、芽孢、病毒及真菌都有杀灭作用，并可破坏肉毒梭菌毒素。1% 澄清液作用 0.5 ～ 1 分钟即可抑制炭疽杆菌、沙门氏菌、猪丹毒杆菌和巴氏杆菌等多数繁殖型细菌的生长，1 ～ 5 分钟可抑制葡萄球菌和链球菌的生长，对结核杆菌和鼻疽杆菌效果较差。30% 含氯石灰混悬液作用 7 分钟后，炭疽芽孢即停止生长。实际消毒时，含氯石灰与被消毒物的接触至少需 15 ～ 20 分钟。含氯石灰的杀菌作用受有机物的影响。含氯石灰中所含的氯可与氨和硫化氢发生反应，故有除臭作用。

【作用与用途】用于饮水消毒和栏舍、场地、车辆、排泄物等的消毒。

【用法与用量】饮水消毒：每 50 升水加本品 1 克，30 分钟后即可应用；

厩舍、地面、排泄物等消毒：配成 5% ~ 20% 混悬液。

【不良反应】含氯石灰使用时可释放出氯气，引起流泪、咳嗽，并可刺激皮肤和黏膜。严重时可引起急性氯气中毒，表现为躁动、呕吐、呼吸困难。

【注意事项】①对皮肤和黏膜有刺激作用。

②对金属有腐蚀作用，不能用于金属制品；可使有色棉织物褪色。

③现配现用，久贮易失效，保存于阴凉干燥处。

（二）次氯酸钠溶液

【作用与用途】用于厩舍、器具及环境的消毒。

【用法与用量】以本品计。栏舍、器具消毒：1∶（50 ~ 100）倍稀释；常规消毒：1∶1 000 倍稀释。

【注意事项】①本品对金属有腐蚀性，对织物有漂白作用。

②可伤害皮肤，应置于儿童不能触及的地方。

③包装物用后集中销毁。

（三）二氯异氰脲酸钠（优氯净、消毒灵）

含氯消毒剂。二氯异氰脲酸钠在水中分解为次氯酸和氰脲酸，次氯酸释放出活性氯和初生态氧，对细菌原浆蛋白产生氯化和氧化反应而呈杀菌作用。

【作用与用途】消毒药。主要用于猪舍、畜栏、器具及种蛋等消毒。

【用法与用量】以有效氯计。猪饲养场所、器具消毒：每升水 0.21 ~ 1 克；疫源地消毒：每升水 0.2 克。

【注意事项】所需消毒溶液现用现配，对金属有轻微腐蚀，可使有色棉织品褪色。

（四）碘

碘能引起蛋白质变性而具有极强的杀菌力，能杀死芽孢、真菌、病毒及部分原虫。碘难溶于水，在水中不易水解形成次碘酸。在碘水溶液中具有杀菌作用的成分为元素碘、三碘化物的离子和次碘酸，其中次碘酸的量较少，但作用最强，元素碘次之，解离三碘化物离子杀菌作用极微弱。在酸性条件下，游离碘增多，杀菌作用较强；在碱性条件下则相反。

与含汞化合物相遇，产生碘化汞而呈现毒性作用。

【注意事项】①偶尔可见过敏反应。

②禁止与含汞化合物配伍。

③必须涂于干的皮肤上，如涂于湿皮肤上不仅杀菌效力降低，而且容易

引起发疱和皮炎。

④配制碘液时，若加入了过量的碘化物，可使游离碘变为碘化物，反而导致碘失去杀菌作用。配制的碘溶液应存放在密闭的容器内。

⑤若存放时间过长，颜色变浅，应测定碘含量，并将碘浓度补足后再用。

⑥碘可着色，沾有碘液的天然纤维织物不易洗除。

⑦长时间浸泡金属器械会产生腐蚀性。

1. 碘酊

含碘、碘化钾的红棕色的澄清液体；有碘与乙醇的特臭。

【作用与用途】卤素类消毒防腐药。用于手术前和注射前皮肤消毒。

【用法与用量】术前和注射前的皮肤消毒。

【作用与用途】用于手术前和注射前皮肤消毒和术野消毒。

【用法与用量】一般使用2%碘酊，外用：涂擦消毒。

【注意事项】①对碘过敏动物禁用。

②小动物用碘酊涂擦皮肤消毒后，宜用70%酒精脱碘，避免引起发疱或发炎。

③不应与含汞药物配伍。

2. 碘甘油

碘甘油刺激性较小。

【作用与用途】用于黏膜表面消毒，治疗口腔、舌、齿龈、阴道等黏膜炎症与溃疡。

【用法与用量】涂患处。

3. 碘附

碘附由碘、碘化钾、硫酸、磷酸等配制而成。在水中释放游离的分子碘而起强大的杀菌作用。

【作用与用途】消毒剂。用于手术部位和手术器械消毒。

【用法与用量】配成0.5%～1%的溶液。

【注意事项】同碘。

4. 聚维酮碘溶液

【作用与用途】消毒防腐药。用于手术部位、皮肤黏膜的消毒。

【用法与用量】以聚维酮碘计。皮肤消毒及治疗皮肤病，5%溶液；奶牛乳头浸泡，0.5%～1%溶液；黏膜及创面冲洗，0.1%溶液。

【注意事项】①对碘过敏动物禁用。

②小动物用碘涂擦皮肤消毒后，宜用70%酒精脱碘，避免引起发疱或发炎。

③不应与含汞药物配伍。

④勿用金属容器盛装。

⑤勿与强碱类物质及重金属物质混用。

六、氧化剂类

（一）过氧乙酸溶液

为强氧化剂，遇有机物放出新生态氧通过氧化作用杀灭病原微生物。

【作用与用途】用于猪舍、用具（食槽、水槽）、场地的喷雾消毒及猪舍内空气消毒，也可用于带猪消毒，还可用于饲养人员手臂消毒。

【用法与用量】以本品计。喷雾消毒：畜禽厩舍 1:（200～400）倍稀释；浸泡消毒：器具 1:500 倍稀释；熏蒸消毒：5～15 毫升 / 米 ^{3} 空间；饮水消毒：每 10 升水加本品 1 毫升。

【注意事项】①使用前将 A、B 液混合反应 10 小时后生成过氧乙酸消毒液。

②本品腐蚀性强，操作时戴上防护手套，避免药液灼伤皮肤，稀释时避免使用金属器具。

③当室温低于 15℃时，A 液会结冰，用温水浴融化溶解后即可使用。

④配好的溶液应置玻璃瓶内或硬质塑料瓶内低温、避光、密闭保存。

⑤稀释液易分解，宜现用现配。

（二）高锰酸钾

用于物品消毒，常用浓度 0.1%；用于皮肤消毒时，常用浓度 0.1%；用于黏膜消毒时，常用浓度 0.01%；杀芽孢浓度 2%～3%。

七、酸类

（一）醋酸

又名乙酸。对细菌、真菌、芽孢和病毒均有较强的杀灭作用。一般来说，对细菌繁殖体最强，其他依次为真菌、病毒、结核杆菌及芽孢。

【作用与用途】用于空气消毒等。

【用法与用量】空气消毒：稀醋酸（36%～37%）溶液加热蒸发，每 100 米 ^{3} 空间 20～40 毫升（加 5～10 倍水稀释）。

【注意事项】避免与眼睛接触，若与高浓度醋酸接触，立即用清水冲洗。

（二）硼酸

0.3%～0.5%硼酸用于黏膜消毒。

（三）乳酸

20%乳酸溶液在密闭室内加热蒸发30～90分钟，用于空气消毒。

参考文献

陈溥言，2017. 兽医传染病学［M］.6 版 . 北京：中国农业出版社 .

陈杖榴，2009. 兽医药理学［M］.3 版 . 北京：中国农业出版社 .

何华西，2002. 畜禽疫病防治［M］. 北京：高等教育出版社 .

陆承平，2013. 兽医微生物学［M］.5 版 . 北京：中国农业出版社 .

王哲，姜玉富，2010. 兽医诊断学［M］. 北京：高等教育出版社 .

杨汉春，2011. 动物免疫学［M］.2 版 . 北京：中国农业大学出版社 .

张西臣，李建华，2017. 动物寄生虫病学［M］.4 版 . 北京：科学出版社 .

张中文，2005. 兽医基础［M］. 北京：中央广播电视大学出版社 .

朱俊平，2023. 畜禽疫病防治［M］.3 版 . 北京：高等教育出版社 .